BIM 技术应用新[illegible]化教材

BIM 施工与管理

主　编　练志兰　俞海方　孙宜兵
副主编　李文广　邹　胜　施文杰
参　编　王　培　高秀梅　沈礼伟
主　审　冯均州

机械工业出版社

随着信息技术的高速发展，BIM 技术正在引发建筑行业的变革，在建设工程项目全生命周期的应用愈加广泛。本书以 Revit、Navisworks、新点 BIM 5D 算量、新点清单造价等 BIM 软件操作为基础，以幼儿园项目 3D/4D/5D-BIM 模型的集成和应用为任务，培养读者 16 个职业能力。本书共 3 个工作领域：3D-BIM 模型集成和优化、4D-BIM 模型集成和进度管理、5D-BIM 模型集成和应用。

本书可作为职业院校工程造价、建设工程管理等专业的教学用书，也可作为施工企业和地产开发管理企业 BIM 从业人员的自学用书。

为方便教学，本书还配有电子课件、成果文件等相关资源，凡使用本书作为教材的教师可登录机械工业出版社教育服务网 www.cmpedu.com 注册下载。机工社职教建筑群（教师交流 QQ 群）：221010660。咨询电话：010-88379934。

图书在版编目（CIP）数据

BIM 施工与管理 / 练志兰，俞海方，孙宜兵主编 . —北京：机械工业出版社，2022.12

BIM 技术应用新形态一体化教材

ISBN 978-7-111-72050-8

Ⅰ . ① B… Ⅱ . ①练… ②俞… ③孙… Ⅲ . ①建筑工程－施工管理－应用软件－高等职业教育－教材 Ⅳ . ① TU71-39

中国版本图书馆 CIP 数据核字（2022）第 214112 号

机械工业出版社（北京市百万庄大街 22 号　邮政编码 100037）

策划编辑：沈百琦　　　　责任编辑：沈百琦　高凤春

责任校对：陈　越　刘雅娜　封面设计：马精明

责任印制：李　昂

北京捷迅佳彩印刷有限公司印刷

2023 年 1 月第 1 版第 1 次印刷

184mm × 260mm · 15 印张 · 324 千字

标准书号：ISBN 978-7-111-72050-8

定价：59.00 元

电话服务　　　　　　　　　网络服务

客服电话：010-88361066　机　工　官　网：www.cmpbook.com

　　　　　010-88379833　机　工　官　博：weibo.com/cmp1952

　　　　　010-68326294　金　书　网：www.golden-book.com

　机工教育服务网：www.cmpedu.com

前言

伴随着全球建筑工业化、信息化浪潮的不断推进，BIM 作为一种先进的理念、方法、技术，已经席卷全球建筑业，在我国的应用也日臻成熟。本书根据当前社会对 BIM 技术技能型人才的需求，以教育部印发《“十四五”职业教育规划教材建设实施方案》为依据，以企业实践项目、典型工作任务为载体编写而成。

编者基于徐国庆教授“项目课程”理念，以企业实践项目为逻辑主线，以工作任务为参照点，依托企业实践经验以及 3D/4D/5D-BIM 模型在实际工程项目中的应用，积极探索教材改革，编写了本书。可以说本书填补了国内实操性强的 BIM 综合应用教材的空白。具体编写思路和特色如下：

1. 新形态、活页式，“校、企、研”合作编写

本书作为“校、企、研”合作编写的新型活页式教材，以综合职业能力培养为目标，以典型工作任务为载体，以职业能力清单为基础，将建筑类企业 BIM 应用划分为 3 个工作领域：3D-BIM 模型集成和优化、4D-BIM 模型集成和进度管理、5D-BIM 模型集成和应用。

为让读者融入职业角色中，帮助读者掌握技能，加深岗位认知，更快适应岗位需求，本书采用模块化设计，各职业能力内容相互独立，均配备可操作的模型文件，读者可按需要选取工作任务进行学习提升。

以企业真实案例为背景，每个职业能力由**核心概念→学习目标→课前阅读→基础知识→能力训练→课后作业** 6 个部分组成。据实际工作任务梳理知识点，通过表格形式强化能力训练过程，创设情境生动地引导读者提升拓展，根据详细能力标准进行自我评价，强化学习效果，螺旋递进式培养读者操作技能和职业能力。

2. 实用性、适用性，引入工程实例

本书编写注重实践性、易用性和可操作性，以企业实践项目（幼儿园项目）的 BIM 综合应用为例，利用该项目全专业 Revit 模型，介绍各 BIM 软件的基本操作和实际应用；以幼儿园项目 3D/4D/5D-BIM 模型的集成和应用为任务，培养读者 16 个职业能力。

3. 德育教育、三全育人，书中设置“课前阅读”模块

编者将“三全育人”理念深植于教材内容，以“中国速度”“大国工匠”等思育点来创建课前阅读，结合“美学美育”“行业特色”等育人故事，提升读者的国家自豪感和行业自信心，激发读者勇于创新、精益求精。

4. 彩色印刷、精美版式，适合职业院校学习形式

本书采用全彩印刷，在排版设计上，用表格形式清晰展示详细操作步骤，语言通俗易懂，图文并茂，注重培养读者面对真实工程项目的 BIM 应用技能。

5. 数字化、立体化，满足“互联网 + 职业教育”需要

本书配有多维学习资源，包含 73 个初始 BIM 模型文件、123 个成果文件、31 个微课视频和 16 个电子课件，实现全方位育人，符合教学信息化发展要求。

本书由苏州建设交通高等职业技术学校（以下简称“苏建交”）练志兰、俞海方、孙宜兵主编；苏建交李文广，中亿丰数字科技有限公司邹胜、施文杰任副主编；国泰新点软件股份有限公司王培，苏建交高秀梅、沈礼伟参与编写。本书由苏建交冯均州主审。

具体编写分工：A-1 由俞海方、沈礼伟编写，A-2 由练志兰、邹胜、施文杰编写，A-3 由俞海方、孙宜兵编写，B-1 由孙宜兵、邹胜编写，B-2 由孙宜兵、施文杰编写，C-1 由练志兰、王培、高秀梅编写，C-2 由练志兰、李文广、高秀梅编写，C-3 由李文广、练志兰、沈礼伟编写。配套资源由练志兰、孙宜兵、李文广、高秀梅和沈礼伟制作录制。

本书在编写过程中借鉴了大量文献资料，有幸获得了徐国庆教授团队的理论指导及中亿丰数字科技有限公司、国泰新点软件股份有限公司的 BIM 技术支持，在此致以诚挚的谢意。

限于编者水平，书中难免存在不足之处，恳请各位专家及广大读者批评指正，主编邮箱：lianzhilan1983@163.com。

编　者

本书微课视频、初始文件清单

本书微课视频、初始文件总览	

本书微课视频清单

序号	名　称	图　形	序号	名　称	图　形
A-1-1（1）	Revit 集成全专业模型		A-2-2（2）	管道修改	
A-1-1（2）	Navisworks 集成全专业模型		A-2-2（3）	修改后碰撞	
A-1-2（1）	Revit 碰撞检测		A-3-1（1）	修改材质及创建光源	
A-1-2（2）	Navisworks 碰撞检测		A-3-1（2）	导出图片与修改地理位置	
A-2-1（1）	墙柱碰撞及优化		A-3-2	制作建筑漫游动画	
A-2-1（2）	门梁碰撞及优化		B-1-1	制订施工进度计划	
A-2-2（1）	柱与管道碰撞		B-1-2	集成 4D-BIM 模型	

（续）

序号	名　称	图　形	序号	名　称	图　形
B-2-1（1）	制作动画		C-2-1（2）	基础的人材机	
B-2-1（2）	导出动画		C-2-2（1）	查看构件造价	
B-2-2	分析进度差异		C-2-2（2）	材料更改后造价变更	
C-1-1（1）	输出造价		C-3-1（1）	导入并绘制临建	
C-1-1（2）	查看造价		C-3-1（2）	绘制临时围栏	
C-1-1（3）	调整造价		C-3-2（1）	绘制机械布置、材料堆场	
C-1-2（1）	设置施工进度计划		C-3-2（2）	绘制活动板房	
C-1-2（2）	集成 5D 模型		C-3-2（3）	绘制配电设施	
C-2-1（1）	基础的造价				

（续）

本书初始文件清单

序　号	图　形	序　号	图　形	序　号	图　形
A-1-1		B-1-1		C-2-1	
A-1-2		B-1-2		C-2-2	
A-2-1		B-2-1		C-3-1	
A-2-2		B-2-2		C-3-2	
A-3-1		C-1-1			
A-3-2		C-1-2			

目录

前　言

本书微课视频、初始文件清单

工作领域 A　3D-BIM 模型集成和优化……1

工作任务 A-1　3D-BIM 模型集成和碰撞检测……1

职业能力 A-1-1　能使用 Revit 软件集成 3D-BIM 模型……1

职业能力 A-1-2　能协同检测各专业构件的碰撞错误……17

工作任务 A-2　BIM 协同设计和 BIM 模型优化……33

职业能力 A-2-1　能基于建筑与结构的碰撞优化模型……33

职业能力 A-2-2　能基于结构与安装的碰撞优化模型……48

工作任务 A-3　BIM 模型渲染和漫游动画制作……65

职业能力 A-3-1　能基于 BIM 模型渲染三维建筑模型……65

职业能力 A-3-2　能基于 BIM 模型制作建筑漫游动画……79

工作领域 B　4D-BIM 模型集成和进度管理……91

工作任务 B-1　4D-BIM 模型集成和进度模拟……91

职业能力 B-1-1　能使用 Project 软件制订施工进度计划……91

职业能力 B-1-2　能使用 Navisworks 软件集成 4D-BIM 模型……105

工作任务 B-2　基于 BIM 技术管理进度……117

职业能力 B-2-1　能基于 BIM 模型模拟施工动画……117

职业能力 B-2-2　能基于 BIM 模型分析进度差异……130

工作领域 C　5D-BIM 模型集成和应用……141

工作任务 C-1　5D-BIM 模型集成和造价计算……141

职业能力 C-1-1　能基于 BIM 土建算量模型计价……141

职业能力 C-1-2　能使用新点软件集成 5D-BIM 模型……160

工作任务 C-2　基于 BIM 技术管理造价……177

职业能力 C-2-1　能基于 BIM 模型制订成本计划……177

职业能力 C-2-2　能基于 BIM 模型管理材料变更……187

工作任务 C-3　基于 BIM 技术管理安全……203

职业能力 C-3-1　能基于 BIM 模型排查安全隐患……203

职业能力 C-3-2　能基于 BIM 模型模拟施工场布……216

参考文献……231

工作领域A　3D-BIM 模型集成和优化

工作任务 A-1　3D-BIM 模型集成和碰撞检测

职业能力 A-1-1　能使用 Revit 软件集成 3D-BIM 模型

3D-BIM 模型：是指三维建筑信息模型，是工程师利用 BIM 软件，可集建筑、结构和安装专业为一体的静态模型。3D-BIM 模型按专业可分为 BIM 建筑模型、BIM 结构模型以及 BIM 安装模型（包括 BIM 电气模型、BIM 给水排水模型、BIM 暖通模型）。

学习目标

1．能够在 Revit 软件中集成建筑模型、结构模型和安装模型。
2．能够在 Navisworks 软件中集成 Revit 建筑模型、结构模型和安装模型。

课前阅读

我国建筑业数字化、网络化、智能化已取得突破性进展，具有世界顶尖水准的超级工程也接踵落地和建成，如：标志中国工程“速度”和“密度”的“四纵四横”高铁工程；标志中国工程“精度”和“跨度”的中国桥梁工程；代表中国工程“高度”的上海中心大厦等。中国建筑业正不断迭代升级，“中国制造”于世界顶尖水准中不断涌现。习近平总书记指出，实现中国梦必须弘扬中国精神。这就是以爱国主义为核心的民族精神，以改革创新为核心的时代精神。这种精神是凝心聚力的兴国之魂、强国之魄。让我们弘扬中国精神，凝聚中国力量，朝气蓬勃地迈向未来。

基本知识

一、建筑工程专业模型类别

1．建筑工程专业模型分为建筑专业模型、结构专业模型和安装专业模型。

2．各专业模型的功能定位、建模依据和建模内容，见表 A-1。

表 A-1　各专业模型的功能定位、建模依据和建模内容

模型类别	建筑专业模型	结构专业模型	安装专业模型
功能定位	使用功能、美观	承载能力、安全性、稳定性	使用功能、舒适
建模依据	建筑施工图	结构施工图	安装施工图
建模内容	建筑物的平面、外观立面、内部空间功能以及建筑构造的材料等	建筑物的结构承重体系：水平承重体系的楼、屋盖等和竖向承重体系的砌体、柱、剪力墙等	建筑物的安装附属设施和配套：给水排水、电气、暖通等的线路、管道、设备等

二、Revit 软件介绍

BIM 技术是一种贯穿于建筑全生命周期的三维数字技术，具有可视化、虚拟化、协同化、数字化等特点。在项目的设计阶段，Revit 软件是重要的 BIM 建模软件，可将建筑、结构和安装等专业集成在同一工作平台上，能实现信息的集中存储与访问，增强信息的准确性和及时性，提高各参与方协同工作的效率。

Revit 是 Autodesk 公司开发的一款软件，它结合了建筑设计、MEP 工程设计和结构工程设计的功能。Revit 软件是专为建筑信息模型 (BIM) 开发的，可帮助建筑设计师设计、建造和维护质量更好、能效更高的建筑。

为了方便各设计专业间的协同工作和各专业模型的准确链接，Revit 模型建立之初，项目负责人会制定统一的项目样板文件，并指定模型的项目基点。项目设计过程中，由于各种不可预见因素，项目基点可能会有所调整。若项目默认的原点不同，导致各专业模型不能集成在同一位置，应重新定位项目基点，按“自动 - 项目基点到项目基点”方式去链接集成各专业模型。

能力训练

一、操作条件

1．计算机、Revit 软件、Navisworks 软件。

2．1 ～ 2 个实践项目的建筑、结构和安装专业的 Revit 模型文件。

二、注意事项

1．检查并确认实践项目各专业文件是否齐全，是否能有效打开。

2．检查并确认计算机配置是否符合要求：至少要求 Windows 7 系统、8GB 内存。

三、操作过程

1．使用 Revit 软件集成建筑、结构、安装模型文件，见表 A-2。

表 A-2　使用 Revit 软件集成建筑、结构、安装模型文件

序号	步骤	操作方法及说明	
1	打开建筑模型文件	（1）双击计算机桌面上的“Revit 2018”图标	
		（2）进入 Revit 软件界面	

（续）

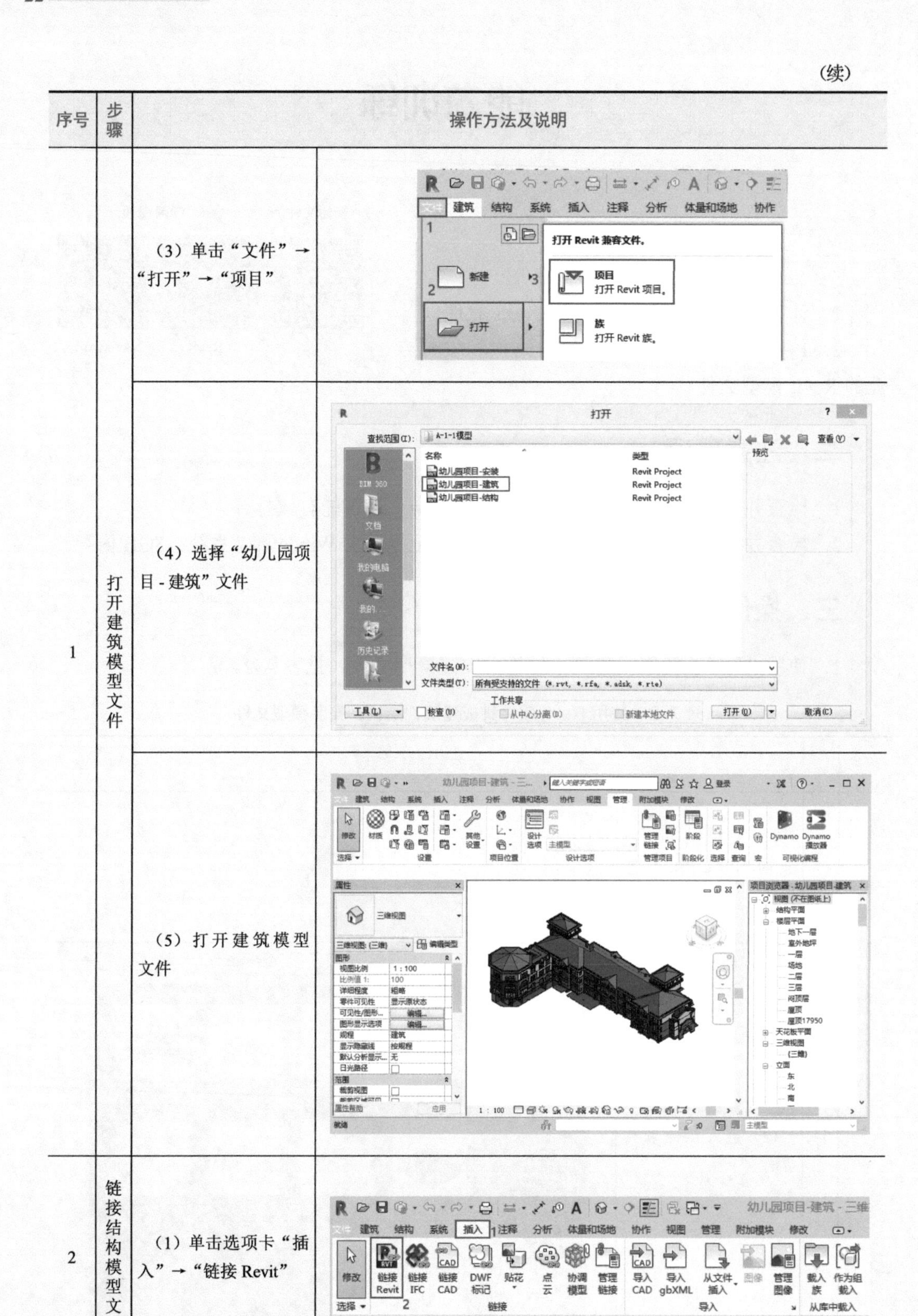

序号	步骤	操作方法及说明	
1	打开建筑模型文件	（3）单击“文件”→“打开”→“项目”	
		（4）选择“幼儿园项目-建筑”文件	
		（5）打开建筑模型文件	
2	链接结构模型文件	（1）单击选项卡“插入”→“链接 Revit”	

（续）

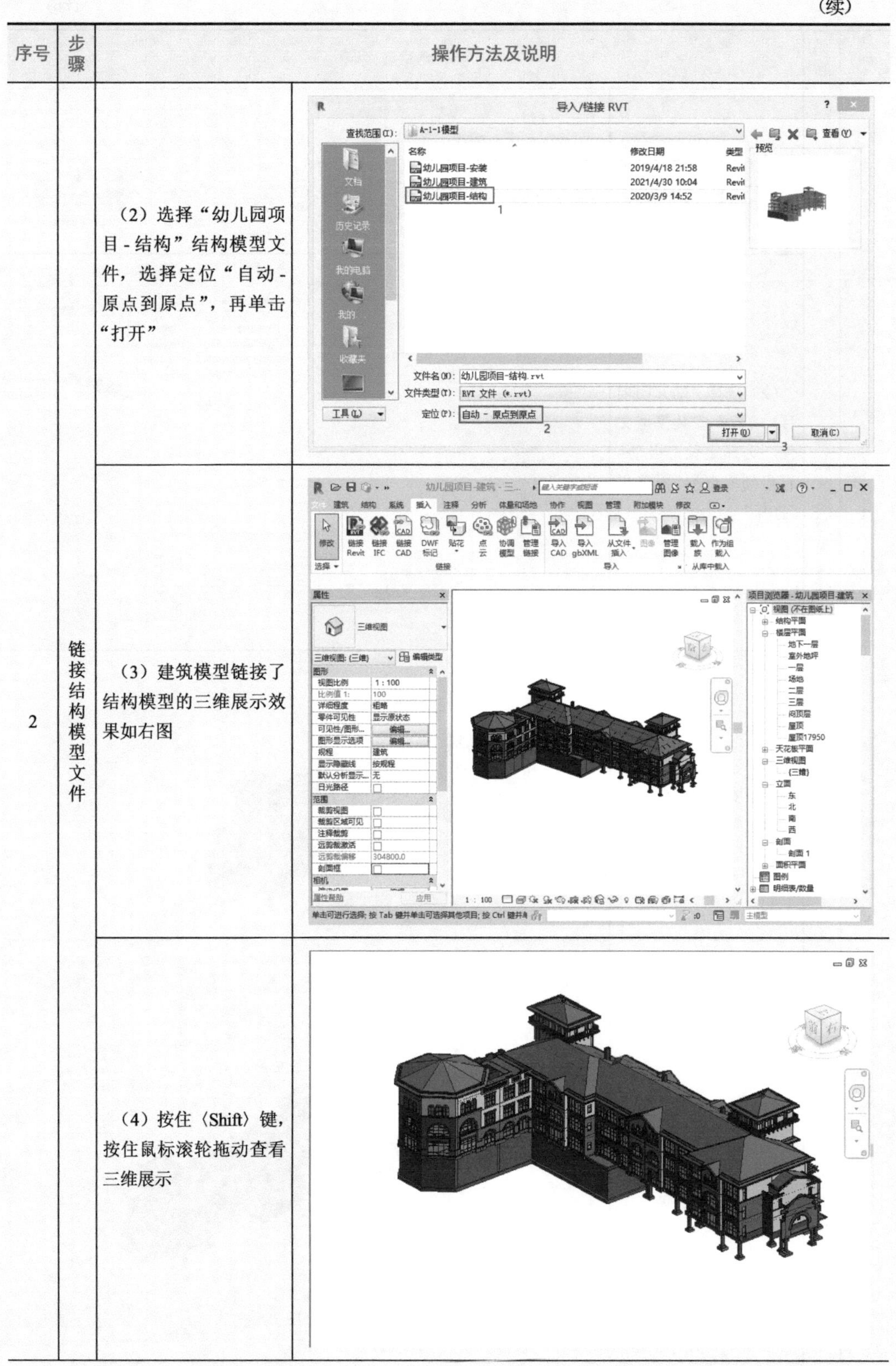

序号	步骤	操作方法及说明	
2	链接结构模型文件	（2）选择“幼儿园项目-结构”结构模型文件，选择定位“自动-原点到原点”，再单击“打开”	
		（3）建筑模型链接了结构模型的三维展示效果如右图	
		（4）按住〈Shift〉键，按住鼠标滚轮拖动查看三维展示	

（续）

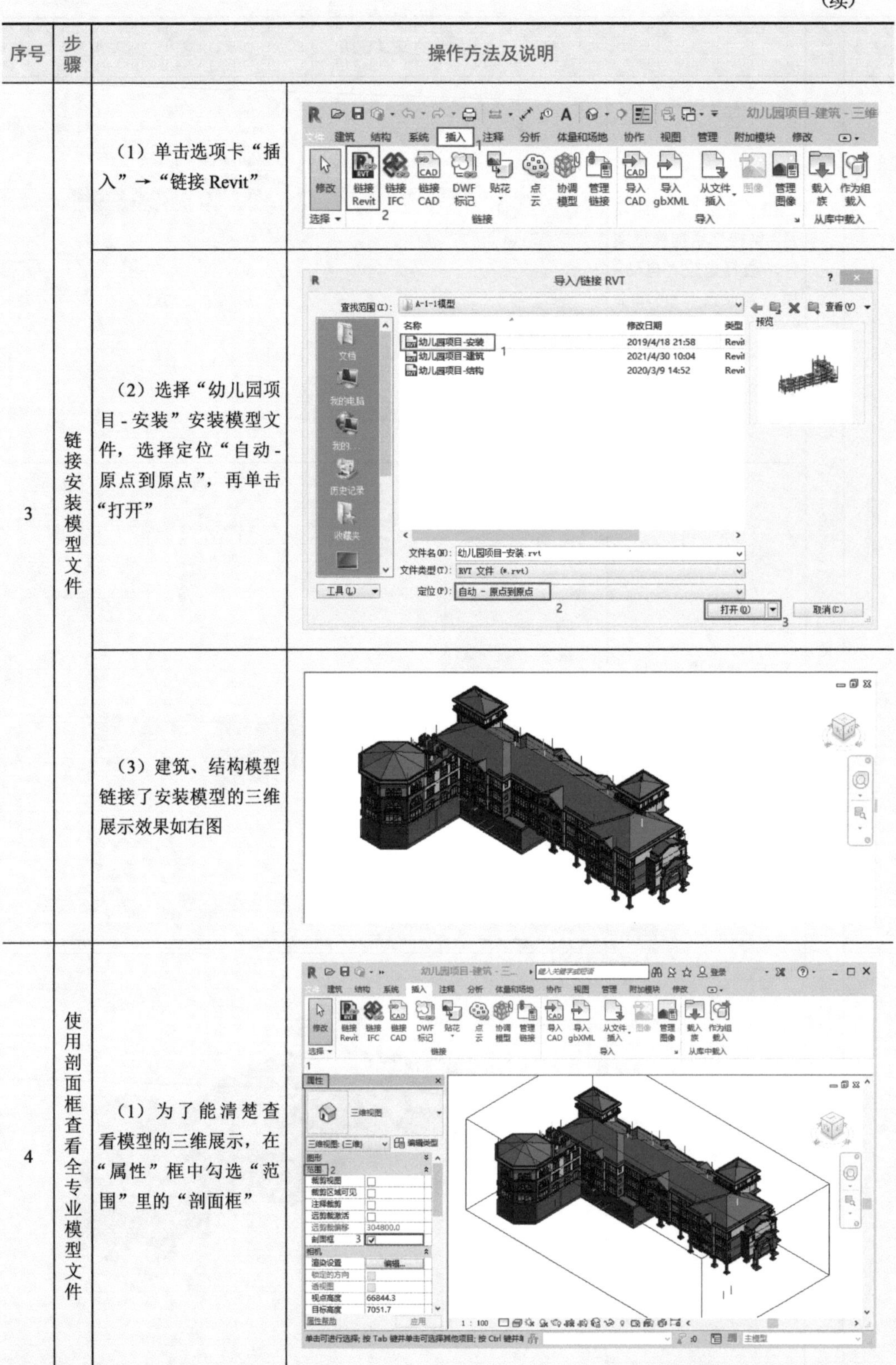

序号	步骤	操作方法及说明	
3	链接安装模型文件	（1）单击选项卡“插入”→“链接 Revit”	
		（2）选择“幼儿园项目-安装”安装模型文件，选择定位“自动-原点到原点”，再单击“打开”	
		（3）建筑、结构模型链接了安装模型的三维展示效果如右图	
4	使用剖面框查看全专业模型文件	（1）为了能清楚查看模型的三维展示，在“属性”框中勾选“范围”里的“剖面框”	

（续）

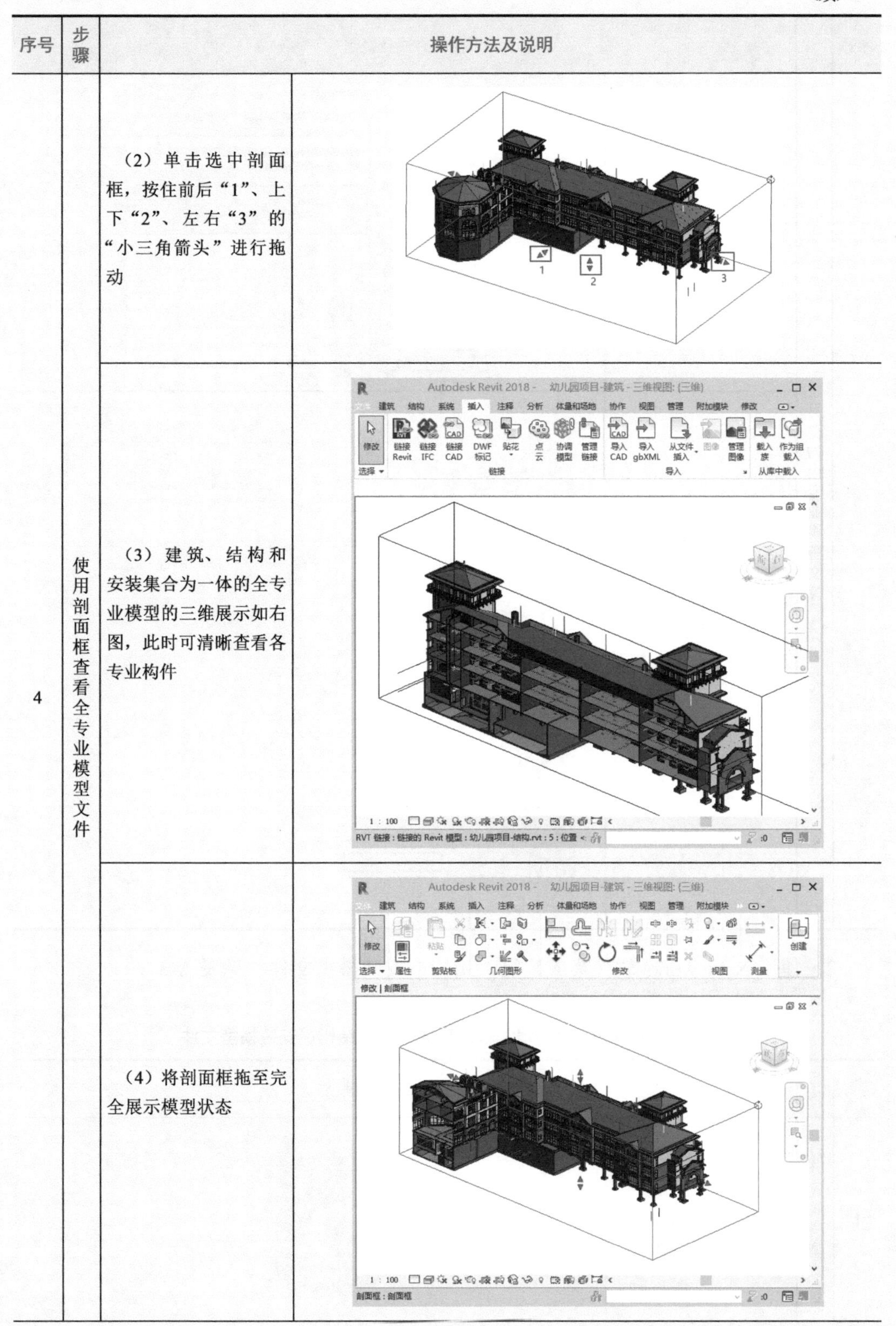

序号	步骤	操作方法及说明	
4	使用剖面框查看全专业模型文件	（2）单击选中剖面框，按住前后“1”、上下“2”、左右“3”的“小三角箭头”进行拖动	
		（3）建筑、结构和安装集合为一体的全专业模型的三维展示如右图，此时可清晰查看各专业构件	
		（4）将剖面框拖至完全展示模型状态	

（续）

序号	步骤	操作方法及说明	
5	另存为全专业模型文件	（1）单击“文件”→“另存为”→“项目”	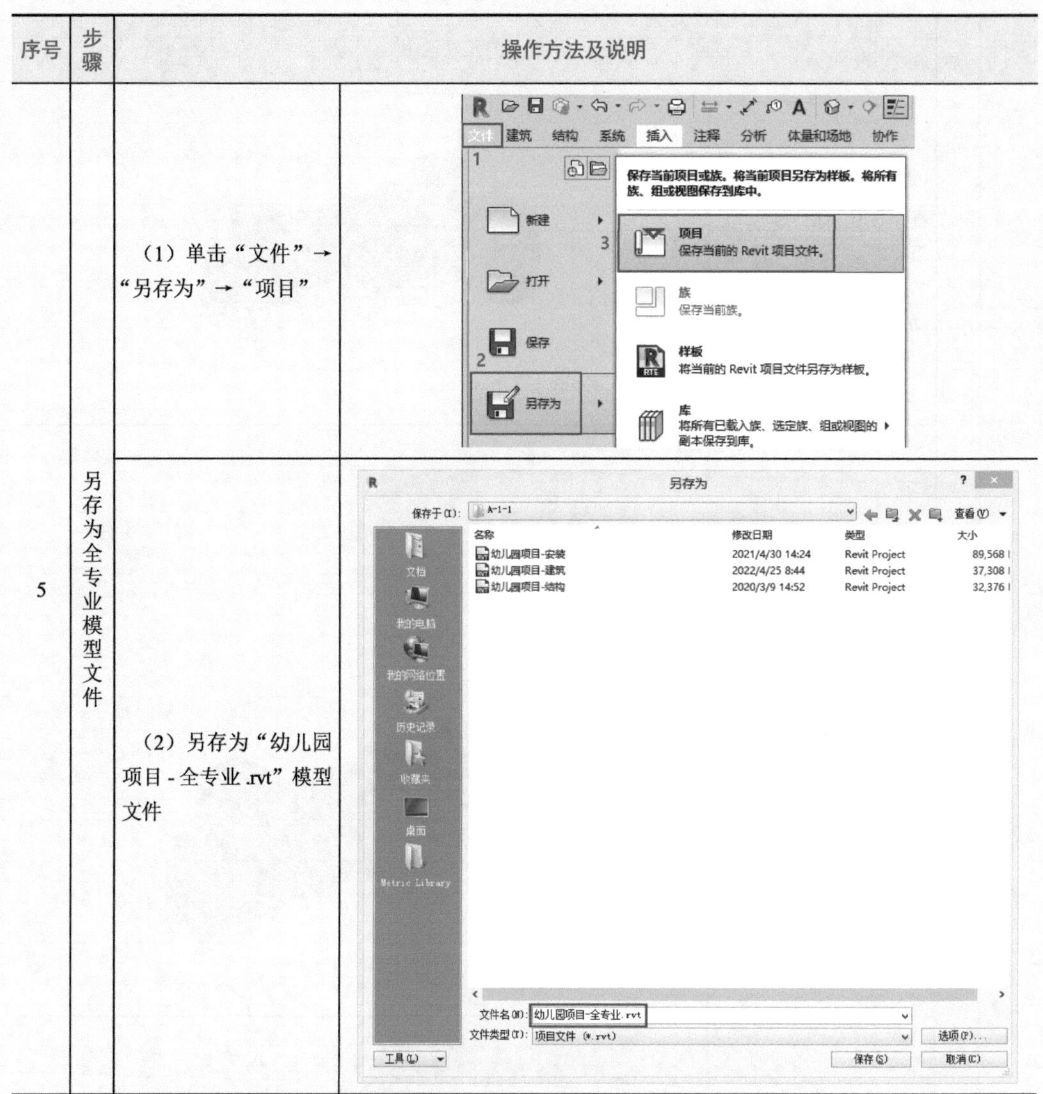
		（2）另存为“幼儿园项目 - 全专业.rvt”模型文件	

2．使用 Navisworks 软件集成建筑、结构、安装模型文件，见表 A-3。

表 A-3　使用 Navisworks 软件集成建筑、结构、安装模型文件

序号	步骤	操作方法及说明	
1	打开建筑模型文件	（1）双击计算机桌面上的“Navisworks Manage 2018”图标	Navisworks Manage 2018

（续）

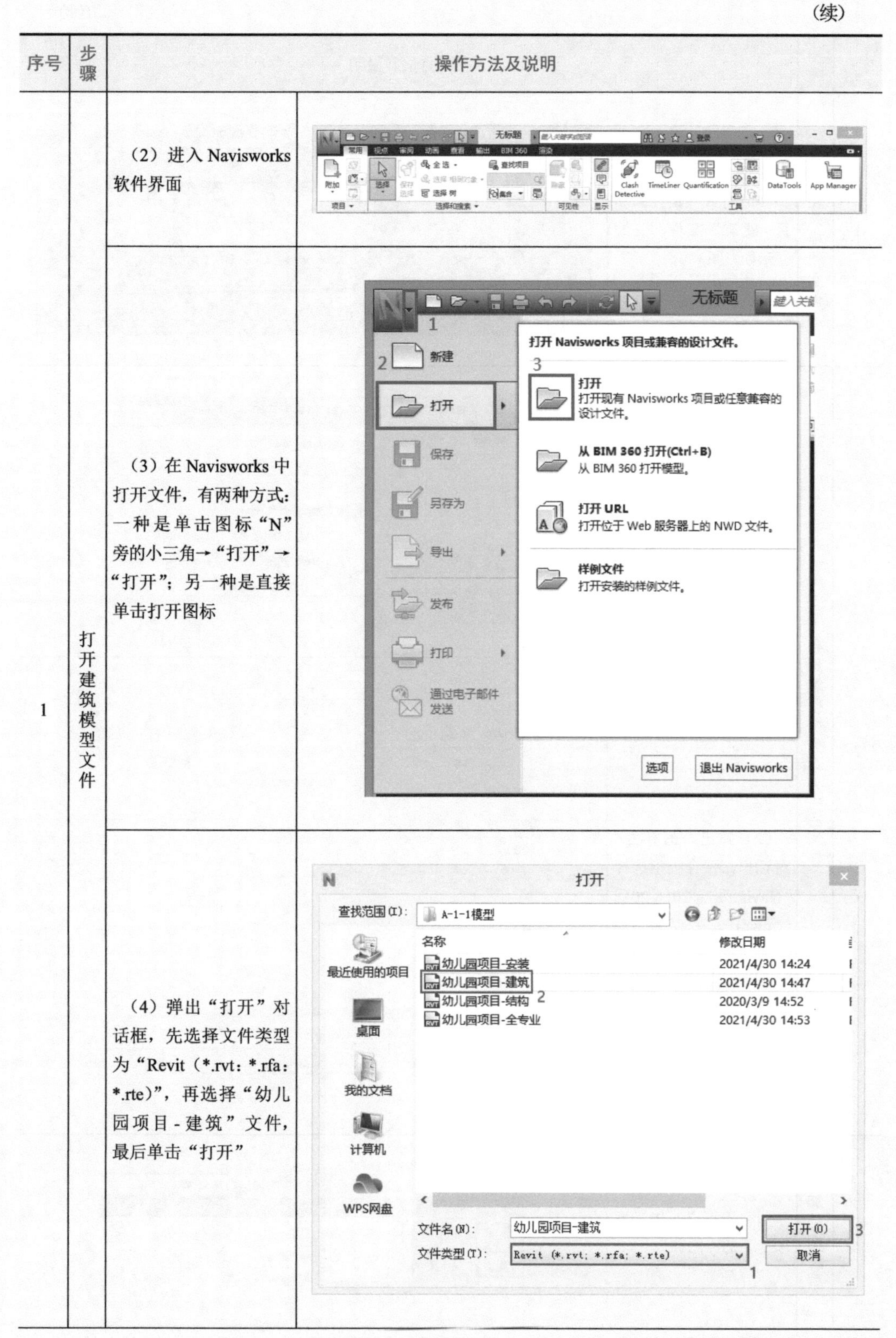

序号	步骤	操作方法及说明	
1	打开建筑模型文件	（2）进入 Navisworks 软件界面	
		（3）在 Navisworks 中打开文件，有两种方式：一种是单击图标“N”旁的小三角→“打开”→“打开”；另一种是直接单击打开图标	
		（4）弹出“打开”对话框，先选择文件类型为“Revit（*.rvt；*.rfa；*.rte）”，再选择“幼儿园项目 - 建筑”文件，最后单击“打开”	

（续）

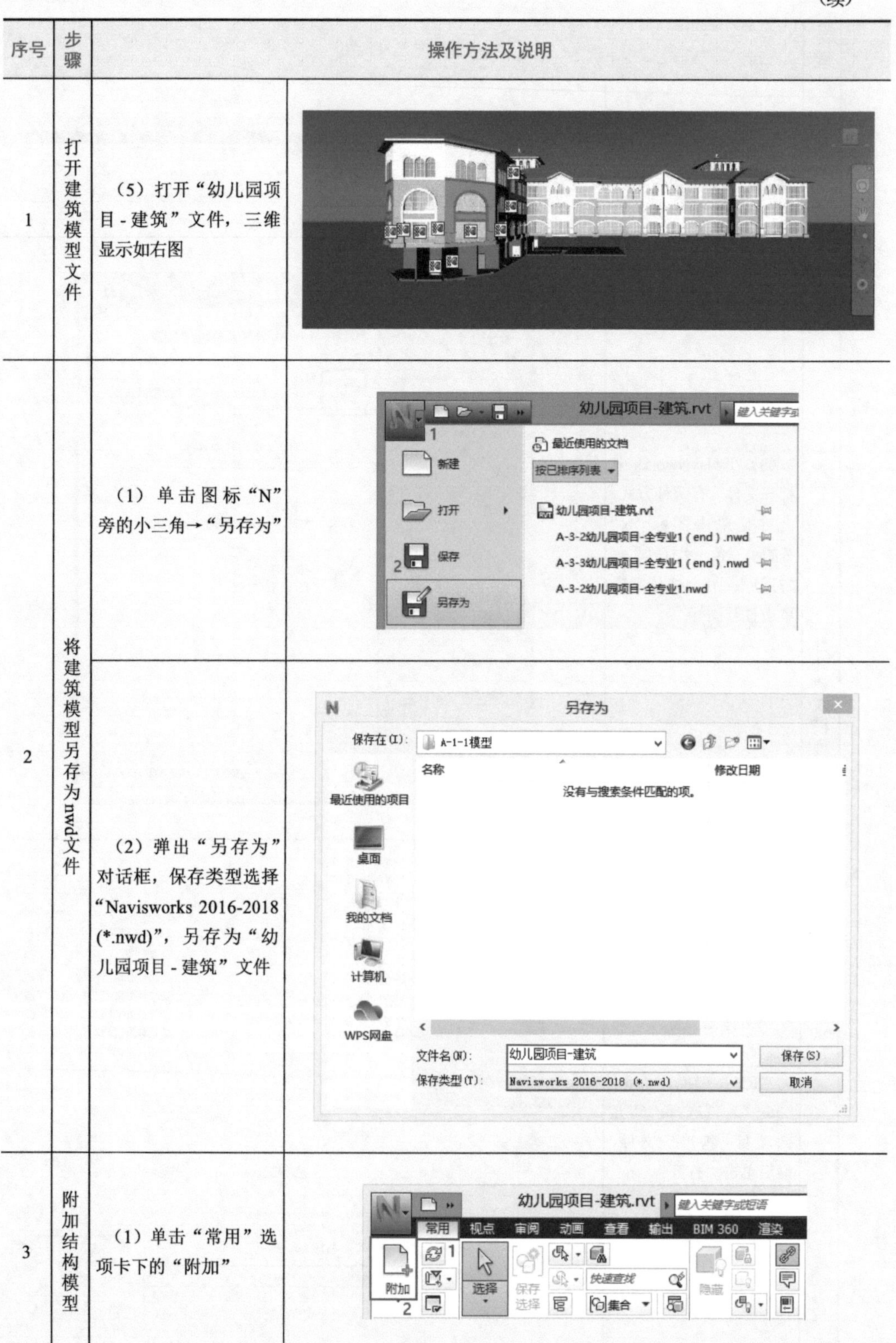

序号	步骤	操作方法及说明	
1	打开建筑模型文件	（5）打开“幼儿园项目-建筑”文件，三维显示如右图	
2	将建筑模型另存为nwd文件	（1）单击图标“N”旁的小三角→“另存为”	
		（2）弹出“另存为”对话框，保存类型选择“Navisworks 2016-2018 (*.nwd)”，另存为“幼儿园项目-建筑”文件	
3	附加结构模型	（1）单击“常用”选项卡下的“附加”	

（续）

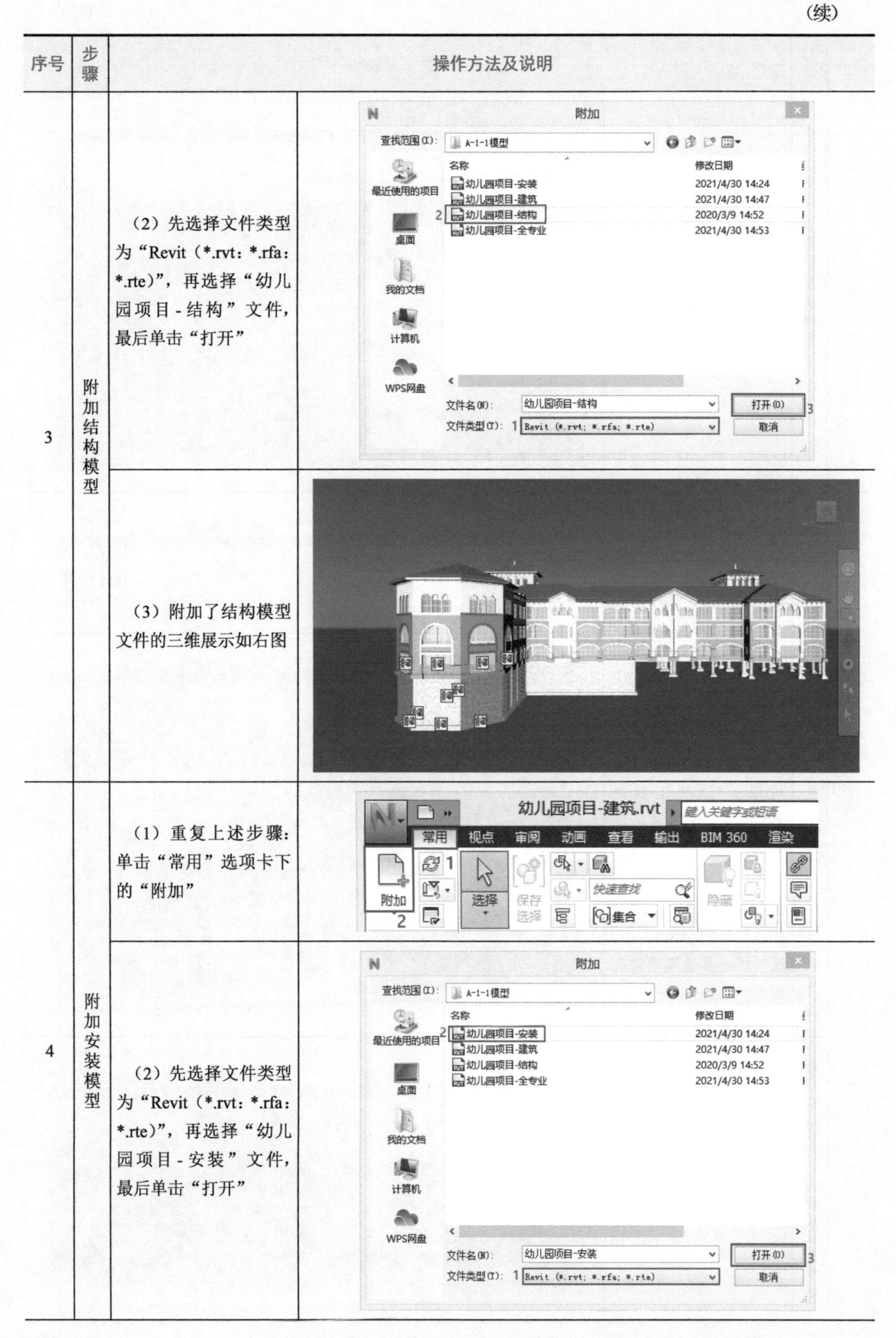

序号	步骤	操作方法及说明	
3	附加结构模型	（2）先选择文件类型为“Revit（*.rvt：*.rfa：*.rte）”，再选择“幼儿园项目 - 结构”文件，最后单击“打开”	
		（3）附加了结构模型文件的三维展示如右图	
4	附加安装模型	（1）重复上述步骤：单击“常用”选项卡下的“附加”	
		（2）先选择文件类型为“Revit（*.rvt：*.rfa：*.rte）”，再选择“幼儿园项目 - 安装”文件，最后单击“打开”	

(续)

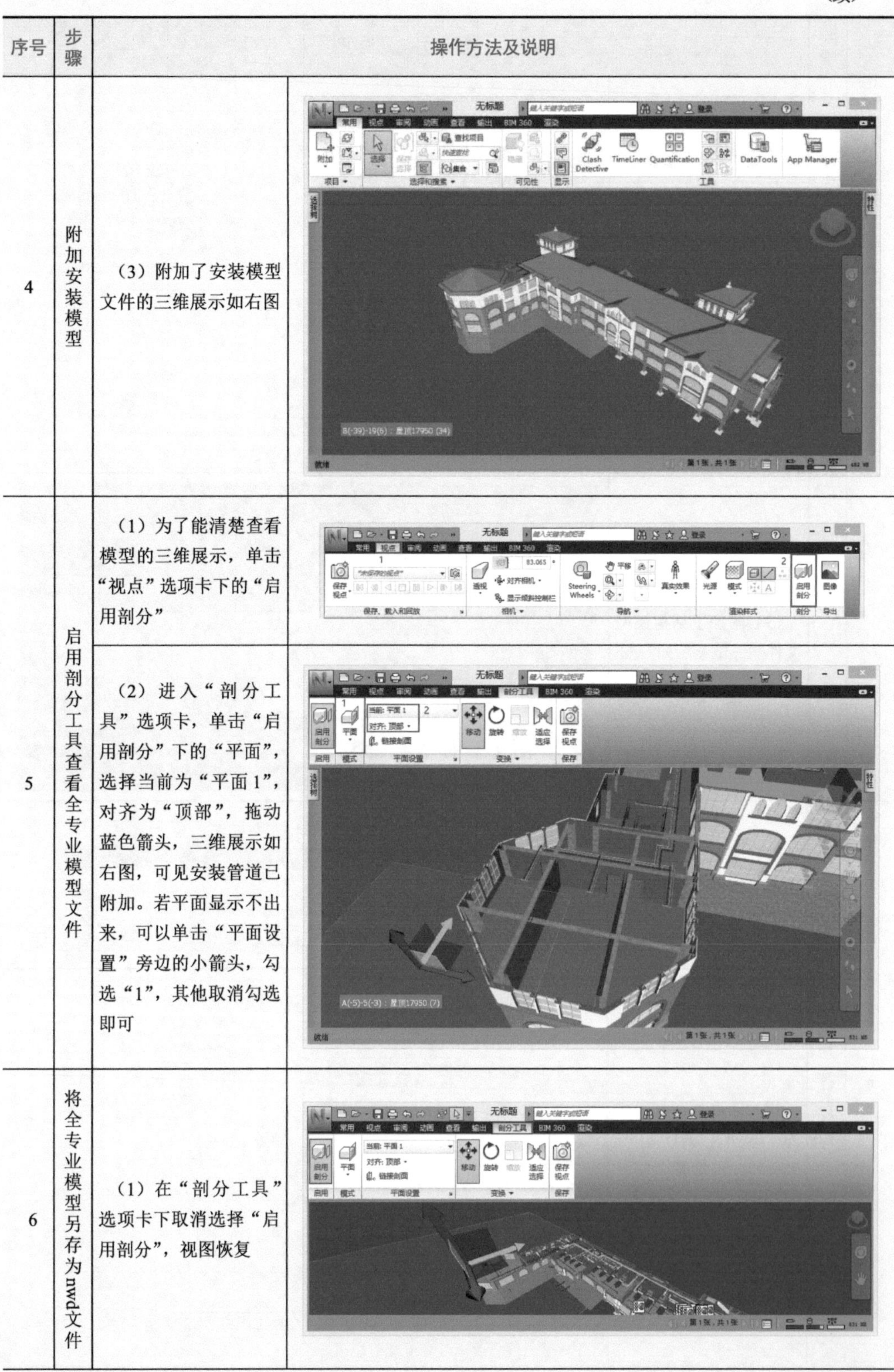

序号	步骤	操作方法及说明	
4	附加安装模型	（3）附加了安装模型文件的三维展示如右图	
5	启用剖分工具查看全专业模型文件	（1）为了能清楚查看模型的三维展示，单击“视点”选项卡下的“启用剖分”	
		（2）进入“剖分工具”选项卡，单击“启用剖分”下的“平面”，选择当前为“平面 1”，对齐为“顶部”，拖动蓝色箭头，三维展示如右图，可见安装管道已附加。若平面显示不出来，可以单击“平面设置”旁边的小箭头，勾选“1”，其他取消勾选即可	
6	将全专业模型另存为nwd文件	（1）在“剖分工具”选项卡下取消选择“启用剖分”，视图恢复	

（续）

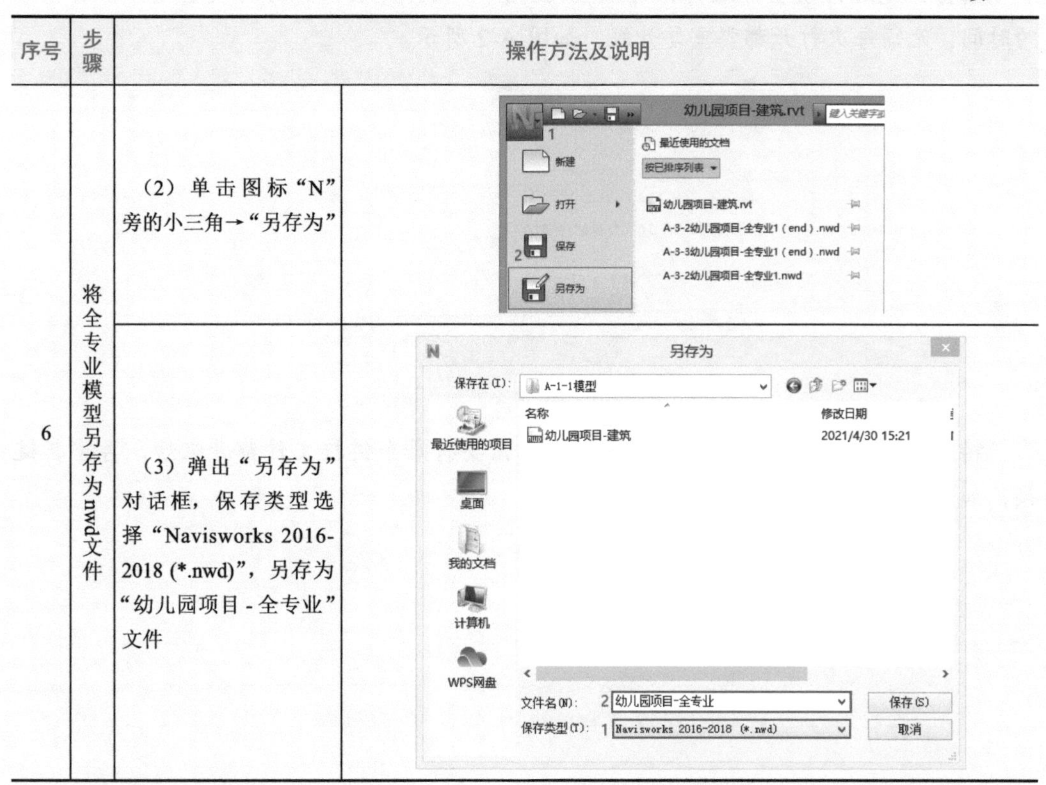

序号	步骤	操作方法及说明	
6	将全专业模型另存为nwd文件	（2）单击图标“N”旁的小三角→“另存为”	
		（3）弹出“另存为”对话框，保存类型选择“Navisworks 2016-2018 (*.nwd)”，另存为“幼儿园项目 - 全专业”文件	

问题情境一

在Revit软件中，如果给定的模型是2016版的“.rvt文件”，而Revit软件是2018版，如图 A-1 所示。试思考：如何快速地打开此“.rvt文件”呢？

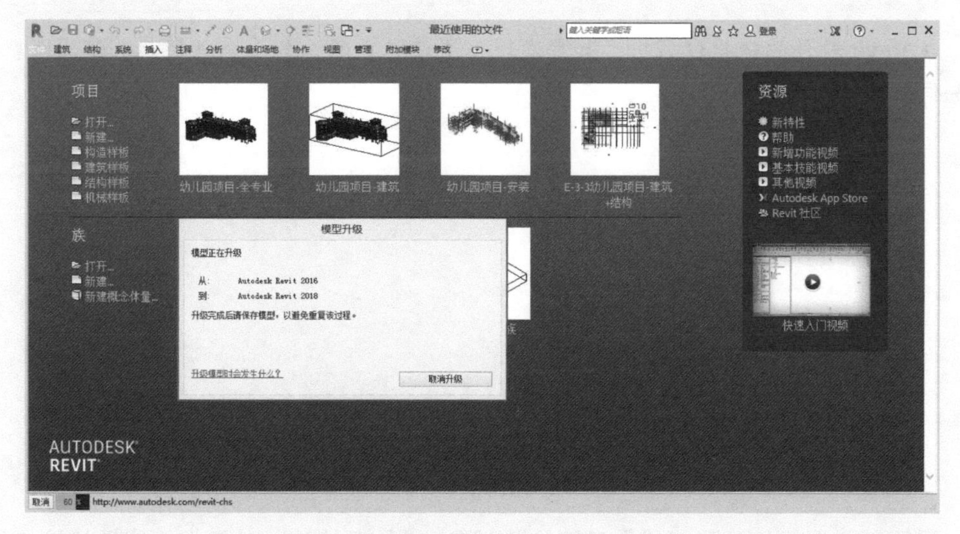

图 A-1

解答：先进行模型升级再保存模型文件，下次打开已保存好的模型文件，则会节约时间，无须每次打开都要重复升级，如图 A-2 所示。

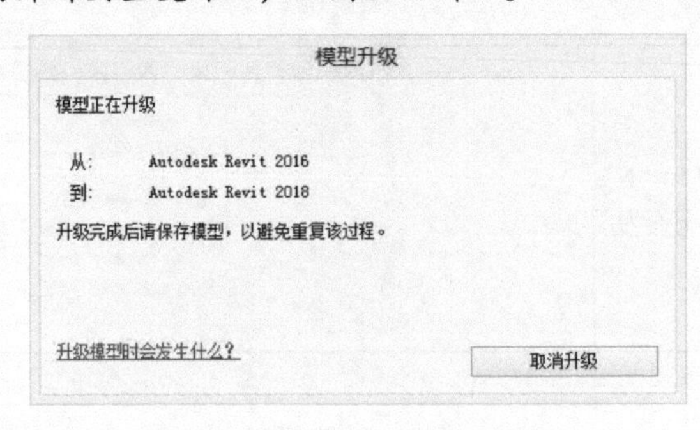

图　A-2

特别注意：如果模型是由链接而成，则需要将每个链接文件都升级后，再重新链接，如图 A-3 所示。

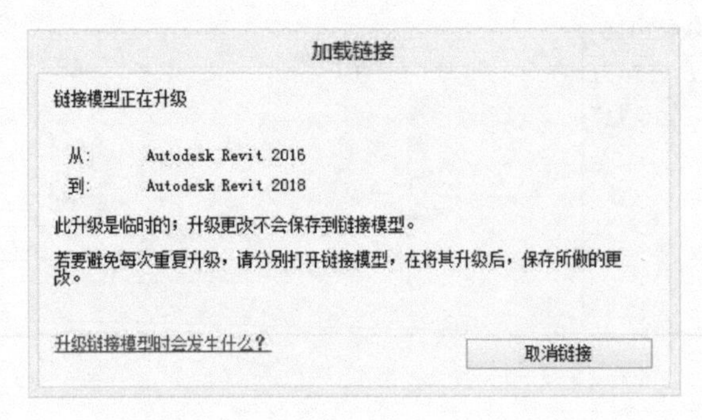

图　A-3

问题情境二

在 Revit 软件的链接过程中，如果发现无法读取参照，如图 A-4 所示。试思考：应该如何处理？

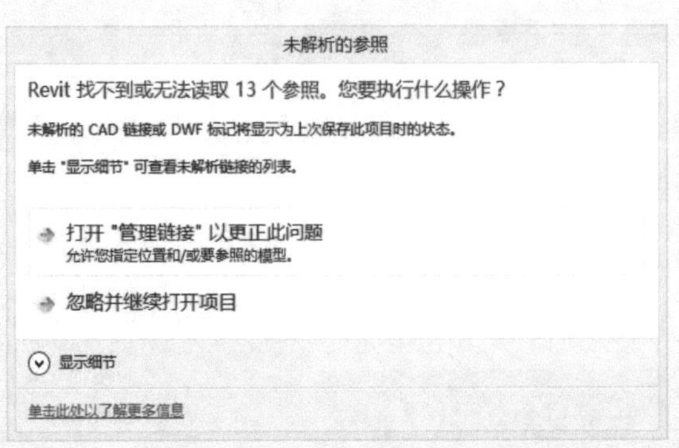

图　A-4

解答：单击“插入”→“管理链接”，弹出“管理链接”对话框，选择链接文件，单击“重新载入来自（F）…”，选择相应链接文件导入，如图 A-5、图 A-6 所示。若链接文件不需要，则选择该链接单击“删除”，如图 A-6 所示。

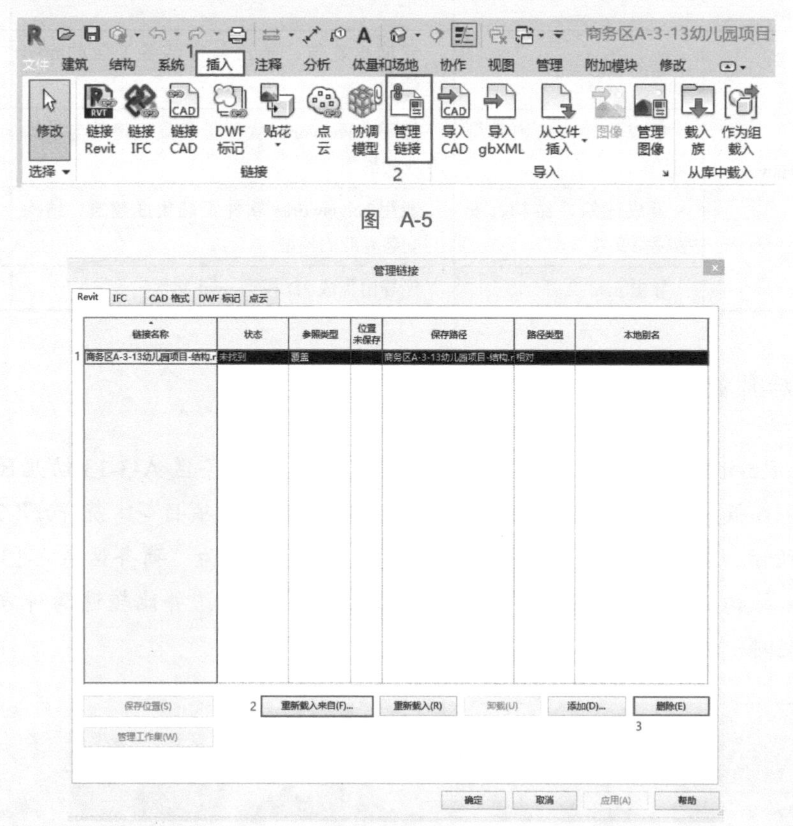

图　A-5

图　A-6

四、学习结果评价

请根据表 A-4，完成学习结果的自我评价。

表 A-4　“能使用 Revit 软件集成 3D-BIM 模型”学习结果自我评价表

序号	评价内容		评价标准	评价结果（是 / 否）
1	Revit	打开建筑、结构、安装模型文件	能用 Revit 软件打开各专业模型	□是□否
		集成建筑、结构模型文件	能用 Revit 软件正确集成建筑与结构专业的模型	□是□否
		集成结构、安装模型文件	能用 Revit 软件正确集成结构与安装专业的模型	□是□否
		集成建筑、结构、安装模型文件	能用 Revit 软件正确集成建筑、结构与安装专业的模型	□是□否

（续）

序号	评价内容		评价标准	评价结果（是 / 否）
2	Navisworks	输出 nwd 文件	能输出建筑、结构与安装各专业的 nwd 文件	□是□否
		集成建筑、结构模型文件	能用 Navisworks 软件正确集成建筑与结构专业的模型	□是□否
		集成建筑、结构、安装模型文件	能用 Navisworks 软件正确集成建筑、结构与安装专业的模型	□是□否
		导出 nwd 文件	能导出集成 3D 模型 nwd 文件	□是□否

课后作业

1．在 Revit 软件中，根据给定的结构模型文件“商务区 A-3-13 幼儿园项目 - 结构 .rvt”（2016 版）和建筑模型文件“商务区 A-3-13 幼儿园项目 - 建筑 .rvt”（2016 版），如图 A-7 所示，集成该项目的建筑、结构模型，保存文件为“商务区 A-3-13 幼儿园项目 - 建筑 + 结构 .rvt”。请按照以下两种链接方式完成链接，并比较这两种方法的链接时长，确定哪一种链接方式更优。

图 A-7

第一种链接操作：先将建筑、结构模型文件分别升级为 2018 版文件，接着将它们链接为一个新的整体建筑模型，链接时长为 ________。

第二种链接操作：将结构模型（2016 版）与建筑模型（2016 版）直接链接，链接时长为 ________。

2．在 Navisworks 软件中，根据给定的结构模型文件“商务区 A-3-13 幼儿园项目 -

结构 .rvt”（2016 版）和建筑模型文件“商务区 A-3-13 幼儿园项目 - 建筑 .rvt”（2016 版），集成该项目的建筑、结构模型，导出“商务区 A-3-13 幼儿园项目 - 建筑 + 结构 .nwd”文件。

3. 若结构模型文件“法院项目 - 结构 .rvt”和建筑模型文件“法院项目 - 建筑 .rvt”按“自动 - 原点到原点”方式链接，发现原点的位置不一致，如图 A-8 所示，该如何将两个文件链接为一体？（提示：可按“自动 - 项目基点到项目基点”方式链接）

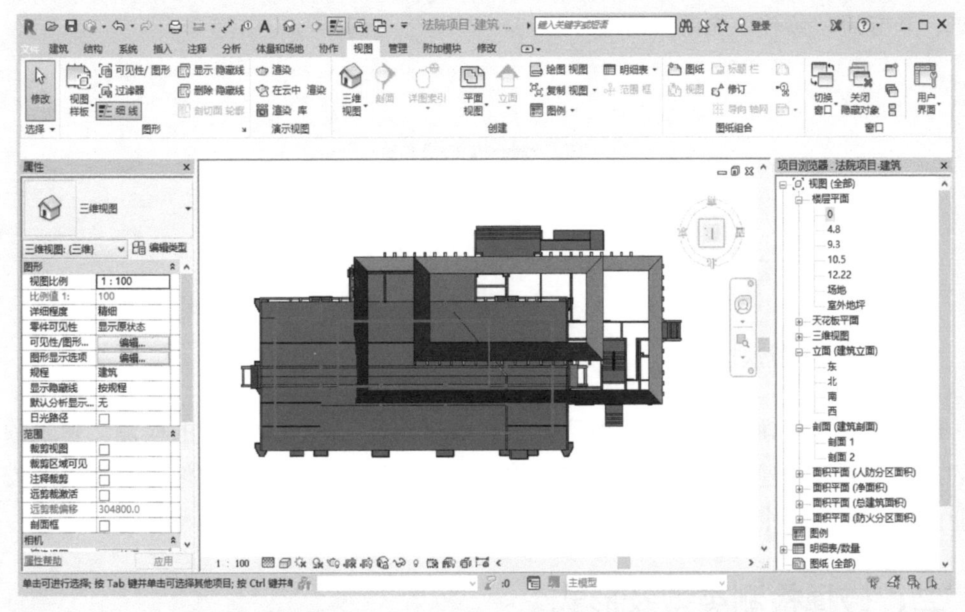

图　A-8

职业能力 A-1-2　能协同检测各专业构件的碰撞错误

核心概念

BIM 协同设计：是指各专业的设计人员为某一建设项目能顺利施工，在项目设计阶段，利用同一信息化管理平台进行设计和协调。同一信息化管理平台中的图元具有唯一性及共享性的双重特点，能减少各专业间由于沟通不畅导致的错漏碰缺。BIM 协同设计是规避冲突，全面提升工作质量及效率的有效手段。

学习目标

1. 能够利用 Revit 软件进行碰撞检测。
2. 能够利用 Navisworks 软件进行碰撞检测。

实际施工中，因为各专业缺乏沟通，施工单位经常会遇到不同专业间的碰撞冲突问题，严重影响项目的工期、成本和质量等。BIM协同设计能提高项目设计质量，提升项目沟通效率，减少设计错漏，减少业主变更，从而最大限度地减少返工，节省返工产生的直接成本，进而降低项目总建造成本。我们要不断加强沟通能力，提升团队意识，只有团结协作才能高效达成目标。

基本知识

一、碰撞检测

碰撞检测是对建筑三维信息模型中各构件之间是否有冲突进行的检测。建筑项目中的冲突主要有：建筑构件与结构构件的冲突、结构构件与安装构件的冲突以及安装专业内部各构件的冲突等。

二、碰撞检测类型及形式

1．碰撞分为硬碰撞和软碰撞。

（1）硬碰撞：是指实体与实体之间的交叉碰撞。

（2）软碰撞：实体间实际并没有碰撞，但间距和空间无法满足相关安装施工的要求。

2．工程实践中常见的碰撞形式，见表A-5。

表A-5　常见碰撞形式

碰撞专业	建筑与结构专业	结构与安装专业	安装专业内部
碰撞形式	门窗与梁柱	设备管道与梁柱	管线冲突

3．碰撞检测软件有Revit软件和Navisworks软件等。

Revit软件可直接进行碰撞检测，方便快捷，在建模时就可进行，发现问题可及时调整，但不适合大型项目的模型；Navisworks碰撞检测能生成正式的碰撞检测报告，里面有构件ID号、位置、图片等信息，比较直观、专业。

三、BIM方法的碰撞检测

在建筑工程设计工作中，传统的碰撞检查方法是将各专业的设计图打印之后，将图纸互相叠放，选取一个公共的参照点对图纸进行对照检查，所有的工作由人工来完成。采用 BIM 方法的碰撞检测，能解决传统碰撞检查中工作效率低、检测结果的准确性得不到保证的缺点。

BIM 方法的碰撞检测：是指使用计算机对 BIM 模型直接进行碰撞检测的方法。该碰撞检测全程由计算机操作，能根据实际情况设置碰撞检测的参数，这极大地提高了工作效率，且保障了检测结果的精确性，尤其在对结构复杂的建筑物进行碰撞检查时，BIM 方法的优势会更加明显。

能力训练

一、操作条件

1．计算机、Revit 软件、Navisworks 软件。

2．1～2 个实践项目的建筑、结构和安装专业的 Revit 模型文件。

二、注意事项

1．检查并确认实践项目各专业文件是否齐全，是否能有效打开。

2．检查并确认计算机配置是否符合要求：至少要求 Windows 7 系统、8GB 内存。

三、操作过程

1．使用 Revit 软件进行碰撞检测，见表 A-6。

表 A-6　使用 Revit 软件进行碰撞检测

序号	步骤	操作方法及说明	
1	打开建筑、结构集成文件	（1）在 Revit 软件中打开“幼儿园项目 - 建筑 + 结构”文件，确保其与“幼儿园项目 - 结构”文件在同一文件夹中	

(续)

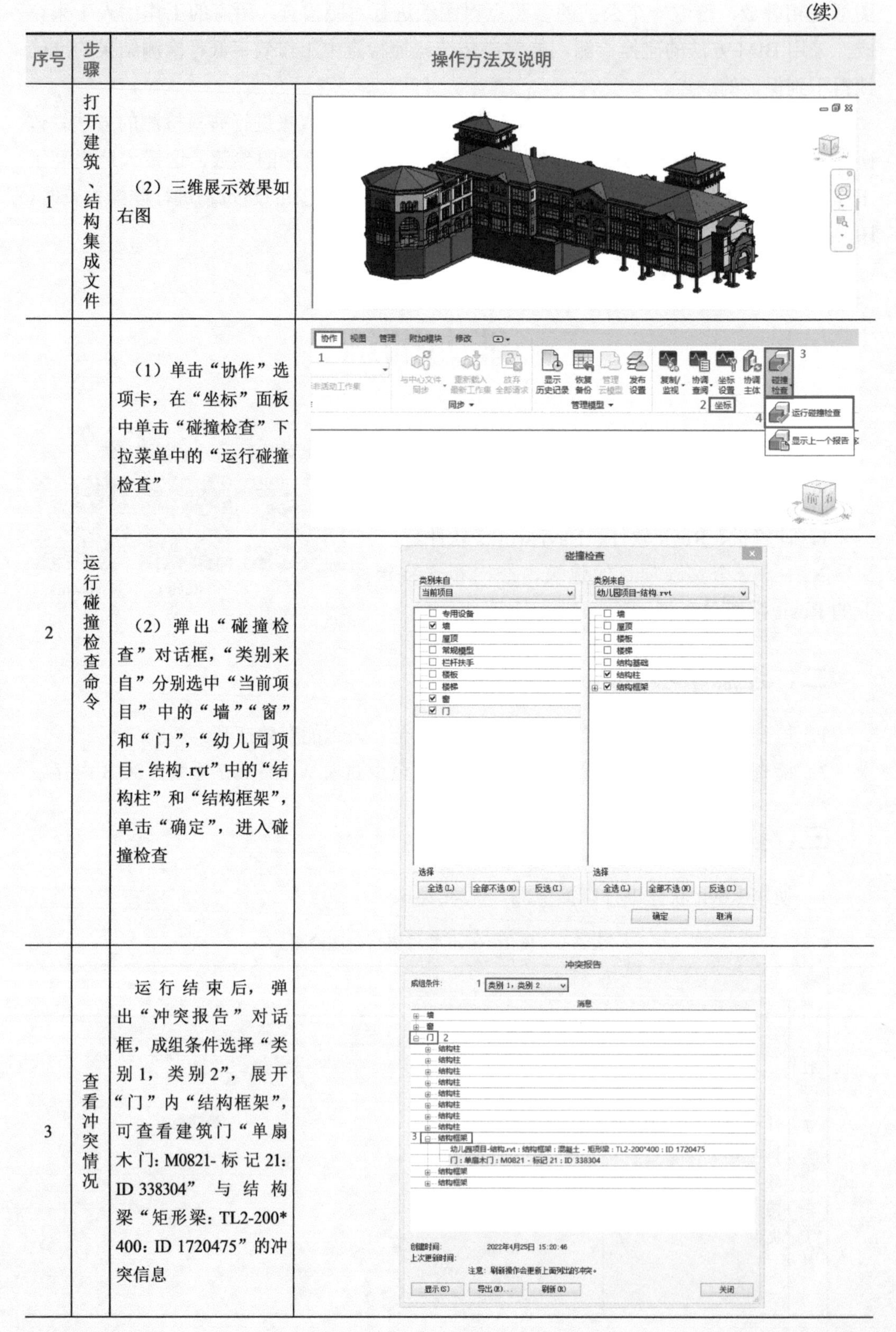

序号	步骤	操作方法及说明	
1	打开建筑、结构集成文件	（2）三维展示效果如右图	
2	运行碰撞检查命令	（1）单击“协作”选项卡，在“坐标”面板中单击“碰撞检查”下拉菜单中的“运行碰撞检查”	
		（2）弹出“碰撞检查”对话框，“类别来自”分别选中“当前项目”中的“墙”“窗”和“门”，“幼儿园项目-结构.rvt”中的“结构柱”和“结构框架”，单击“确定”，进入碰撞检查	
3	查看冲突情况	运行结束后，弹出“冲突报告”对话框，成组条件选择“类别1，类别2”，展开“门”内“结构框架”，可查看建筑门“单扇木门：M0821-标记21：ID 338304”与结构梁“矩形梁：TL2-200*400：ID 1720475”的冲突信息	

（续）

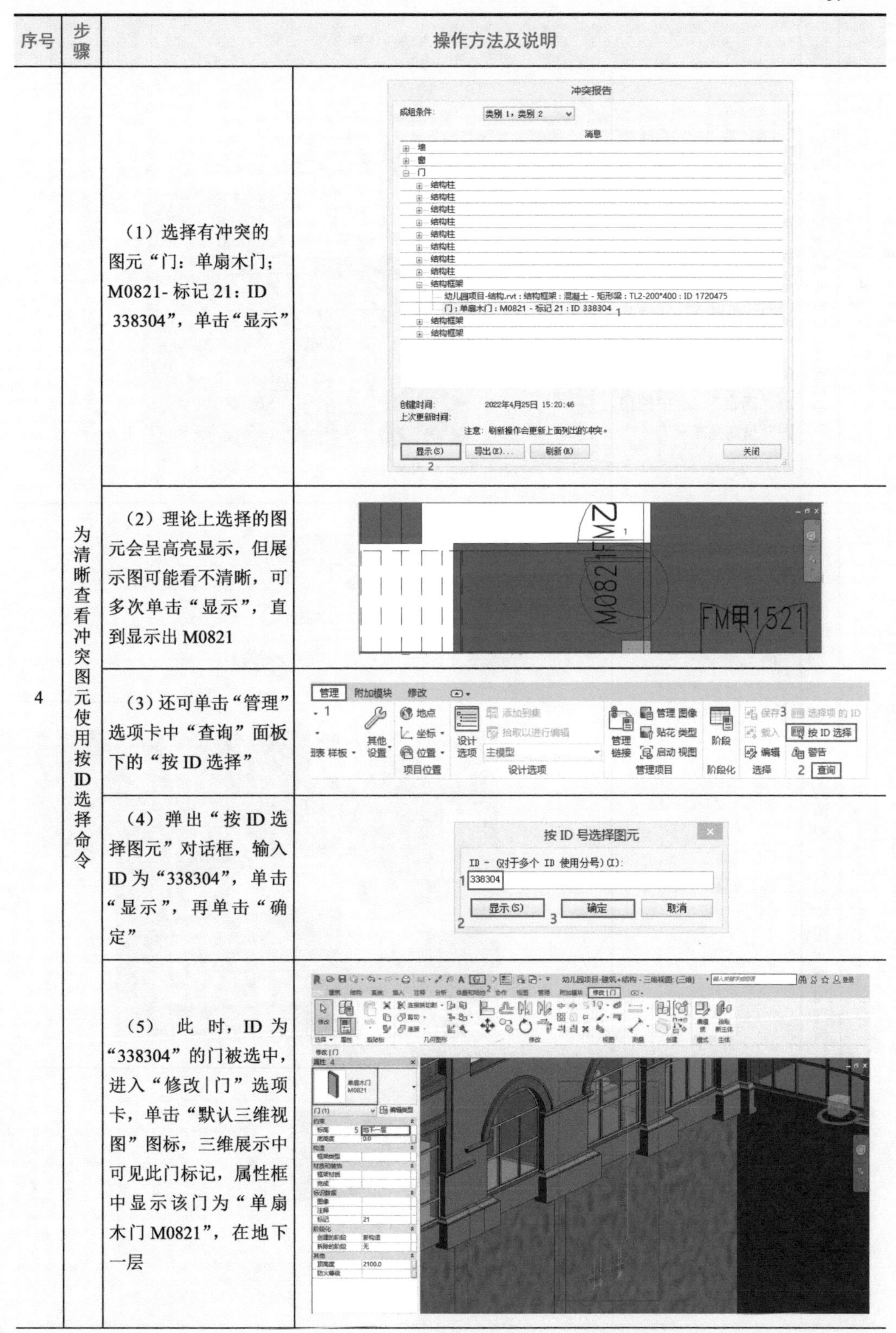

序号	步骤	操作方法及说明
4	为清晰查看冲突图元使用按 ID 选择命令	（1）选择有冲突的图元“门：单扇木门；M0821- 标记 21：ID 338304”，单击“显示”
		（2）理论上选择的图元会呈高亮显示，但展示图可能看不清晰，可多次单击“显示”，直到显示出 M0821
		（3）还可单击“管理”选项卡中“查询”面板下的“按 ID 选择”
		（4）弹出“按 ID 选择图元”对话框，输入 ID 为“338304”，单击“显示”，再单击“确定”
		（5）此时，ID 为“338304”的门被选中，进入“修改丨门”选项卡，单击“默认三维视图”图标，三维展示中可见此门标记，属性框中显示该门为“单扇木门 M0821”，在地下一层

（续）

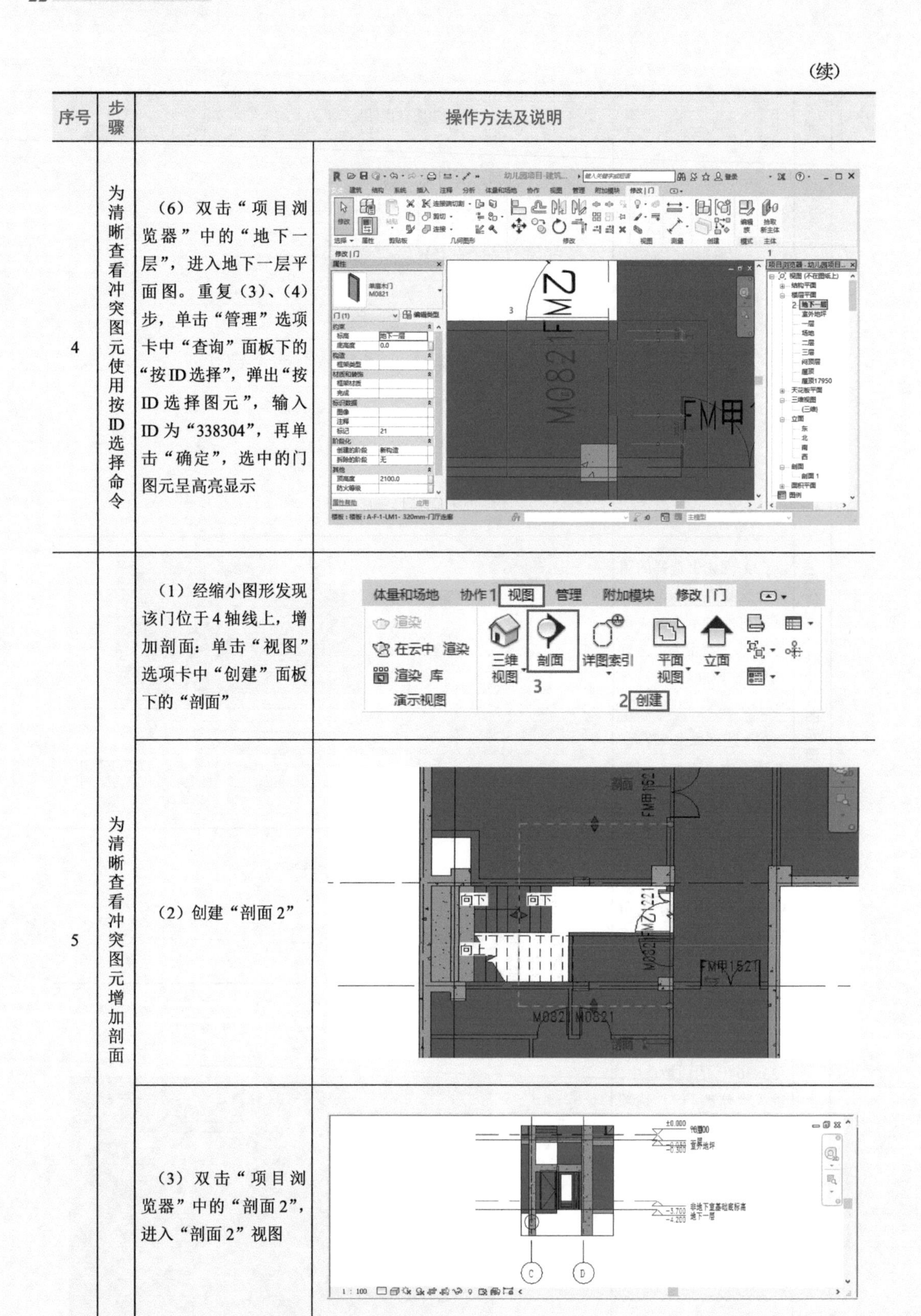

序号	步骤	操作方法及说明	
4	为清晰查看冲突图元使用按ID选择命令	（6）双击“项目浏览器”中的“地下一层”，进入地下一层平面图。重复（3）、（4）步，单击“管理”选项卡中“查询”面板下的“按ID选择”，弹出“按ID选择图元”，输入ID为“338304”，再单击“确定”，选中的门图元呈高亮显示	
5	为清晰查看冲突图元增加剖面	（1）经缩小图形发现该门位于4轴线上，增加剖面：单击“视图”选项卡中“创建”面板下的“剖面”	
		（2）创建“剖面2”	
		（3）双击“项目浏览器”中的“剖面2”，进入“剖面2”视图	

（续）

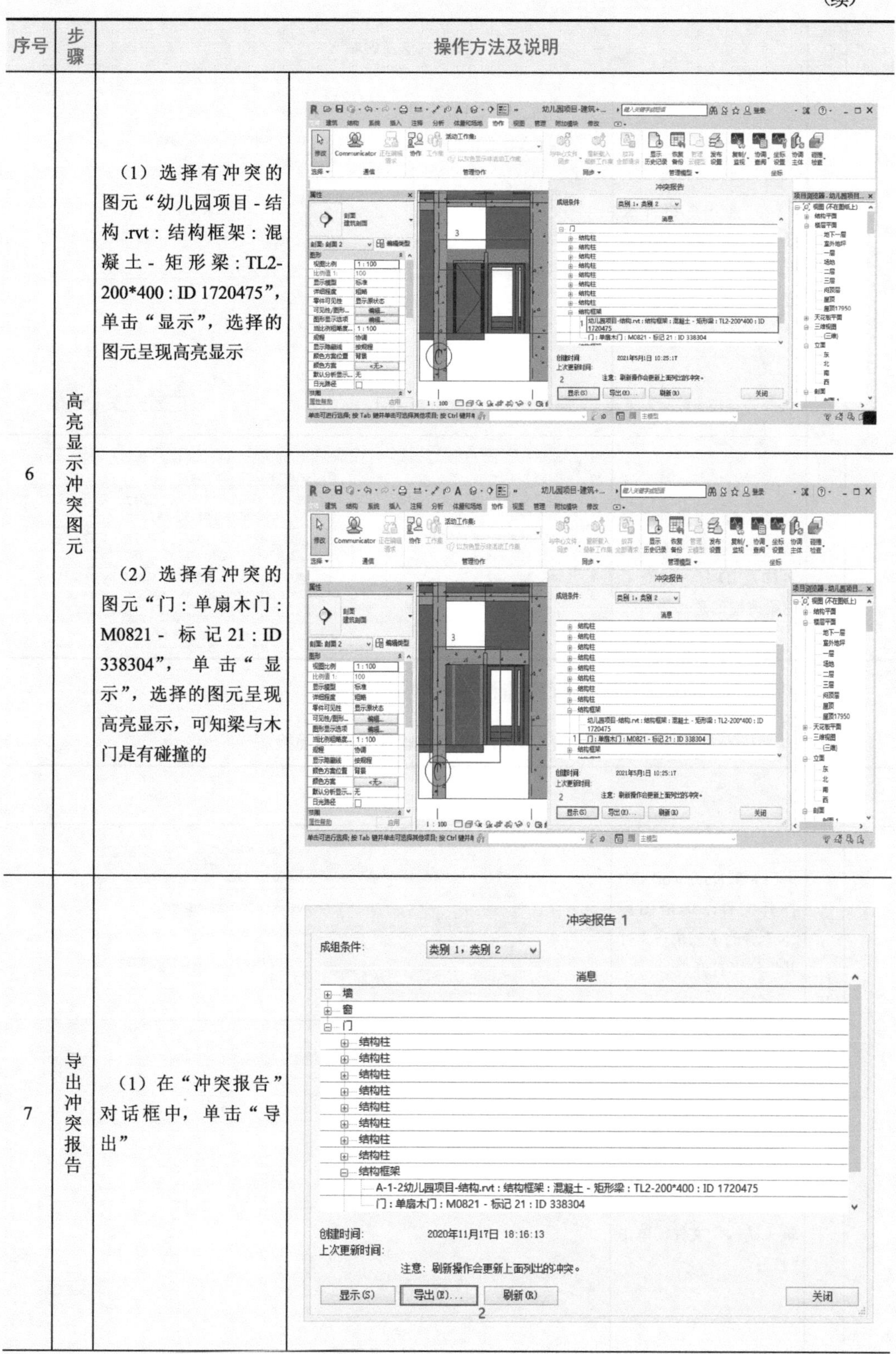

序号	步骤	操作方法及说明	
6	高亮显示冲突图元	（1）选择有冲突的图元“幼儿园项目 - 结构 .rvt : 结构框架 : 混凝土 - 矩形梁 : TL2-200*400 : ID 1720475”，单击“显示”，选择的图元呈现高亮显示	
		（2）选择有冲突的图元“门 : 单扇木门 : M0821 - 标记 21 : ID 338304”，单击“显示”，选择的图元呈现高亮显示，可知梁与木门是有碰撞的	
7	导出冲突报告	（1）在“冲突报告”对话框中，单击“导出”	

（续）

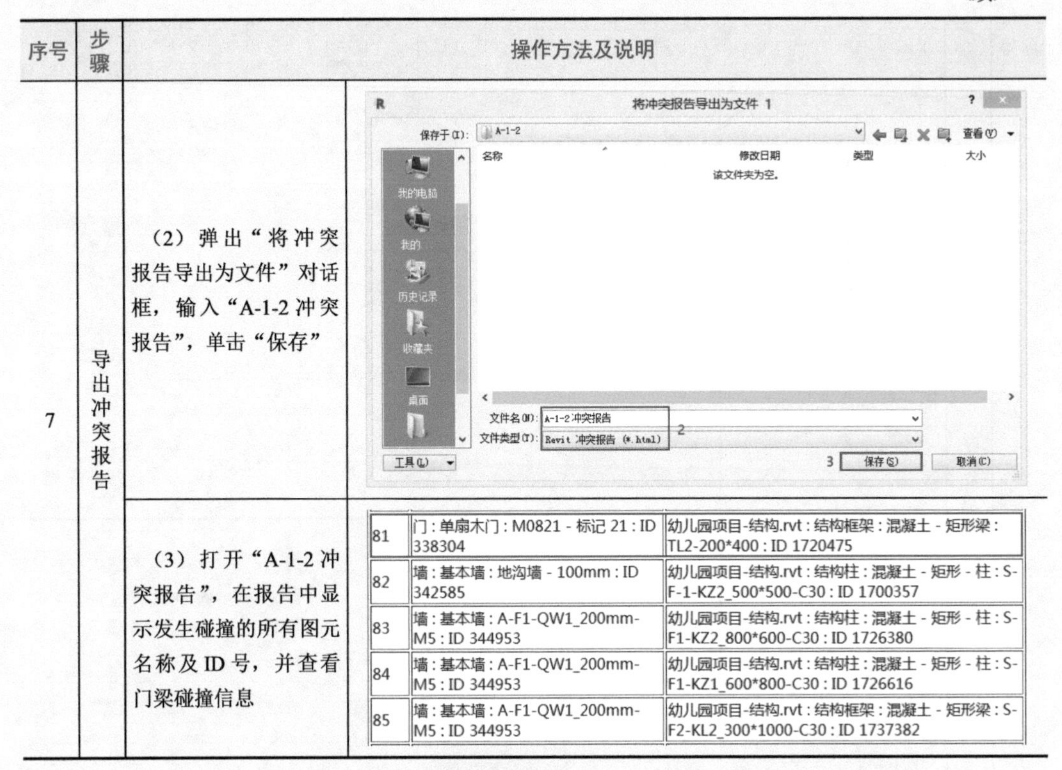

序号	步骤	操作方法及说明	
7	导出冲突报告	（2）弹出“将冲突报告导出为文件”对话框，输入“A-1-2 冲突报告”，单击“保存”	（见截图）
		（3）打开“A-1-2 冲突报告”，在报告中显示发生碰撞的所有图元名称及 ID 号，并查看门梁碰撞信息	（见下表）

81	门 : 单扇木门 : M0821 - 标记 21 : ID 338304	幼儿园项目-结构.rvt : 结构框架 : 混凝土 - 矩形梁 : TL2-200*400 : ID 1720475
82	墙 : 基本墙 : 地沟墙 - 100mm : ID 342585	幼儿园项目-结构.rvt : 结构柱 : 混凝土 - 矩形 - 柱 : S-F-1-KZ2_500*500-C30 : ID 1700357
83	墙 : 基本墙 : A-F1-QW1_200mm-M5 : ID 344953	幼儿园项目-结构.rvt : 结构柱 : 混凝土 - 矩形 - 柱 : S-F1-KZ2_800*600-C30 : ID 1726380
84	墙 : 基本墙 : A-F1-QW1_200mm-M5 : ID 344953	幼儿园项目-结构.rvt : 结构柱 : 混凝土 - 矩形 - 柱 : S-F1-KZ1_600*800-C30 : ID 1726616
85	墙 : 基本墙 : A-F1-QW1_200mm-M5 : ID 344953	幼儿园项目-结构.rvt : 结构框架 : 混凝土 - 矩形梁 : S-F2-KL2_300*1000-C30 : ID 1737382

2．使用 Navisworks 软件进行碰撞检测，见表 A-7。

表 A-7　使用 Navisworks 软件进行碰撞检测

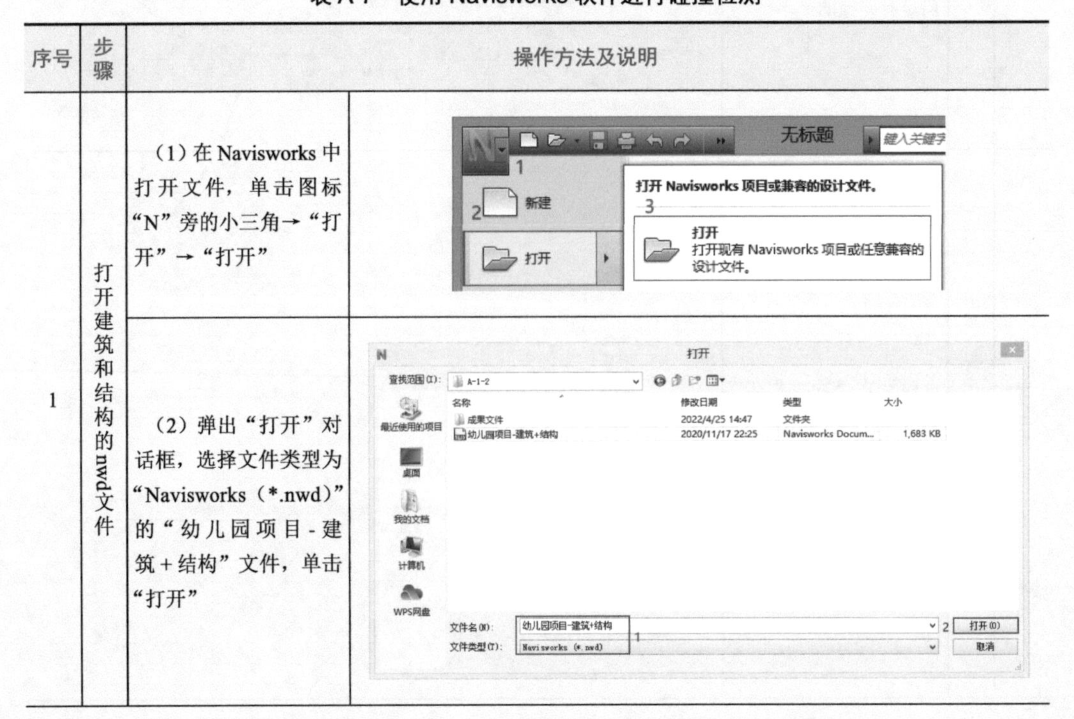

序号	步骤	操作方法及说明	
1	打开建筑和结构的nwd文件	（1）在 Navisworks 中打开文件，单击图标“N”旁的小三角→“打开”→“打开”	（见截图）
		（2）弹出“打开”对话框，选择文件类型为“Navisworks（*.nwd）”的“幼儿园项目 - 建筑 + 结构”文件，单击“打开”	（见截图）

（续）

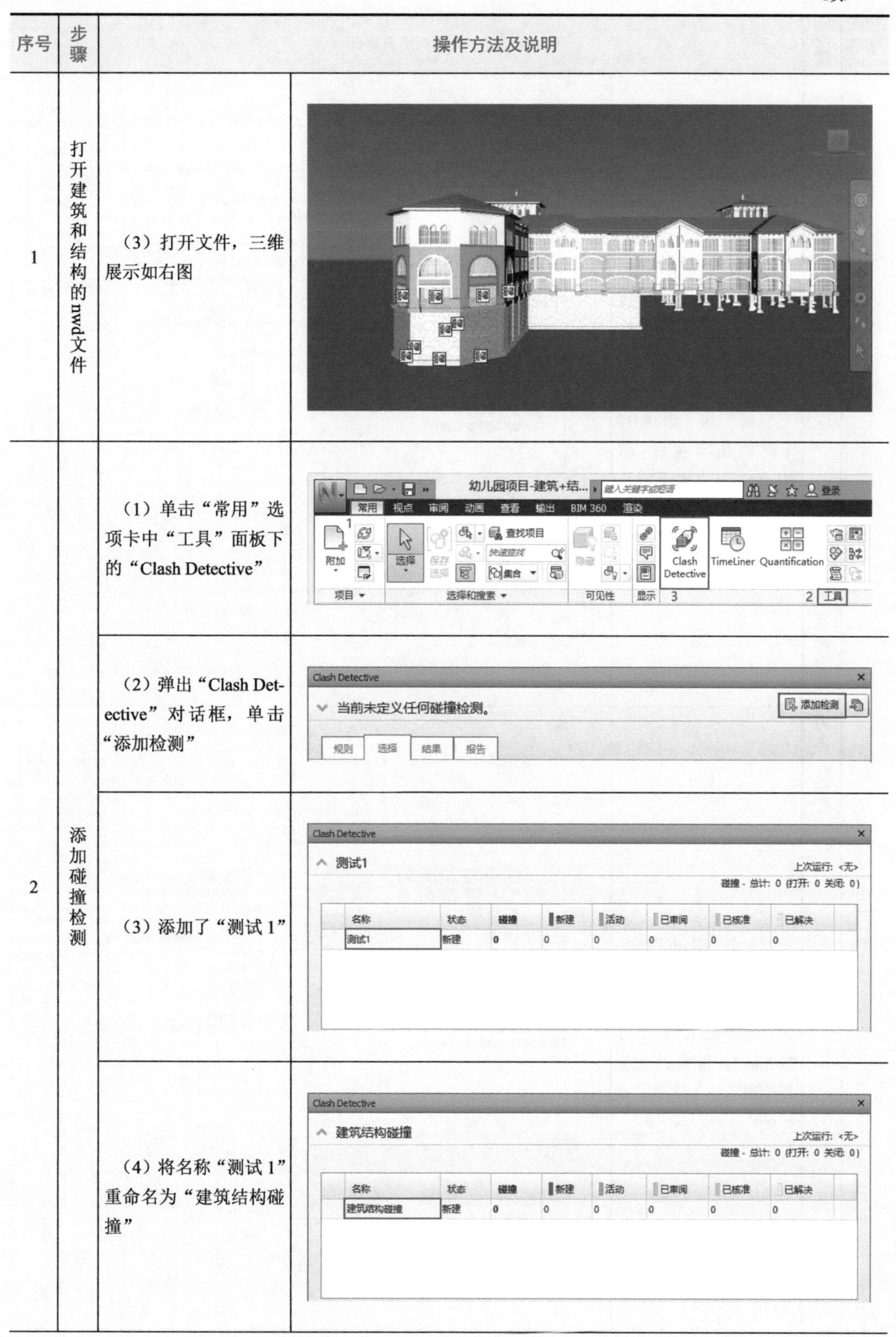

序号	步骤	操作方法及说明
1	打开建筑和结构的nwd文件	（3）打开文件，三维展示如右图
2	添加碰撞检测	（1）单击“常用”选项卡中“工具”面板下的“Clash Detective”
		（2）弹出“Clash Detective”对话框，单击“添加检测”
		（3）添加了“测试1”
		（4）将名称“测试1”重命名为“建筑结构碰撞”

（续）

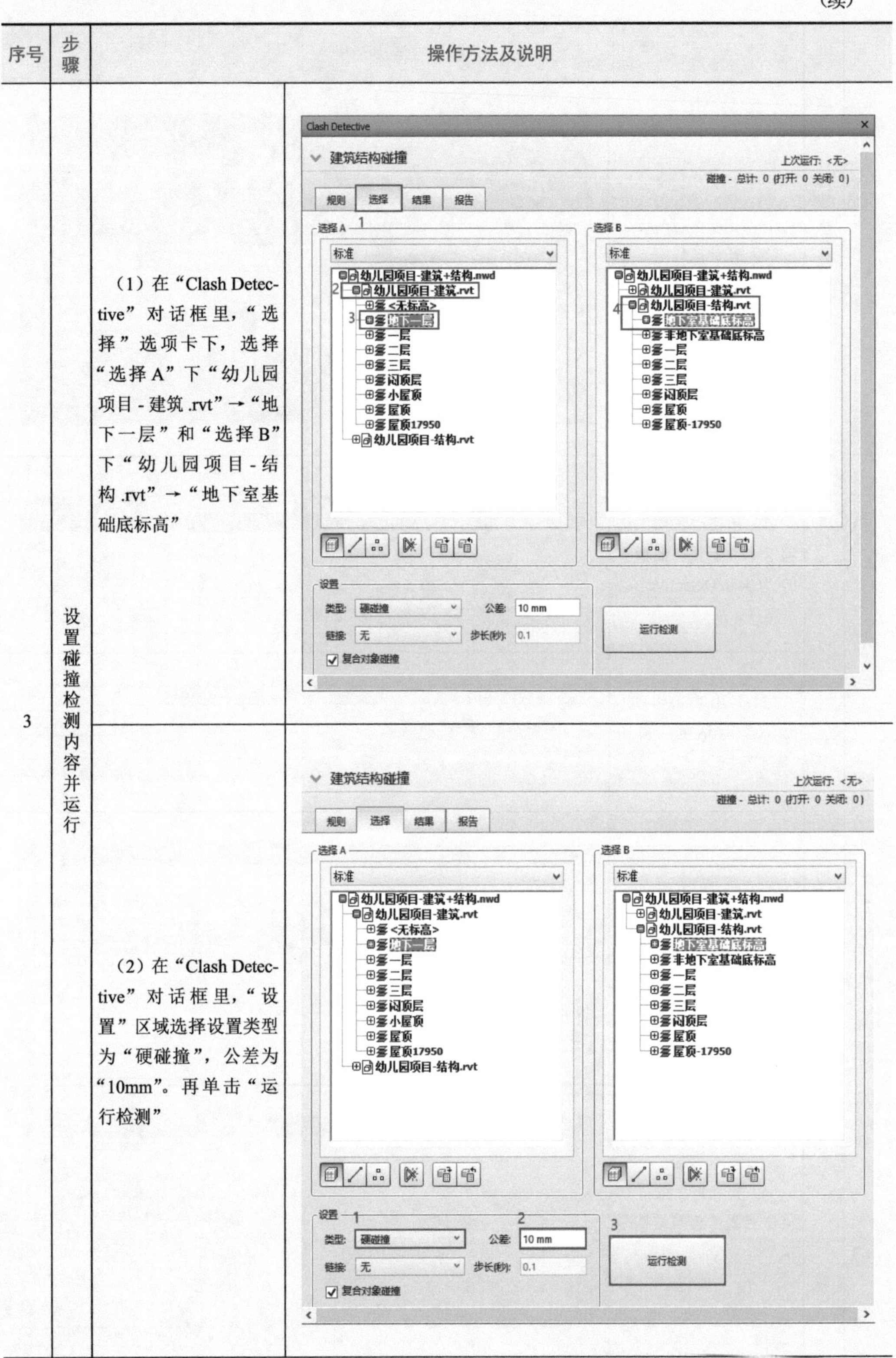

序号	步骤	操作方法及说明	
3	设置碰撞检测内容并运行	（1）在“Clash Detective”对话框里，“选择”选项卡下，选择“选择A”下“幼儿园项目-建筑.rvt”→“地下一层”和“选择B”下“幼儿园项目-结构.rvt”→“地下室基础底标高”	
		（2）在“Clash Detective”对话框里，“设置”区域选择设置类型为“硬碰撞”，公差为“10mm”。再单击“运行检测”	

（续）

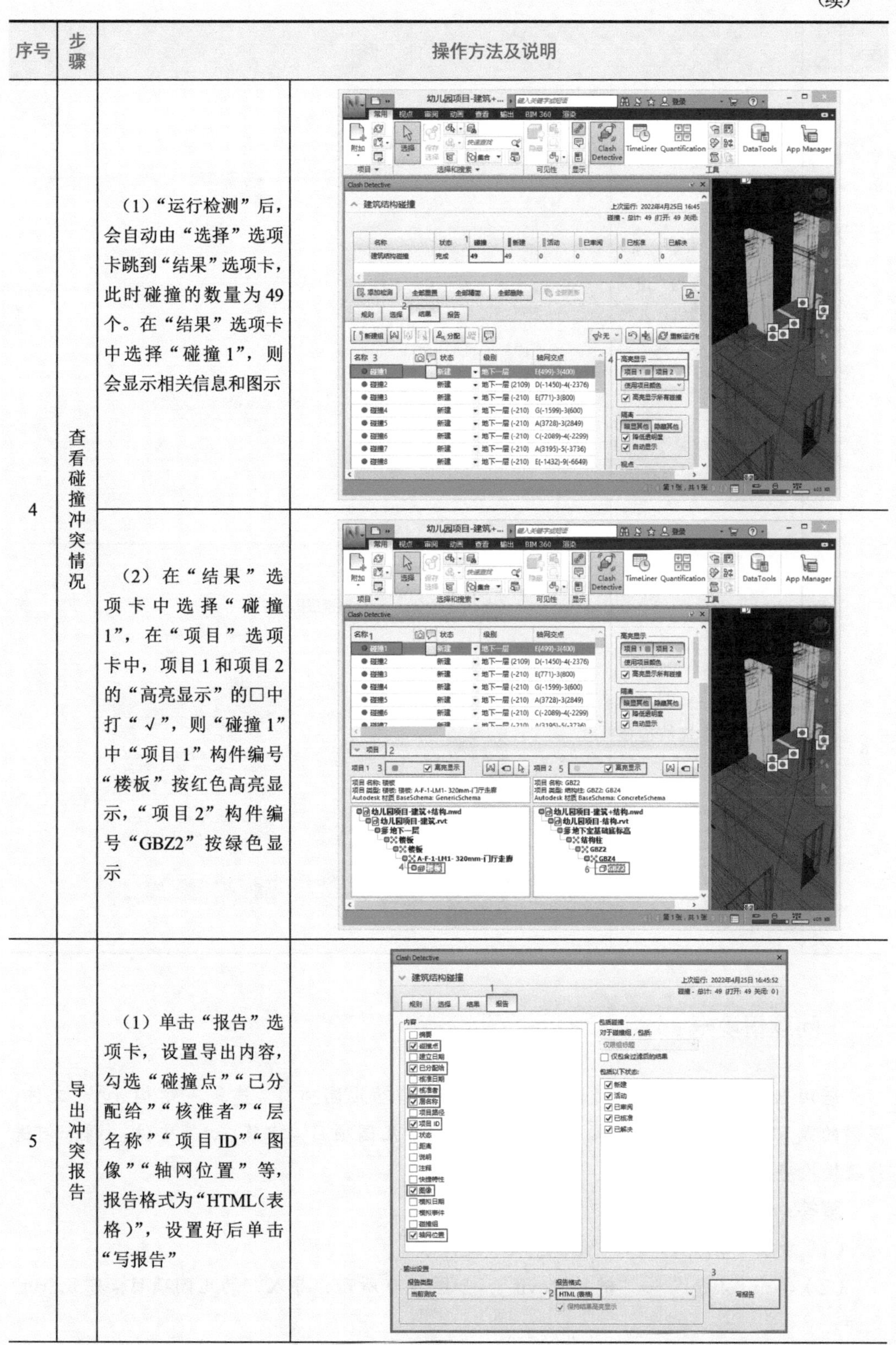

序号	步骤	操作方法及说明	
4	查看碰撞冲突情况	（1）“运行检测”后，会自动由“选择”选项卡跳到“结果”选项卡，此时碰撞的数量为 49 个。在“结果”选项卡中选择“碰撞 1”，则会显示相关信息和图示	
		（2）在“结果”选项卡中选择“碰撞 1”，在“项目”选项卡中，项目 1 和项目 2 的“高亮显示”的□中打“√”，则“碰撞 1”中“项目 1”构件编号“楼板”按红色高亮显示，“项目 2”构件编号“GBZ2”按绿色显示	
5	导出冲突报告	（1）单击“报告”选项卡，设置导出内容，勾选“碰撞点”“已分配给”“核准者”“层名称”“项目 ID”“图像”“轴网位置”等，报告格式为“HTML（表格）”，设置好后单击“写报告”	

（续）

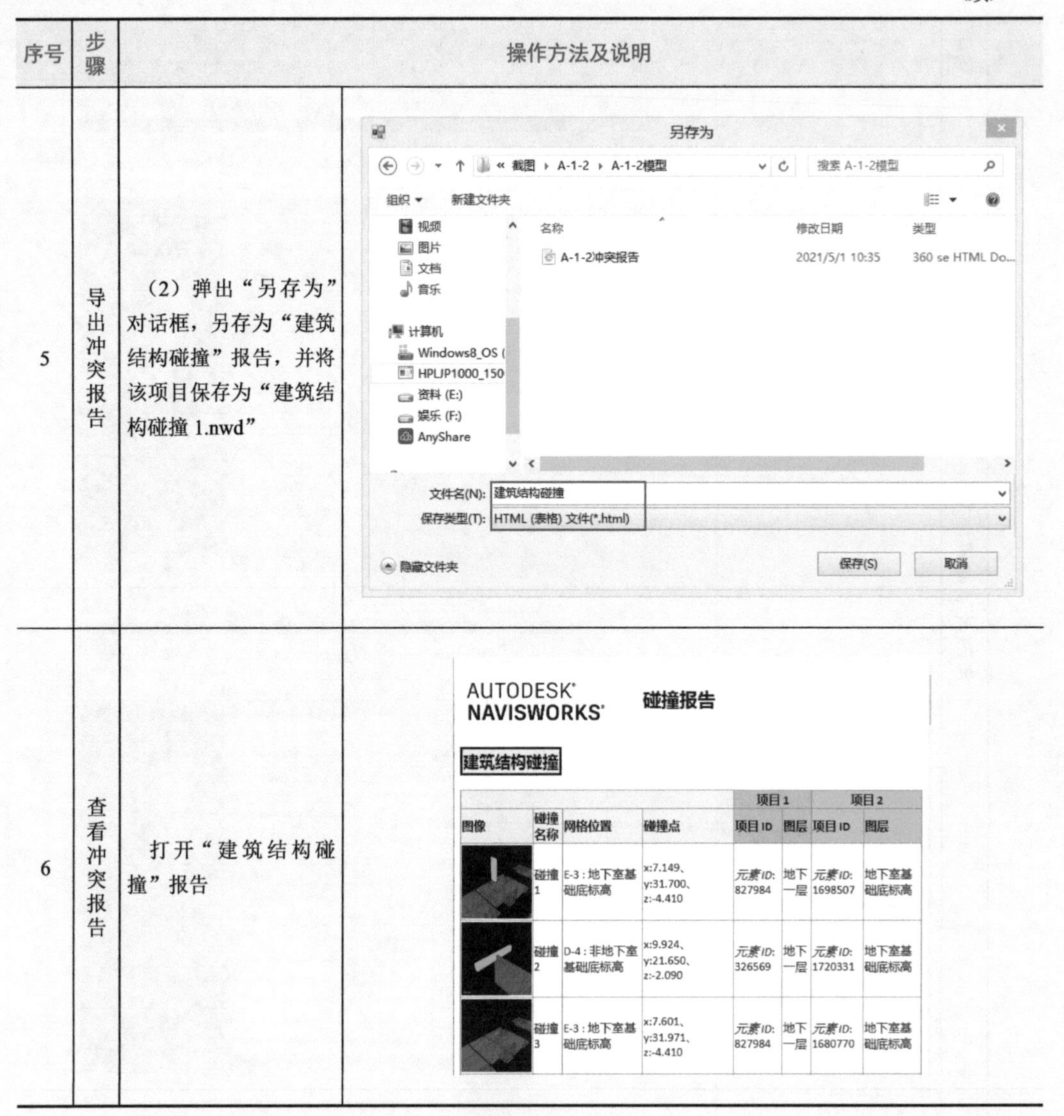

序号	步骤	操作方法及说明	
5	导出冲突报告	（2）弹出“另存为”对话框，另存为“建筑结构碰撞”报告，并将该项目保存为“建筑结构碰撞1.nwd”	
6	查看冲突报告	打开“建筑结构碰撞”报告	

问题情境一

若用Revit软件进行碰撞检查时，未提供“幼儿园项目 - 建筑＋结构.rvt”文件，提供的是“幼儿园项目 - 结构.rvt”文件和“幼儿园项目 - 建筑.rvt”文件，则如何进行碰撞检查？

解答：

（1）打开“幼儿园项目 - 结构.rvt”文件。

（2）单击“插入”→“链接Revit”，如图A-9所示，导入“幼儿园项目 - 建筑.rvt”文件。

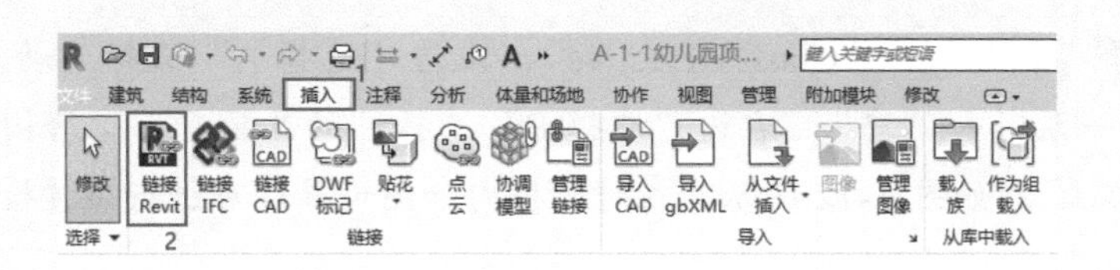

图　A-9

（3）选择“协作”→“碰撞检查”→“运行碰撞检查”。

（4）左边“类别来自”选择“当前项目”，右边“类别来自”选择“幼儿园项目 - 建筑 .rvt”，如图 A-10 所示，在对话框内按图设置即可进行碰撞检查。

图　A-10

问题情境二

若用 Navisworks 软件进行碰撞检查时，提供的文件为“幼儿园项目 - 建筑 + 结构 .rvt”文件、“幼儿园项目 - 建筑 .rvt”文件和“幼儿园项目 - 结构 .rvt”文件，直接打开“幼儿园项目 - 建筑 + 结构 .rvt”文件，进入“Clash Detective”对话框后，无法分开选择建筑和结构构件，则如何进行碰撞检查？

解答：

（1）打开“幼儿园项目 - 建筑 .rvt”文件。

（2）单击“附加”，如图 A-11 所示，导入“幼儿园项目 - 结构 .rvt”文件。

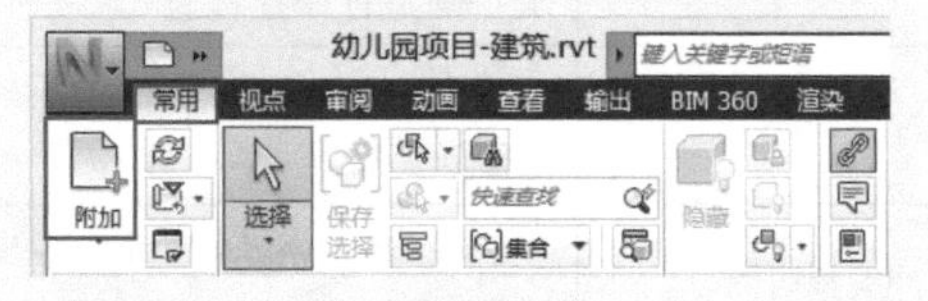

图　A-11

（3）选择“常用”→“Clash Detective”，左边“选择 A”选择“幼儿园项目 - 建筑 .rvt”→“一层”→“墙”，右边“选择 B”选择“幼儿园项目 - 结构 .rvt”→“一层”→“结构柱”，如图 A-12 所示，在对话框内如图设置即可进行碰撞检查。

图 A-12

四、学习结果评价

请根据表 A-8，完成学习结果的自我评价。

表 A-8 “能协同检测各专业构件的碰撞错误”学习结果自我评价表

序号	评价内容		评价标准	评价结果（是 / 否）
1	Revit	运行碰撞检查	能在 Revit 软件中对给定文件按要求正确进行碰撞检查	□是□否
		查看冲突情况	能在 Revit 软件中正确查看碰撞的冲突图元信息	□是□否
		导出冲突报告	能在 Revit 软件中导出并另存为冲突报告	□是□否
		按 ID 号显示图元	能在 Revit 软件中按 ID 号显示碰撞的图元	□是□否
2	Navisworks	运行碰撞检查	能在 Navisworks 软件中对给定文件按要求正确进行碰撞检查	□是□否
		查看冲突情况	能在 Navisworks 软件中正确查看碰撞的冲突图元信息	□是□否
		导出冲突报告	能在 Navisworks 软件中导出并另存为冲突报告	□是□否

课后作业

1. 提供“幼儿园项目 - 建筑 .rvt”文件，用Navisworks软件对“一层”的“门”“窗”与“墙”进行碰撞检查，在“设置”区域选择设置类型为“硬碰撞”，公差为“50mm”，如图A-13所示，一共有______个碰撞。

图　A-13

2. 提供“幼儿园项目 - 建筑 .nwd”文件，用Revit软件对“一层”的“门”“窗”与“墙”进行碰撞检查，如图A-14所示，一共有______个碰撞。

图　A-14

工作任务 A-2　BIM 协同设计和 BIM 模型优化

职业能力 A-2-1　能基于建筑与结构的碰撞优化模型

核心概念

建筑与结构碰撞：是指建筑专业构件与结构专业构件的冲突，主要如门窗与梁柱冲突、墙与柱冲突等。

建筑与结构碰撞优化：是指为避免构件碰撞造成的后期成本增加、返工或工期延长，对建筑专业模型与结构专业模型进行碰撞检查及净高分析，依据分析结论对碰撞及设计缺陷进行的优化。

学习目标

1. 能够用 Navisworks 软件基于建筑与结构的碰撞检测进行模型优化。
2. 能够用 Revit 软件基于建筑与结构的碰撞检测进行模型优化。

课前阅读

“中国尊”（北京中信大厦）于 2013 年 7 月 29 日正式开工建设，总投资 240 亿元，超过中国第一高“上海中心”的投资额近 90 亿元。“中国尊”高度 528m，作为首都新地标，该项目创造了 8 项世界之最和 15 项国内记录。在“中国尊”项目建设全过程中，BIM 应用的深度、广度和系统性达到国际领先水平。我们要顺应技术变革的潮流，敢于尝试，勇于创新。

基本知识

一、建筑模型与结构模型的碰撞优化途径

1. 墙柱碰撞优化途径：征求设计方意见，确保设计使用功能、安全要求，按需调整墙或柱的位置，从而消除碰撞，优化设计。

2．梁柱与门窗优化途径：征求设计方意见，确保梁柱结构安全的前提下，按需调整门窗尺寸和位置，从而消除碰撞，优化设计。

二、建筑模型与结构模型的项目基点设置

1．建立 Revit 模型之初，项目负责人制定统一项目基点的项目样板文件，分发给各专业设计人员，从而便于各专业的协同设计以及各专业模型的正确链接。

2．项目设计过程中，因为不可预见因素，项目基点可能会有调整，需要重新定位项目基点。

（1）切换到场地平面视图，在“可见性设置”→“模型类别”→“场地”下，“项目基点”勾选“可见”。

（2）坐标点旁会出现别针图标，单击“修改点的剪切状态”，将项目基点移动到左下角轴交点的位置。

（3）在“可见性设置”中取消勾选“项目基点”，防止后续误操作。

能力训练

一、操作条件

1．计算机、Revit 软件、Navisworks 软件。

2．1～2 个实践项目的建筑、结构和安装专业的 Revit 模型文件。

二、注意事项

1．检查并确认实践项目各专业文件是否齐全，是否能有效打开。

2．检查并确认计算机配置是否符合要求：至少要求 Windows 7 系统、8GB 内存。

三、操作过程

1．使用 Navisworks 软件进行 2 层墙柱碰撞检测及优化，见表 A-9。

表 A-9　使用 Navisworks 软件进行 2 层墙柱的碰撞检测及优化

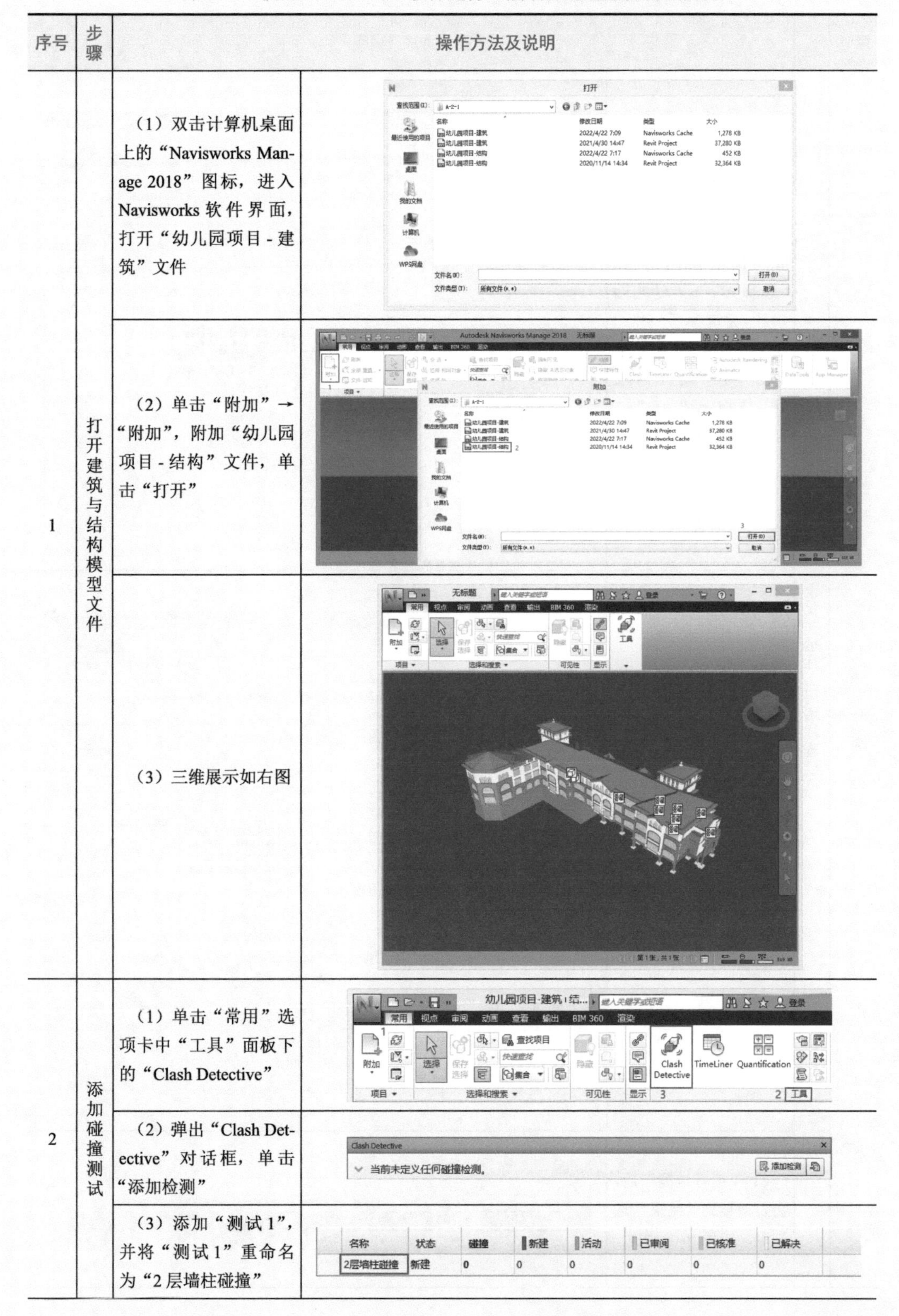

序号	步骤	操作方法及说明	
1	打开建筑与结构模型文件	（1）双击计算机桌面上的“Navisworks Manage 2018”图标，进入 Navisworks 软件界面，打开“幼儿园项目 - 建筑”文件	
		（2）单击“附加”→“附加”，附加“幼儿园项目 - 结构”文件，单击“打开”	
		（3）三维展示如右图	
2	添加碰撞测试	（1）单击“常用”选项卡中“工具”面板下的“Clash Detective”	
		（2）弹出“Clash Detective”对话框，单击“添加检测”	
		（3）添加“测试 1”，并将“测试 1”重命名为“2 层墙柱碰撞”	

（续）

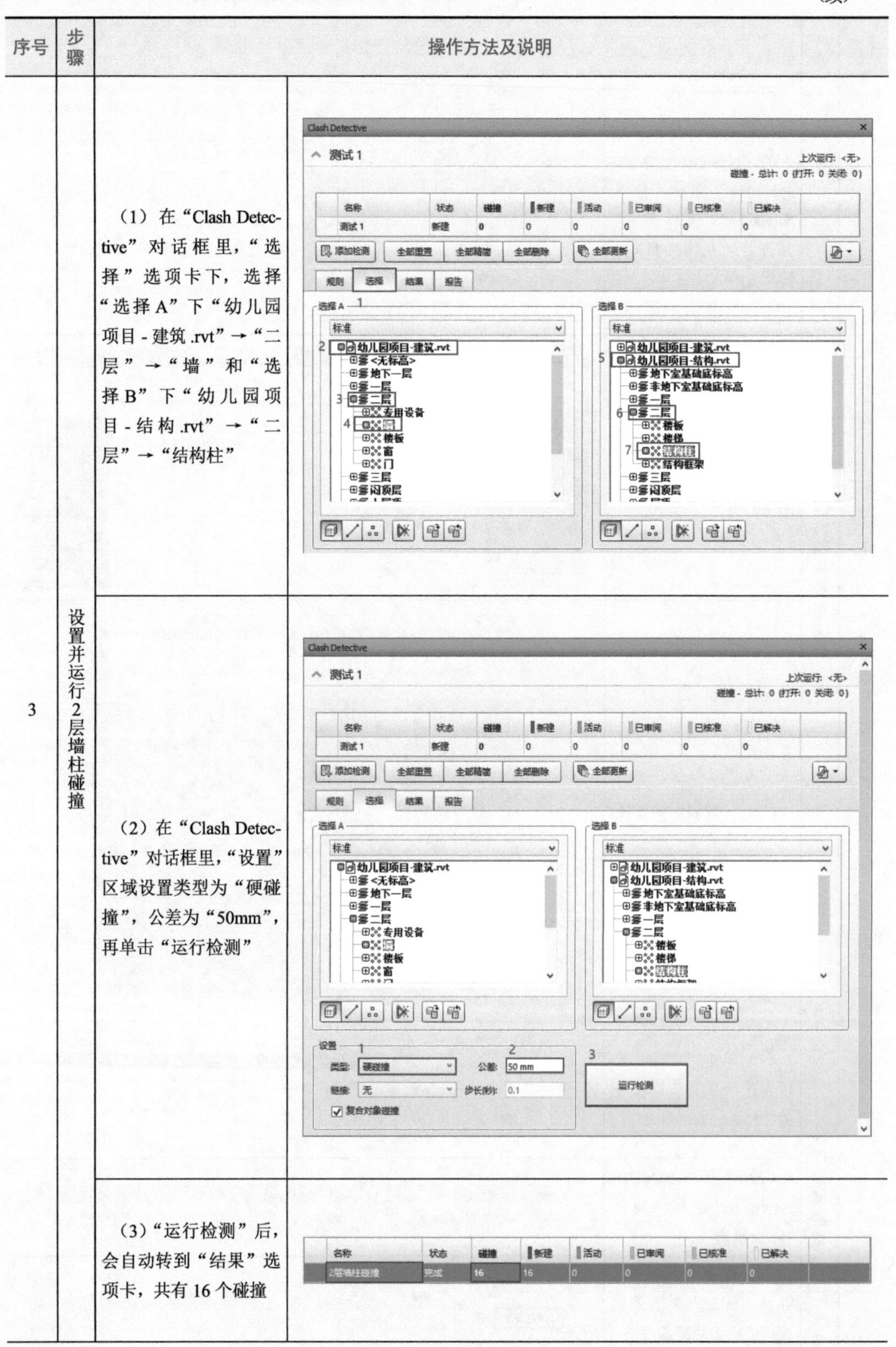

序号	步骤	操作方法及说明	
3	设置并运行2层墙柱碰撞	（1）在“Clash Detective”对话框里，“选择”选项卡下，选择“选择A”下“幼儿园项目 - 建筑 .rvt”→“二层”→“墙”和“选择B”下“幼儿园项目 - 结构 .rvt”→“二层”→“结构柱”	
		（2）在“Clash Detective”对话框里，“设置”区域设置类型为“硬碰撞”，公差为“50mm”，再单击“运行检测”	
		（3）“运行检测”后，会自动转到“结果”选项卡，共有 16 个碰撞	

（续）

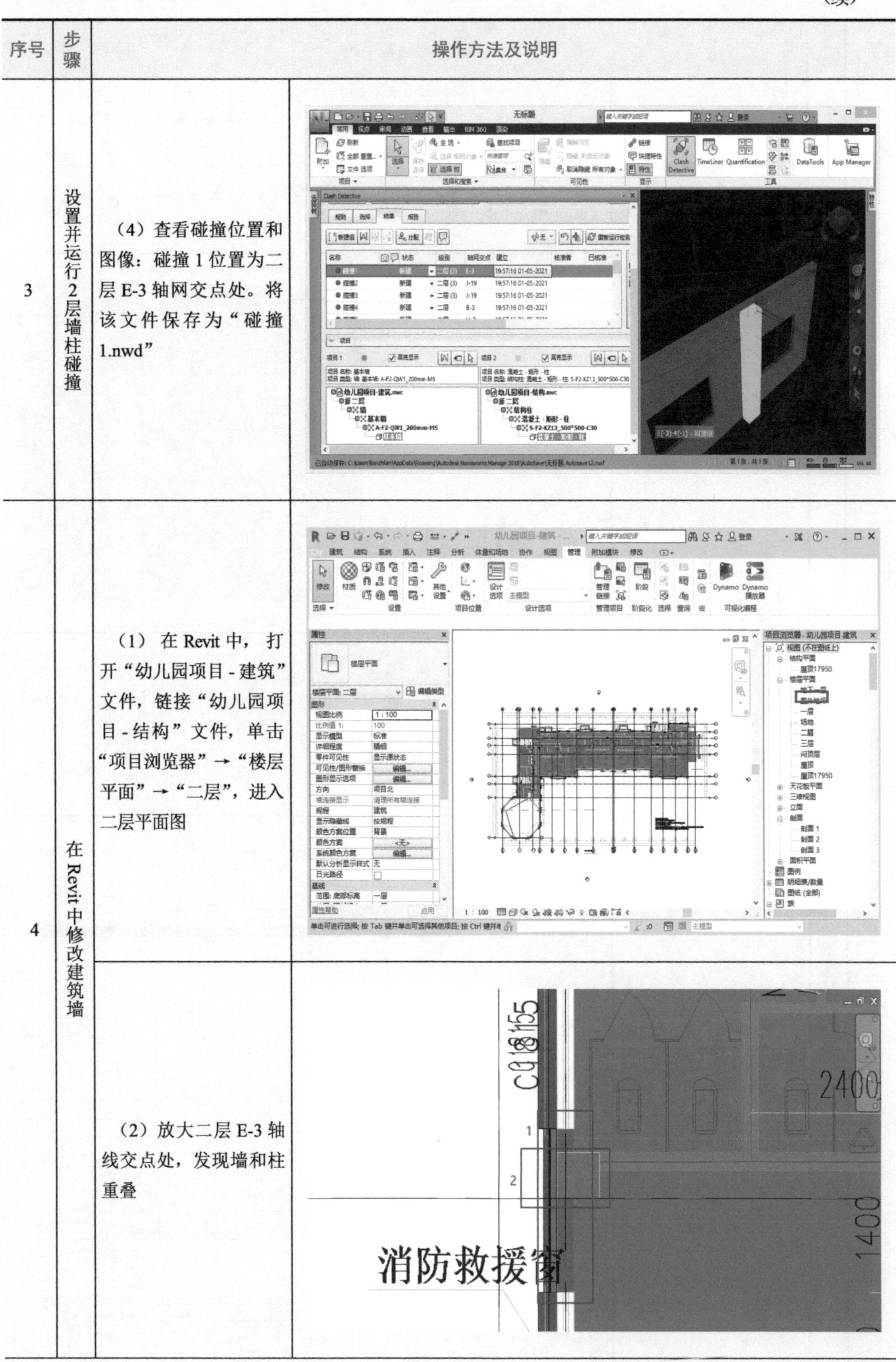

序号	步骤	操作方法及说明	
3	设置并运行2层墙柱碰撞	（4）查看碰撞位置和图像：碰撞 1 位置为二层 E-3 轴网交点处。将该文件保存为“碰撞 1.nwd”	
4	在 Revit 中修改建筑墙	（1）在 Revit 中，打开“幼儿园项目 - 建筑”文件，链接“幼儿园项目 - 结构”文件，单击“项目浏览器”→“楼层平面”→“二层”，进入二层平面图	
		（2）放大二层 E-3 轴线交点处，发现墙和柱重叠	

（续）

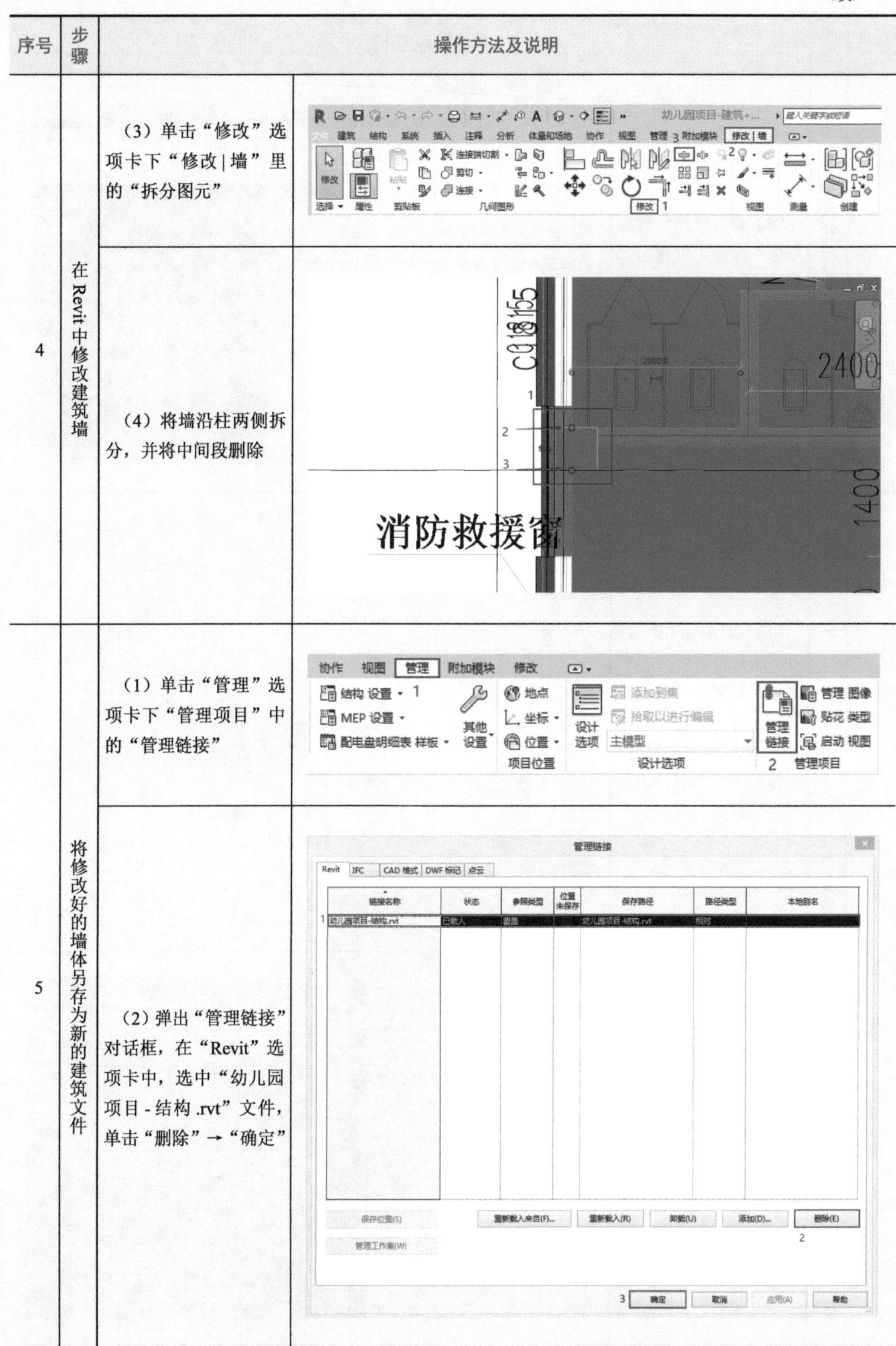

序号	步骤	操作方法及说明	
4	在 Revit 中修改建筑墙	（3）单击“修改”选项卡下“修改 | 墙”里的“拆分图元”	
		（4）将墙沿柱两侧拆分，并将中间段删除	
5	将修改好的墙体另存为新的建筑文件	（1）单击“管理”选项卡下“管理项目”中的“管理链接”	
		（2）弹出“管理链接”对话框，在“Revit”选项卡中，选中“幼儿园项目 - 结构 .rvt”文件，单击“删除”→“确定”	

（续）

序号	步骤	操作方法及说明	
5	将修改好的墙体另存为新的建筑文件	（3）将该文件另存为“幼儿园项目 - 建筑（墙修改）.rvt”	
6	Navisworks 将新修改的建筑模型附加结构模型	（1）在 Navisworks 软件中，打开“幼儿园项目 - 建筑（墙修改）”	
		（2）附加“幼儿园项目 - 结构”文件	

（续）

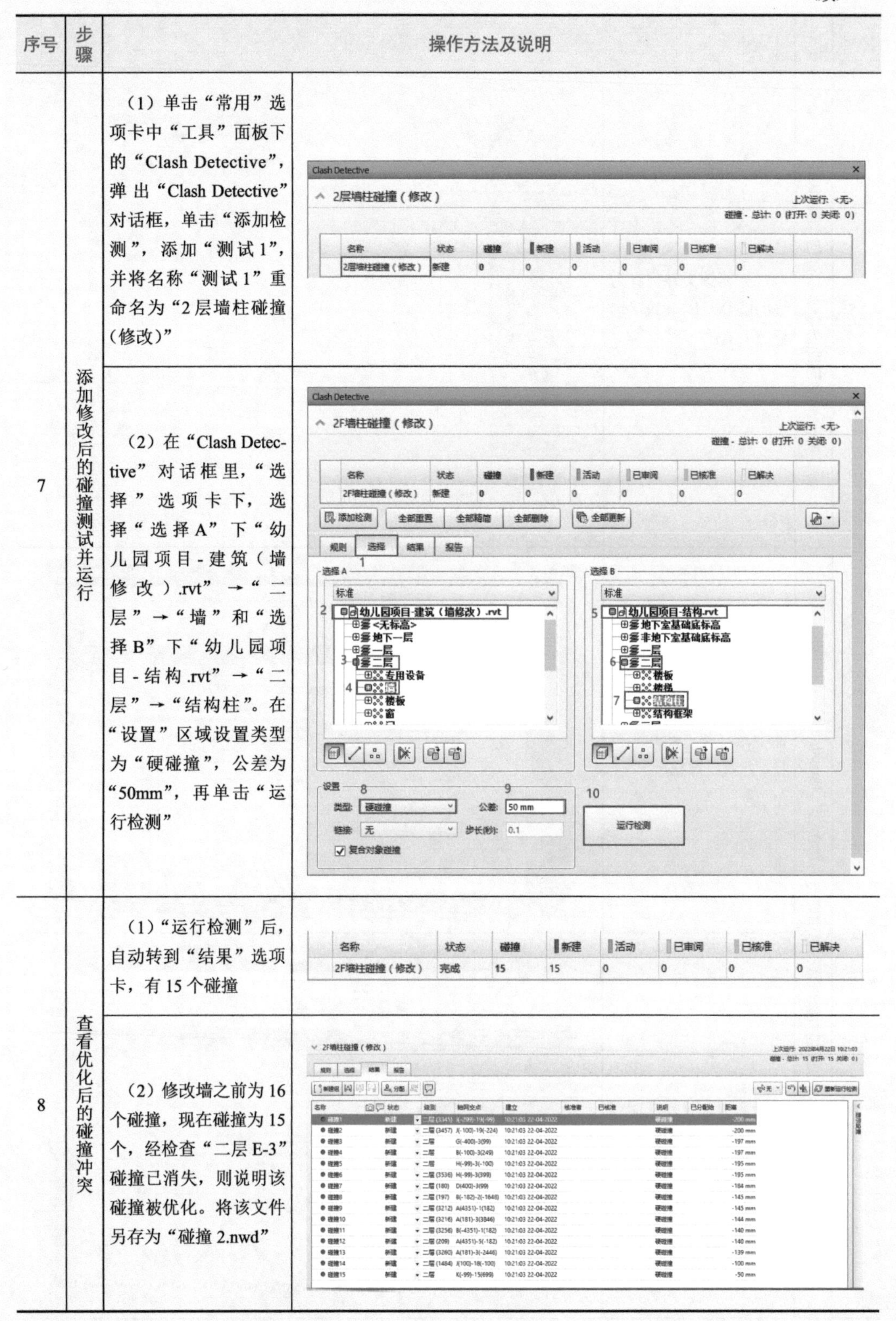

序号	步骤	操作方法及说明
7	添加修改后的碰撞测试并运行	（1）单击“常用”选项卡中“工具”面板下的“Clash Detective”，弹出“Clash Detective”对话框，单击“添加检测”，添加“测试1”，并将名称“测试1”重命名为“2层墙柱碰撞（修改）”
		（2）在“Clash Detective”对话框里，“选择”选项卡下，选择“选择A”下“幼儿园项目-建筑（墙修改）.rvt”→“二层”→“墙”和“选择B”下“幼儿园项目-结构.rvt”→“二层”→“结构柱”。在“设置”区域设置类型为“硬碰撞”，公差为“50mm”，再单击“运行检测”
8	查看优化后的碰撞冲突	（1）“运行检测”后，自动转到“结果”选项卡，有15个碰撞
		（2）修改墙之前为16个碰撞，现在碰撞为15个，经检查“二层E-3”碰撞已消失，则说明该碰撞被优化。将该文件另存为“碰撞2.nwd”

2．使用 Revit 软件进行地下一层门梁碰撞检测及优化，见表 A-10。

表 A-10　使用 Revit 软件进行地下一层门梁的碰撞检测及优化

<table>
<tr><th>序号</th><th>步骤</th><th colspan="2">操作方法及说明</th></tr>
<tr><td rowspan="2">1</td><td rowspan="2">打开建筑+结构的rvt文件</td><td>（1）在 Revit 软件中，打开“幼儿园项目 - 建筑 + 结构”，确保其与“幼儿园项目 - 结构”在同一文件夹中</td><td>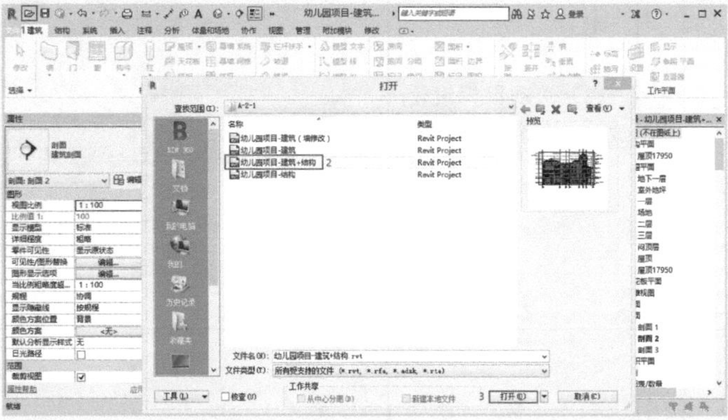</td></tr>
<tr><td>（2）双击“项目浏览器”→“剖面”→“剖面 2”，进入剖面视图</td><td>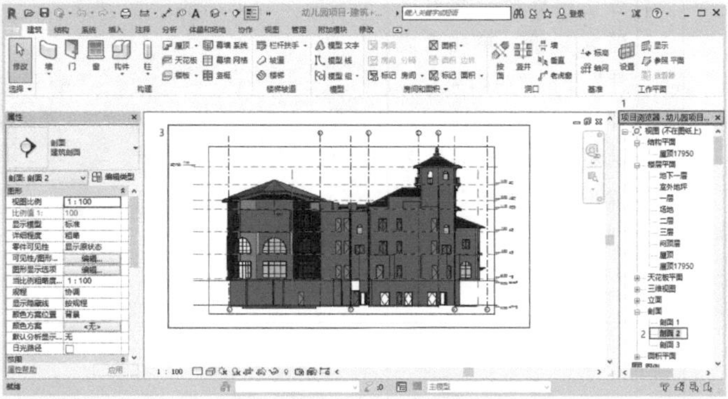</td></tr>
<tr><td rowspan="2">2</td><td rowspan="2">按ID查找门</td><td>（1）双击打开“A-2-1 冲突报告”，查看地下一层门梁碰撞信息“81”</td><td><table><tr><td>81</td><td>门 : 单扇木门 : M0821 - 标记 21 : ID 338304</td><td>幼儿园项目-结构.rvt : 结构框架 : 混凝土 - 矩形梁 : TL2-200*400 : ID 1720475</td></tr><tr><td>82</td><td>墙 : 基本墙 : 地沟墙 - 100mm : ID 342585</td><td>幼儿园项目-结构.rvt : 结构柱 : 混凝土 - 矩形 - 柱 : S-F-1-KZ2_500*500-C30 : ID 1700357</td></tr></table></td></tr>
<tr><td>（2）单击“管理”选项卡下“查询”面板里的“按 ID 选择”，弹出“按 ID 选择图元”对话框。在对话框中输入“338304”，单击“确定”，选择“单扇木门 M0821”</td><td>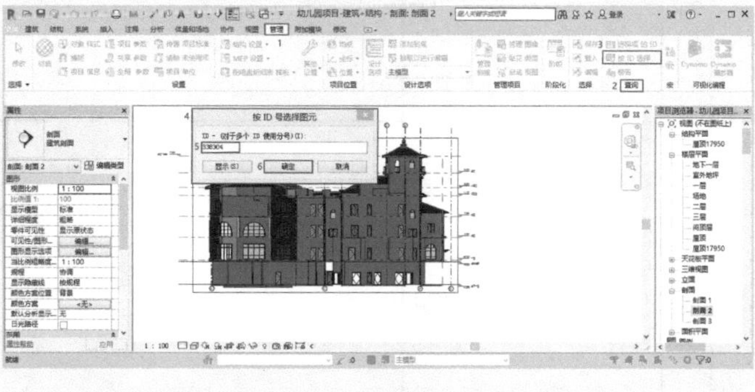</td></tr>
</table>

（续）

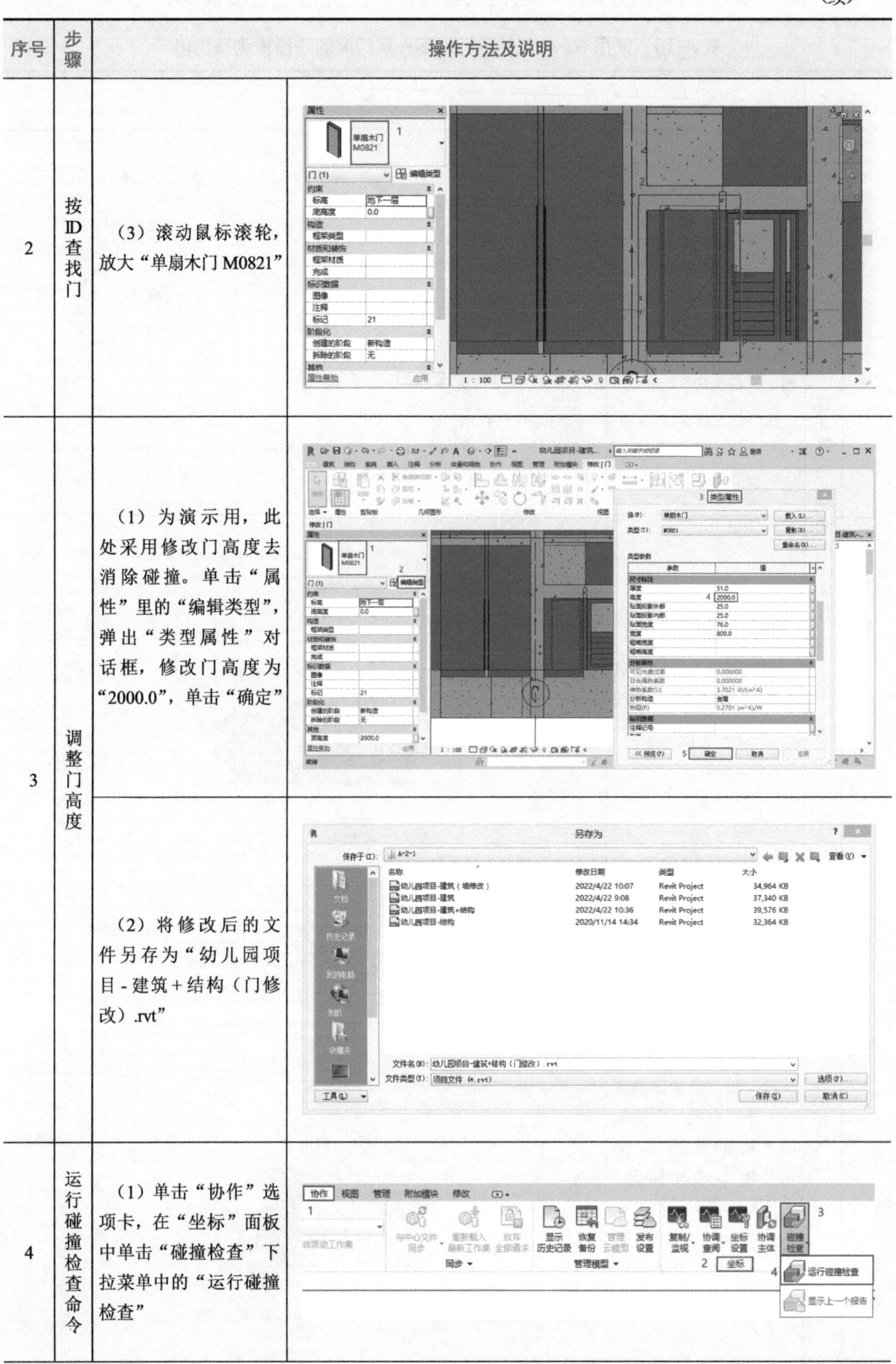

序号	步骤	操作方法及说明
2	按ID查找门	（3）滚动鼠标滚轮，放大“单扇木门 M0821”
3	调整门高度	（1）为演示用，此处采用修改门高度去消除碰撞。单击“属性”里的“编辑类型”，弹出“类型属性”对话框，修改门高度为“2000.0”，单击“确定”
		（2）将修改后的文件另存为“幼儿园项目-建筑+结构（门修改）.rvt”
4	运行碰撞检查命令	（1）单击“协作”选项卡，在“坐标”面板中单击“碰撞检查”下拉菜单中的“运行碰撞检查”

（续）

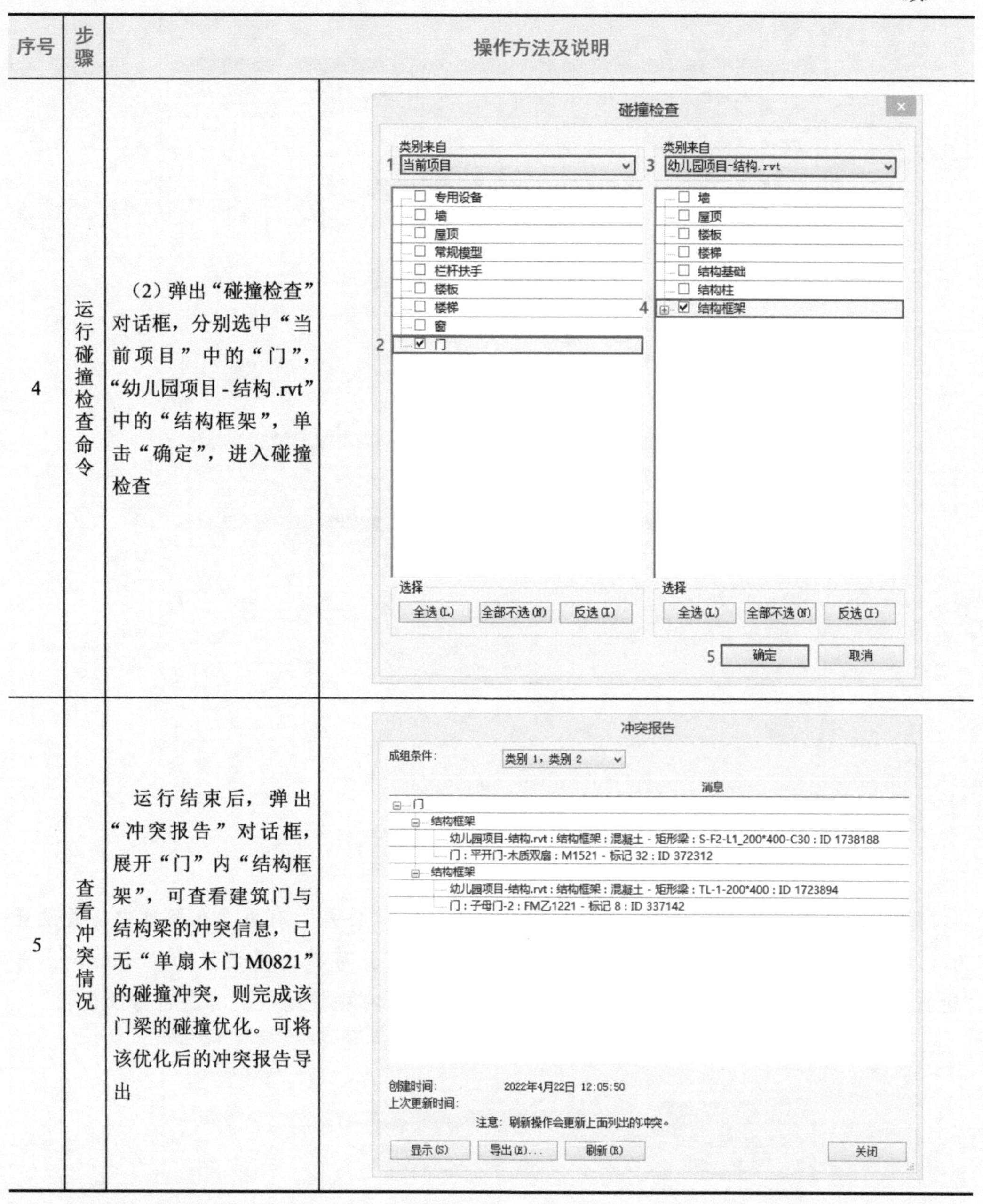

序号	步骤	操作方法及说明	
4	运行碰撞检查命令	（2）弹出“碰撞检查”对话框，分别选中“当前项目”中的“门”，“幼儿园项目 - 结构 .rvt”中的“结构框架”，单击“确定”，进入碰撞检查	
5	查看冲突情况	运行结束后，弹出“冲突报告”对话框，展开“门”内“结构框架”，可查看建筑门与结构梁的冲突信息，已无“单扇木门 M0821”的碰撞冲突，则完成该门梁的碰撞优化。可将该优化后的冲突报告导出	

问题情境一

用 Navisworks 软件打开“幼儿园项目 - 建筑 .rvt”文件，并附加“幼儿园项目 - 结构 .rvt”文件，在给定的建筑模型和结构模型中，一层门窗与一层结构柱有碰撞点需要优化，但现在门窗与结构柱的碰撞检测结果显示并无碰撞，如图 A-15 和图 A-16 所示。请思考是何原因。

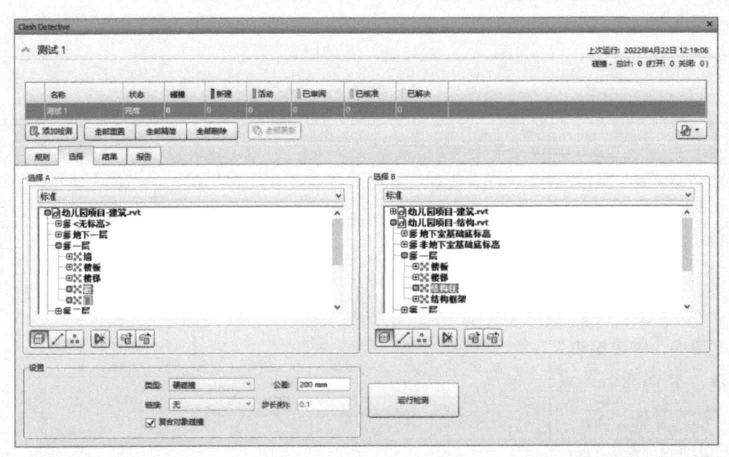

图 A-15

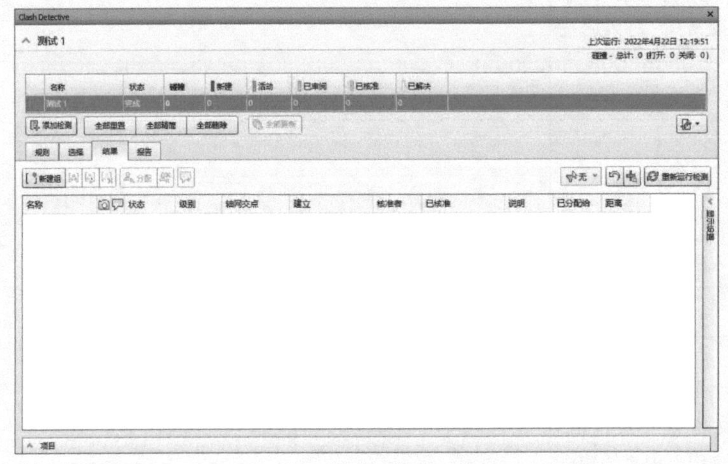

图 A-16

解答：这与“测试 1”的“选择”→“设置”→“公差”有关，在题目中公差设置为“200mm”，公差值设置过大。为显示出碰撞结果，可将公差设置为“50mm”，再“运行检测”，如图 A-17 和图 A-18 所示。此时已显示有碰撞结果，可进行修改优化。

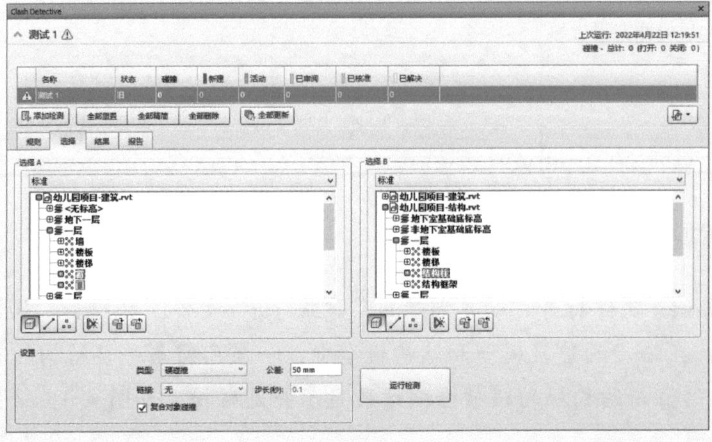

图 A-17

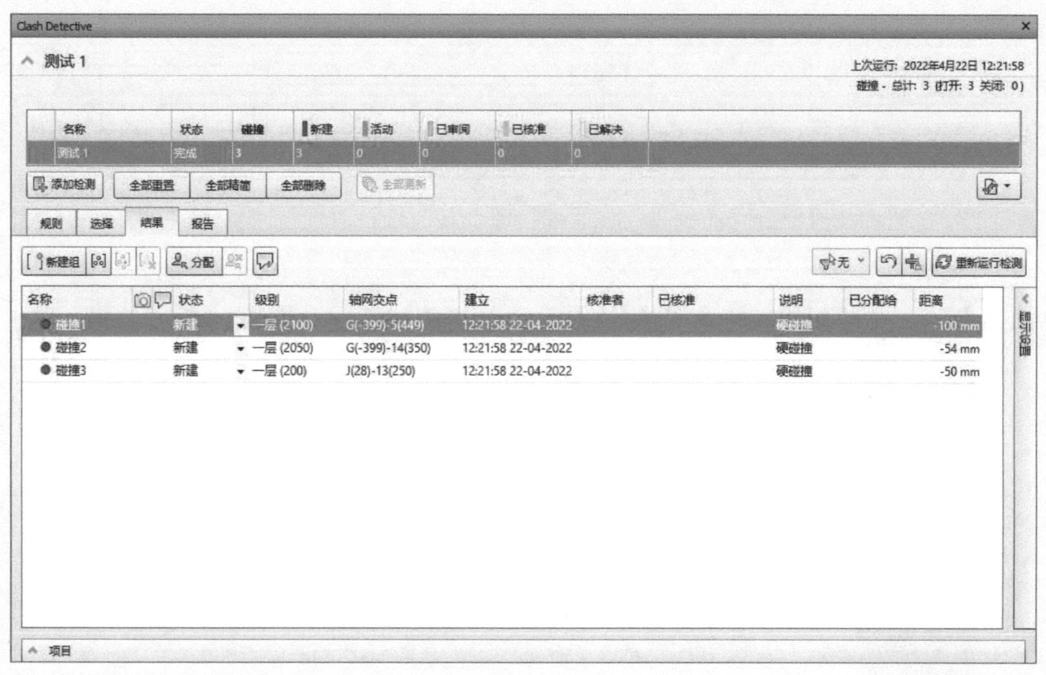

图　A-18

问题情境二

若用 Navisworks 软件对“问题情境一”的碰撞检测结果写报告，发现“XML 格式”的报告格式如图 A-19 所示。请问：如何导出包含碰撞点图片、ID 号等信息的报告?

```
<?xml version="1.0" encoding="UTF-8" ?>

<exchange xmlns:xsi="http://www.w3.org/2001/XMLSchema-instance" units="m" filename="A-2-1幼儿园项目-建筑+结构（修改）.nwd"
  <batchtest name="Report" internal_name="Report" units="m">
    <clashtests>
      <clashtest name="2层墙柱碰撞（修改）" test_type="hard" status="ok" tolerance="0.050" merge_composites="1">
        <linkage mode="none"/>
        <rules/>
        <clashresults>
          <clashresult name="碰撞1" guid="c3f102dd-5b9d-41c6-9021-2294d8b04b56" href="2层墙柱碰撞（修改）_files\cd000001.jp
            <clashpoint>
              <pos3f x="77.500" y="39.300" z="7.245"/>
            </clashpoint>
            <gridlocation>J-19 : 二层</gridlocation>
            <clashobjects>
              <clashobject>
                <objectattribute>
                  <name>元素 ID</name>
                  <value>501311</value>
                </objectattribute>
                <layer>二层</layer>
              </clashobject>
              <clashobject>
                <objectattribute>
                  <name>元素 ID</name>
                  <value>1757578</value>
                </objectattribute>
                <layer>二层</layer>
              </clashobject>
            </clashobjects>
          </clashresult>
```

图　A-19

解答： 在“Clash Detective”对话框中的“输出设置”里，将报告格式选为“HTML（表格）”，再单击“写报告”，如图 A-20 所示。导出报告如图 A-21 所示。

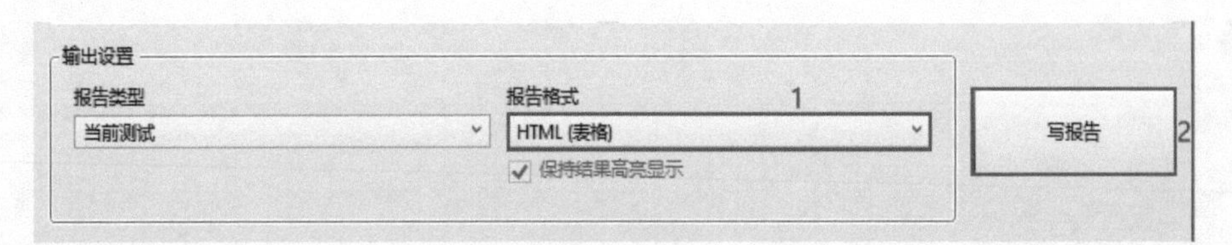

图 A-20

				项目 1		项目 2	
图像	碰撞名称	网格位置	碰撞点	项目 ID	图层	项目 ID	图层
	碰撞1	G-5 : 一层	x:15450、 y:34100、 z:2100	*元素ID*: 609753	一层	*元素ID*: 1731071	一层
	碰撞2	G-14 : 一层	x:60050、 y:34100、 z:2050	*元素ID*: 610114	一层	*元素ID*: 1733017	一层
	碰撞3	J-13 : 一层	x:53300、 y:39628、 z:200	*元素ID*: 577654	一层	*元素ID*: 1732727	一层

图 A-21

四、学习结果评价

请根据表 A-11，完成学习结果的自我评价。

表 A-11 “能基于建筑与结构的碰撞优化模型”学习结果自我评价表

序号	评价内容		评价标准	评价结果（是 / 否）
1	墙柱碰撞优化	集成建筑、结构模型文件	能用 Navisworks 软件正确集成建筑与结构专业的模型	□是□否
		运行墙柱碰撞检测	能用 Navisworks 软件正确设置参数，运行墙柱碰撞检测	□是□否
		优化墙柱碰撞点	能用 Revit 软件对墙或柱进行优化	□是□否
		再次运行墙柱碰撞检测	能用 Navisworks 软件正确设置参数，再次运行墙柱碰撞检测，并进行结果对比	□是□否
2	门窗与柱梁碰撞优化	集成建筑、结构模型文件	能用 Revit 软件正确集成建筑与结构专业的模型	□是□否
		查看门梁碰撞点	能查看到门梁碰撞的位置和 ID 信息	□是□否
		优化门梁碰撞点	能用 Revit 软件对门或梁进行优化	□是□否
		再次运行门窗与柱碰撞检测	能用 Revit 软件正确设置参数，再次运行门与梁碰撞检测，并进行结果对比	□是□否

课后作业

1. 根据给定的“幼儿园项目 - 建筑 .rvt”和“幼儿园项目 - 结构 .rvt”文件，用 Navisworks 软件集成该项目的建筑、结构模型，对一层墙柱运行碰撞检测，如图 A-22 所示，并导出“HTML（表格）”的碰撞报告，命名为“一层墙柱碰撞报告”。

图　A-22

2. 对上题中的碰撞 1 进行优化，如图 A-23 所示，修改墙，再运行碰撞检测，比较两次碰撞结果。

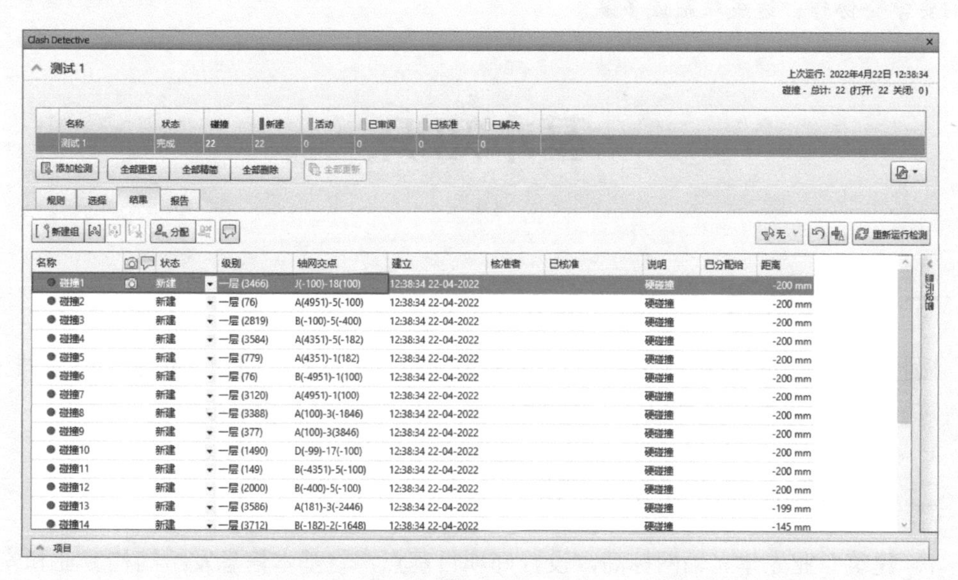

图　A-23

职业能力 A-2-2　能基于结构与安装的碰撞优化模型

核心概念

结构与安装碰撞：是指建设工程项目中，安装专业内水暖电管道种类繁多，易与结构专业的承载构件（如梁、柱等）发生的冲突。

结构与安装碰撞优化：是指为保证结构安全，对结构与安装模型进行碰撞检测和合理空间分析，依据分析结论对安装管线所做的排布优化。优化措施主要有：在结构墙体、楼板、梁等构件需穿管的位置处，预留孔洞或者预埋件；在结构构件与管道碰撞时，将管道弯曲以避让结构构件。

学习目标

1. 能够利用 Navisworks 软件对安装构件与结构构件进行碰撞检测。
2. 能够借助 Revit 软件和 Navisworks 软件对安装与结构的碰撞进行优化。

课前阅读

天堂和地狱里，有完全相同的一桶粥和一个勺子。地狱里的人争前恐后地去拿勺子取粥给自己吃，可这勺柄太长了，无论如何也吃不上自己喂的粥，结果是谁也吃不到粥。而天堂里，一个人拿勺子取到粥喂给另一个人，这样大家互相喂对方，结果是每个人都有粥吃。合作的背后意味着双赢或多赢，不同专业碰撞是合作的必要环节。我们要学会协作，达成双赢或多赢。

基本知识

一、碰撞检测

碰撞检测是指提前检测工程项目中各不同专业（结构、暖通、消防、给水排水、电气等）在空间上的碰撞冲突。可借助 Navisworks 软件来进行碰撞检测。

二、碰撞检测优化的程序

1. 建筑专业先建立轴网标高，设置好项目基点，将基本信息发给结构专业和安装专业。各专业在同一基本信息基础上建立各自的专业模型。

2．碰撞检测前，对各专业系统的管线进行配色。

3．链接模型，并运行碰撞检测。

（1）链接结构模型与建筑模型，进行碰撞检测，绑定为一个整体。

（2）链接暖通模型，碰撞检测后，将暖通与先前的结构、建筑模型继续绑定为一个整体。

（3）用同样的方法，链接电气模型和给水排水模型进行碰撞检测。

4．根据碰撞检测报告，整理各专业与结构或者各专业间的冲突问题。

5．将问题罗列上报甲方，然后与设计单位协商，也可提出解决办法，待设计单位同意，经甲方和监理审批，四方签字确认后执行。

6．按设计单位、甲方等同意的优化方案进行优化碰撞。

能力训练

初始文件

学习视频

（柱与管道碰撞） （管道修改） （修改后碰撞）

一、操作条件

1．计算机、Revit 软件、Navisworks 软件。

2．1 个实践项目的结构和安装专业的 Revit 模型文件或者 Navisworks 模型文件。

二、注意事项

1．检查并确认实践项目各专业文件是否齐全，是否能有效打开。

2．检查并确认计算机配置是否符合要求：至少要求 Windows 7 系统、8GB 内存。

3．结构与安装专业模型中是否存在梁柱与管道管线的碰撞。

三、操作过程

1．使用 Navisworks 软件对结构梁柱与安装管道进行碰撞检测，见表 A-12。

表 A-12 使用 Navisworks 软件对结构梁柱与安装管道进行碰撞检测

序号	步骤	操作方法及说明	
1	打开结构与安装模型文件	双击计算机桌面上的“Navisworks Manage 2018”图标，进入 Navisworks 软件界面，打开“幼儿园项目 - 安装”文件	

（续）

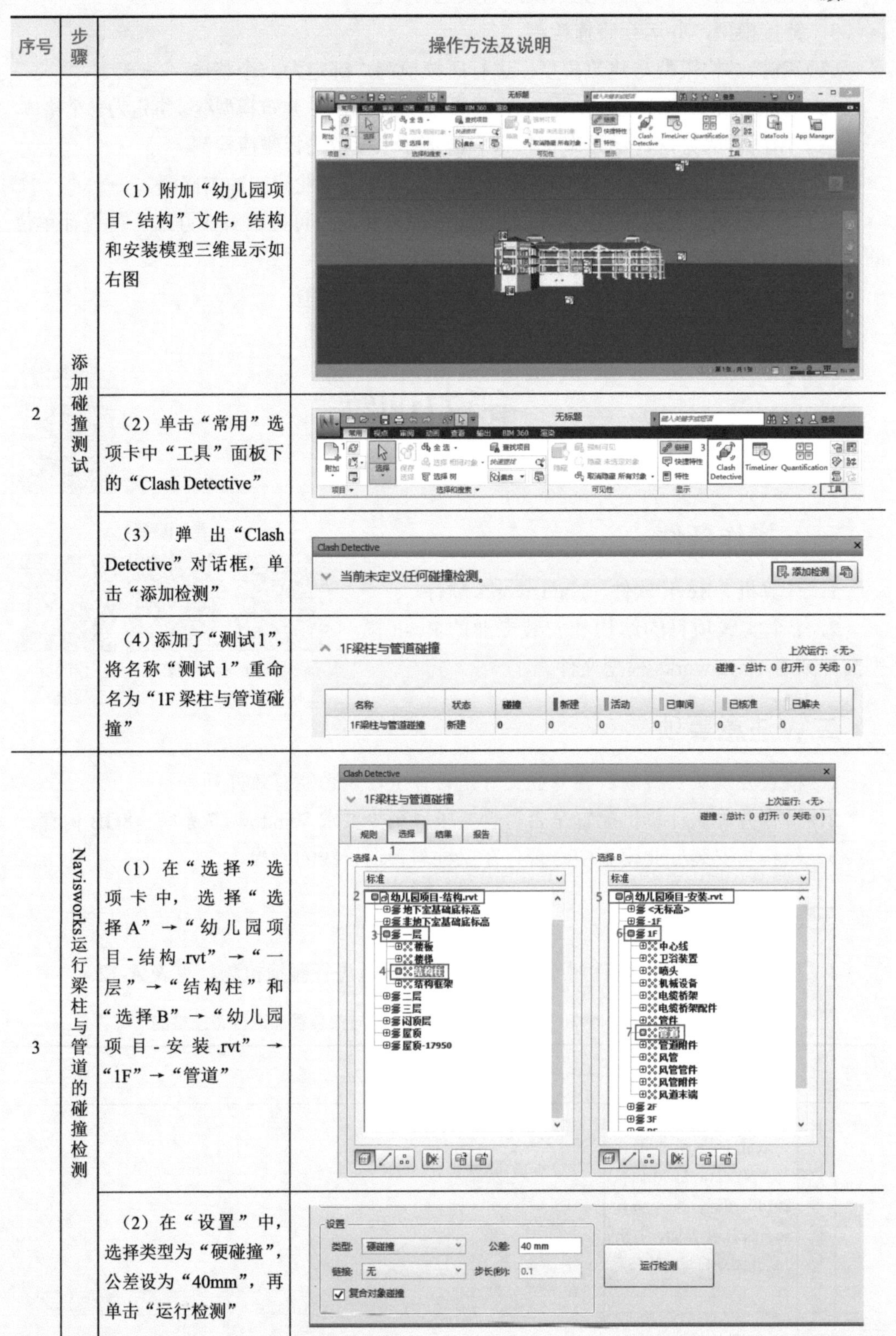

序号	步骤	操作方法及说明
2	添加碰撞测试	（1）附加“幼儿园项目-结构”文件，结构和安装模型三维显示如右图
		（2）单击“常用”选项卡中“工具”面板下的“Clash Detective”
		（3）弹出“Clash Detective”对话框，单击“添加检测”
		（4）添加了“测试1”，将名称“测试1”重命名为“1F梁柱与管道碰撞”
3	Navisworks运行梁柱与管道的碰撞检测	（1）在“选择”选项卡中，选择“选择A”→“幼儿园项目-结构.rvt”→“一层”→“结构柱”和“选择B”→“幼儿园项目-安装.rvt”→“1F”→“管道”
		（2）在“设置”中，选择类型为“硬碰撞”，公差设为“40mm”，再单击“运行检测”

（续）

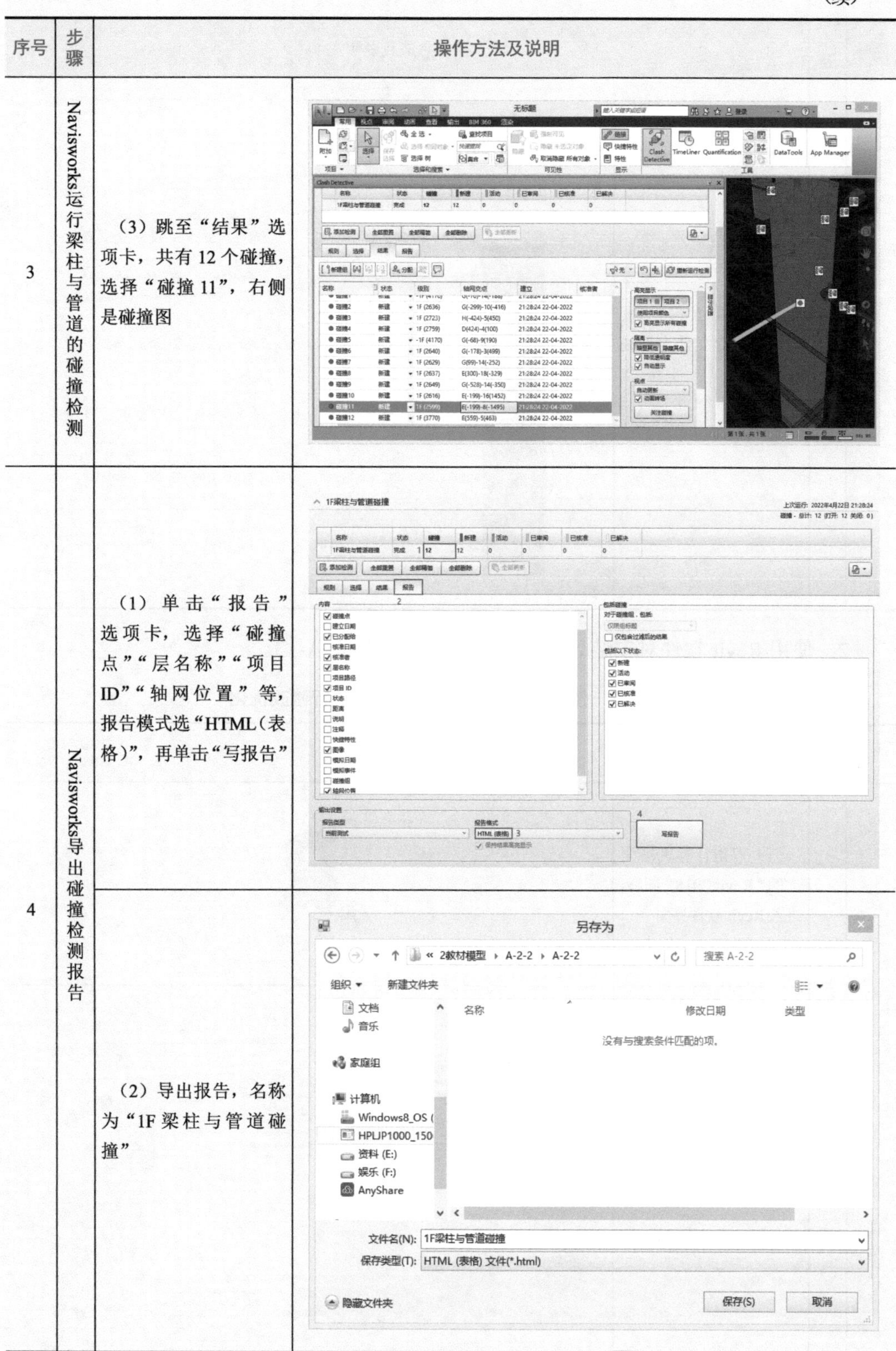

序号	步骤	操作方法及说明	
3	Navisworks运行梁柱与管道的碰撞检测	（3）跳至“结果”选项卡，共有 12 个碰撞，选择“碰撞 11”，右侧是碰撞图	
4	Navisworks导出碰撞检测报告	（1）单击“报告”选项卡，选择“碰撞点”“层名称”“项目 ID”“轴网位置”等，报告模式选“HTML（表格）”，再单击“写报告”	
		（2）导出报告，名称为“1F 梁柱与管道碰撞”	

（续）

序号	步骤	操作方法及说明	
4	Navisworks导出碰撞检测报告	（3）查看已导出的报告，并保存文件为“碰撞 1.nwd”	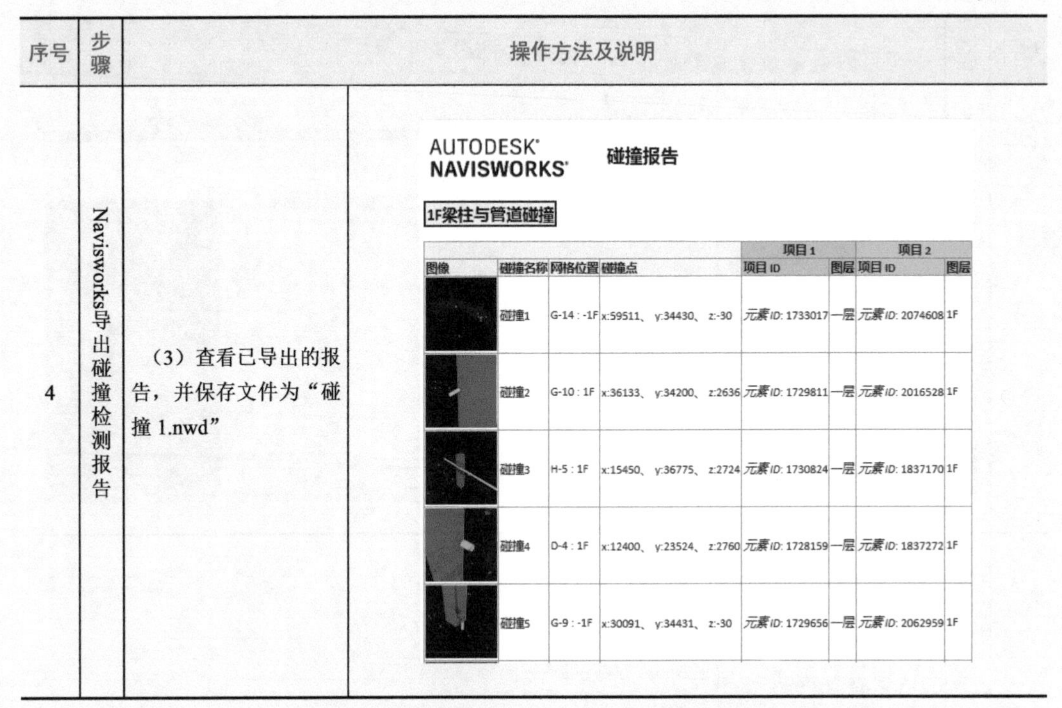

AUTODESK® NAVISWORKS® 碰撞报告

1F梁柱与管道碰撞

				项目 1		项目 2	
图像	碰撞名称	网格位置	碰撞点	项目 ID	图层	项目 ID	图层
	碰撞1	G-14 : -1F	x:59511、 y:34430、 z:-30	元素 ID: 1733017	一层	元素 ID: 2074608	1F
	碰撞2	G-10 : 1F	x:36133、 y:34200、 z:2636	元素 ID: 1729811	一层	元素 ID: 2016528	1F
	碰撞3	H-5 : 1F	x:15450、 y:36775、 z:2724	元素 ID: 1730824	一层	元素 ID: 1837170	1F
	碰撞4	D-4 : 1F	x:12400、 y:23524、 z:2760	元素 ID: 1728159	一层	元素 ID: 1837272	1F
	碰撞5	G-9 : -1F	x:30091、 y:34431、 z:-30	元素 ID: 1729656	一层	元素 ID: 2062959	1F

2．使用 Revit 软件对安装管道进行修改优化，见表 A-13。

表 A-13 使用 Revit 软件对安装管道进行修改优化

序号	步骤	操作方法及说明	
1	Revit打开模型文件	（1）双击计算机桌面上的“Revit 2018”图标，进入 Revit 软件界面	Revit 2018
		（2）打开“幼儿园项目 - 安装”文件	

（续）

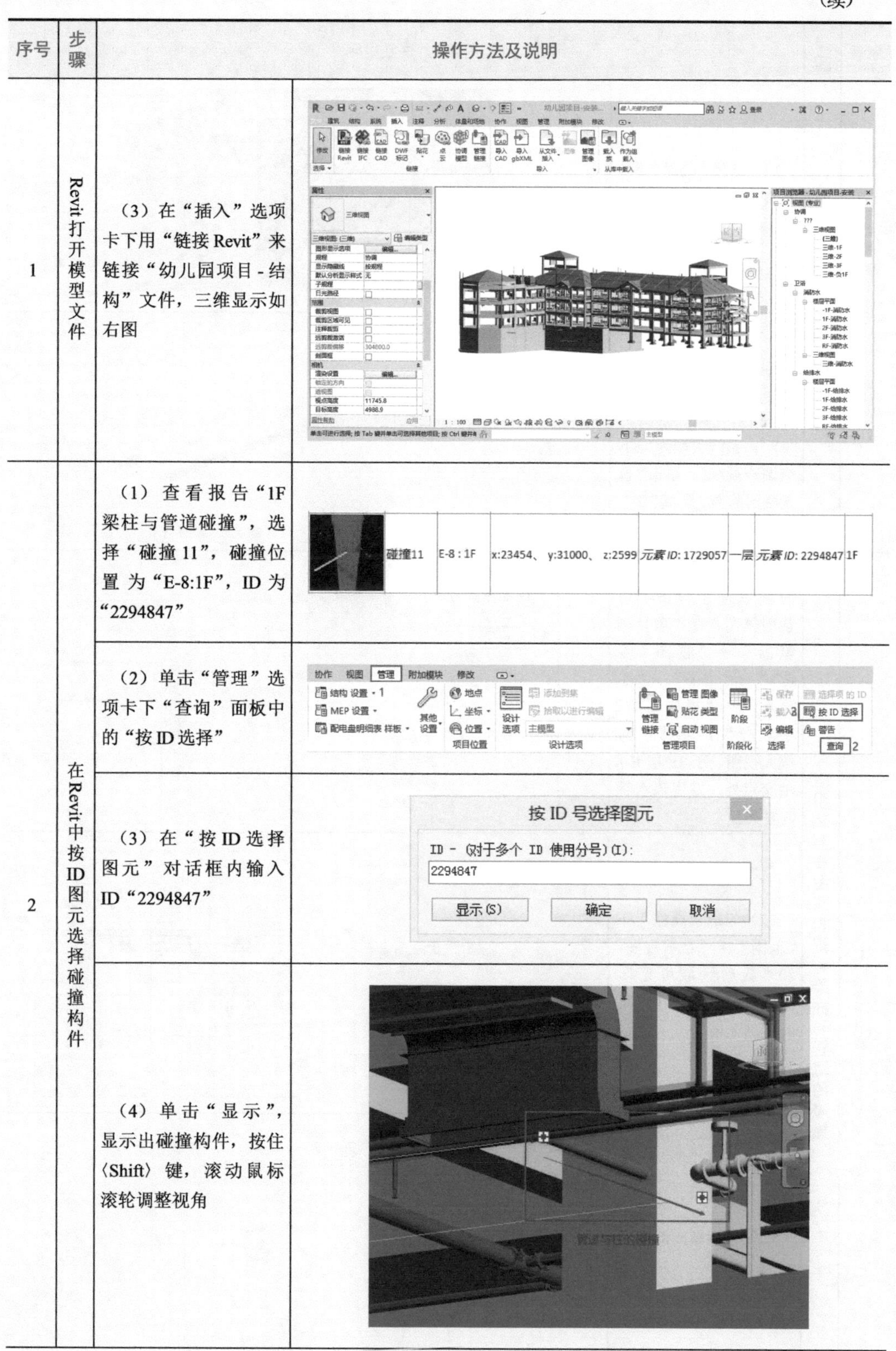

序号	步骤	操作方法及说明	
1	Revit打开模型文件	（3）在“插入”选项卡下用“链接 Revit”来链接“幼儿园项目 - 结构”文件，三维显示如右图	
2	在Revit中按ID图元选择碰撞构件	（1）查看报告“1F梁柱与管道碰撞”，选择“碰撞 11”，碰撞位置为“E-8:1F”，ID 为“2294847”	碰撞11 | E-8 : 1F | x:23454、y:31000、z:2599 | 元素 ID: 1729057 | 一层 | 元素 ID: 2294847 | 1F
		（2）单击“管理”选项卡下“查询”面板中的“按 ID 选择”	
		（3）在“按 ID 选择图元”对话框内输入 ID“2294847”	按 ID 号选择图元 ID - (对于多个 ID 使用分号)(I): 2294847 显示(S)　确定　取消
		（4）单击“显示”，显示出碰撞构件，按住〈Shift〉键，滚动鼠标滚轮调整视角	

（续）

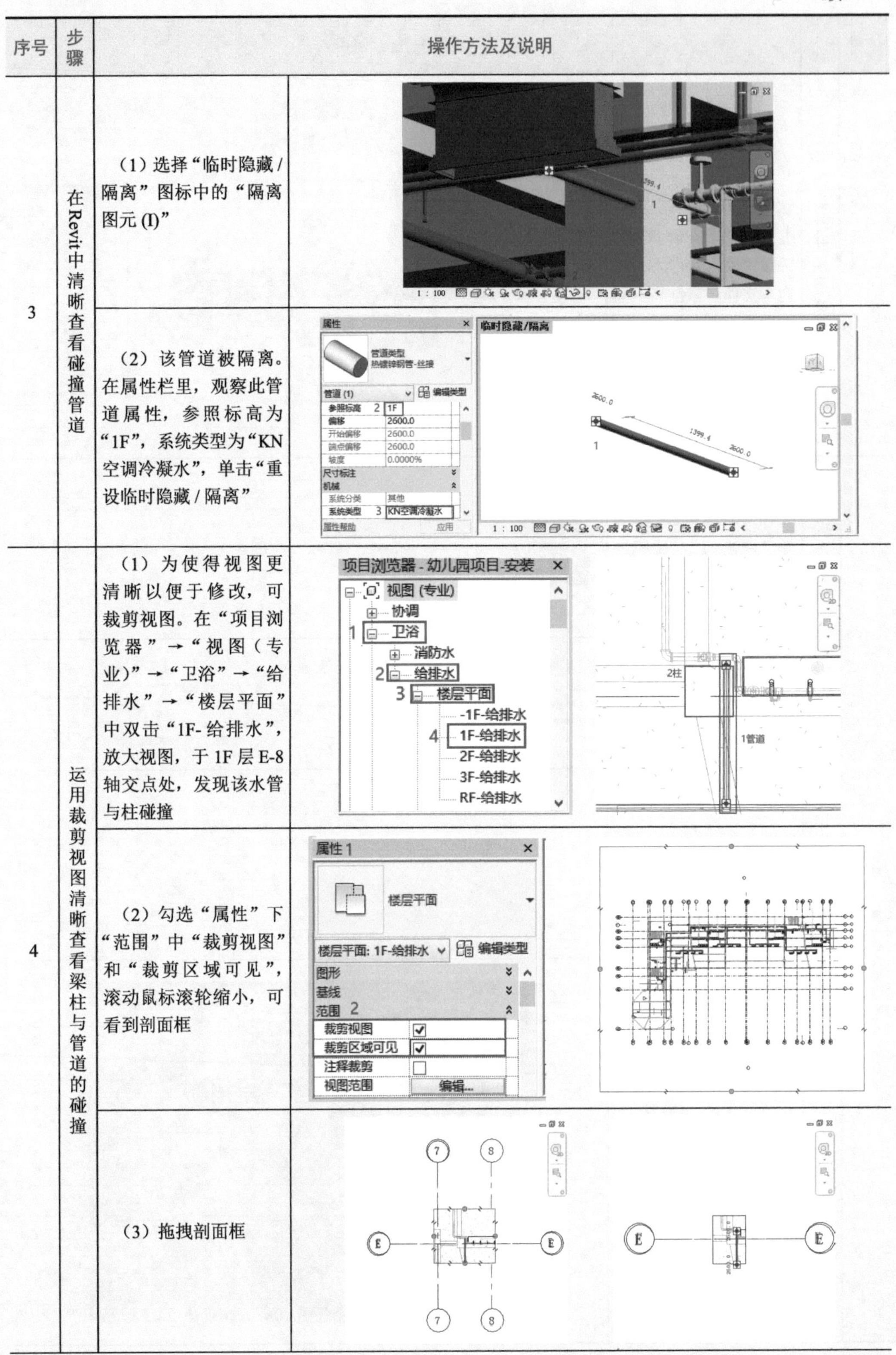

序号	步骤	操作方法及说明
3	在Revit中清晰查看碰撞管道	（1）选择“临时隐藏/隔离”图标中的“隔离图元（I）”
		（2）该管道被隔离。在属性栏里，观察此管道属性，参照标高为“1F”，系统类型为“KN空调冷凝水”，单击“重设临时隐藏/隔离”
4	运用裁剪视图清晰查看梁柱与管道的碰撞	（1）为使得视图更清晰以便于修改，可裁剪视图。在“项目浏览器”→“视图（专业）”→“卫浴”→“给排水”→“楼层平面”中双击“1F-给排水”，放大视图，于1F层E-8轴交点处，发现该水管与柱碰撞
		（2）勾选“属性”下“范围”中“裁剪视图”和“裁剪区域可见”，滚动鼠标滚轮缩小，可看到剖面框
		（3）拖拽剖面框

（续）

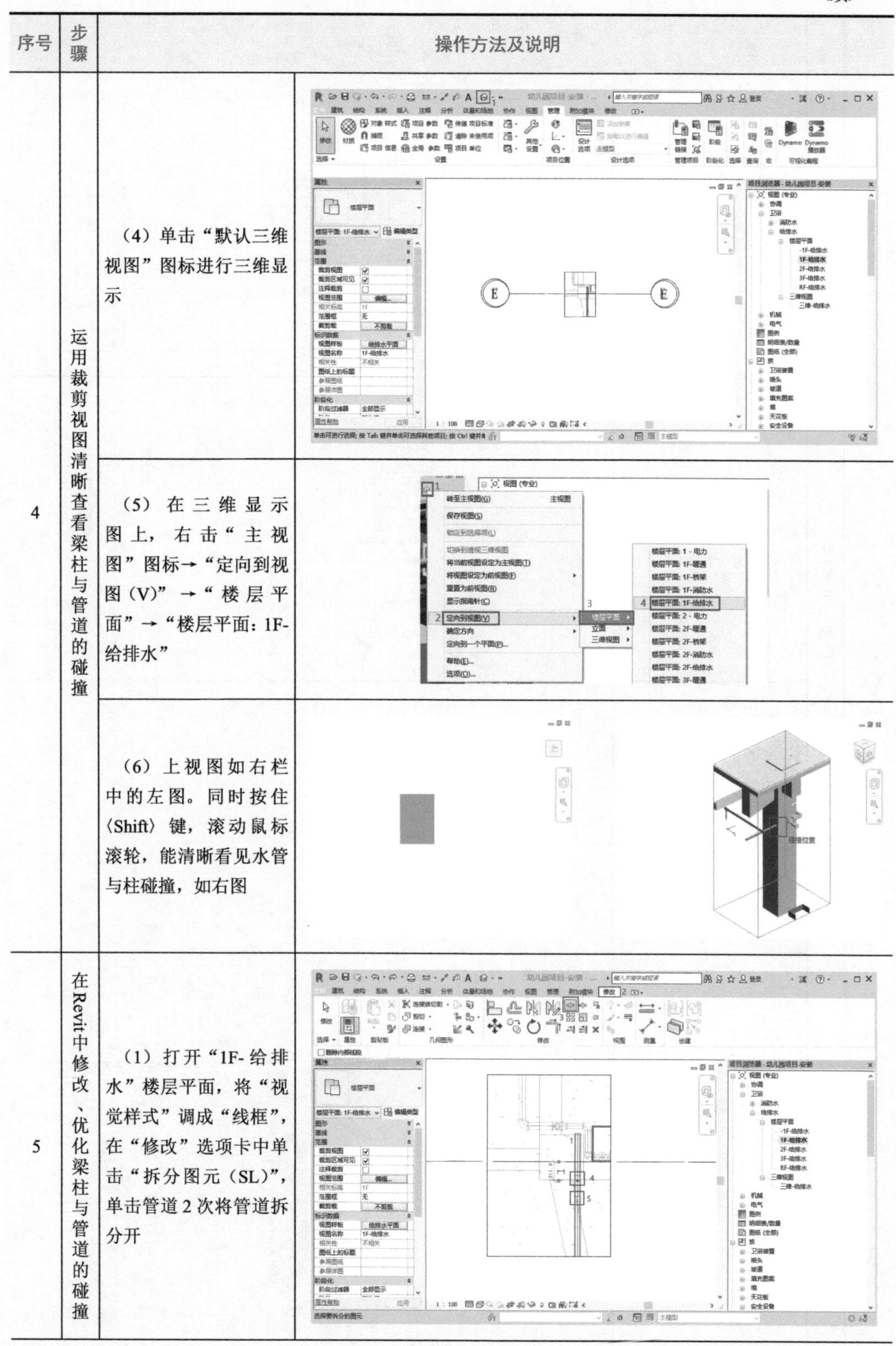

序号	步骤	操作方法及说明	
4	运用裁剪视图清晰查看梁柱与管道的碰撞	（4）单击“默认三维视图”图标进行三维显示	
		（5）在三维显示图上，右击“主视图”图标→“定向到视图（V）”→“楼层平面”→“楼层平面：1F-给排水”	
		（6）上视图如右栏中的左图。同时按住〈Shift〉键，滚动鼠标滚轮，能清晰看见水管与柱碰撞，如右图	
5	在Revit中修改、优化梁柱与管道的碰撞	（1）打开“1F-给排水”楼层平面，将“视觉样式”调成“线框”，在“修改”选项卡中单击“拆分图元（SL）”，单击管道2次将管道拆分开	

（续）

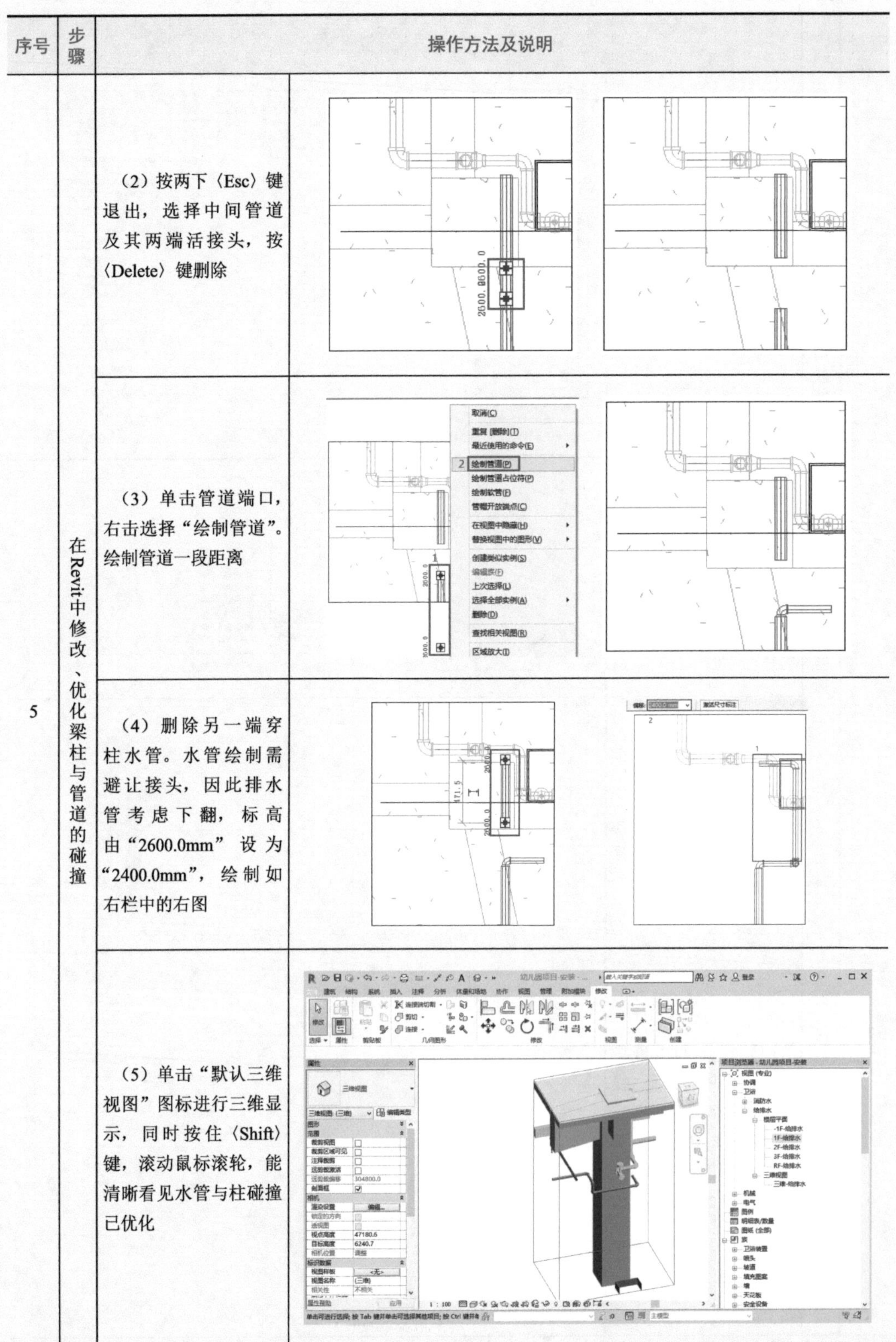

序号	步骤	操作方法及说明	
5	在Revit中修改、优化梁柱与管道的碰撞	（2）按两下〈Esc〉键退出，选择中间管道及其两端活接头，按〈Delete〉键删除	
		（3）单击管道端口，右击选择“绘制管道”。绘制管道一段距离	
		（4）删除另一端穿柱水管。水管绘制需避让接头，因此排水管考虑下翻，标高由“2600.0mm”设为“2400.0mm”，绘制如右栏中的右图	
		（5）单击“默认三维视图”图标进行三维显示，同时按住〈Shift〉键，滚动鼠标滚轮，能清晰看见水管与柱碰撞已优化	

（续）

序号	步骤	操作方法及说明	
5	在Revit中修改、优化梁柱与管道的碰撞	（6）单击“管理”选项卡，删除链接文件“幼儿园项目 - 结构 .rvt”	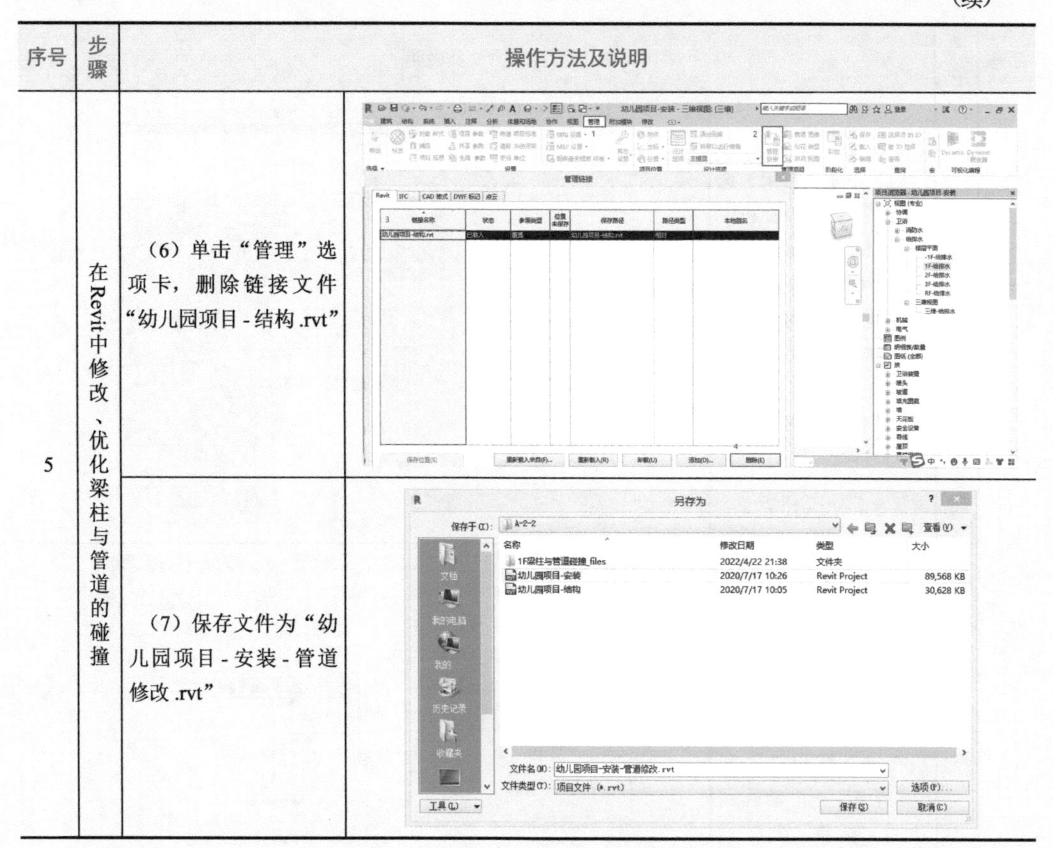
		（7）保存文件为“幼儿园项目 - 安装 - 管道修改 .rvt”	

3．使用 Navisworks 对修改过的安装管道与结构梁柱进行碰撞检测，见表 A-14。

表 A-14　使用 Navisworks 对修改过的安装管道与结构梁柱进行碰撞检测

序号	步骤	操作方法及说明	
1	Navisworks打开修改后的模型文件	在Navisworks软件中，打开新保存的“幼儿园项目 - 安装 - 管道修改 .rvt”文件，并附加结构模型“幼儿园项目 - 结构”，显示三维模型	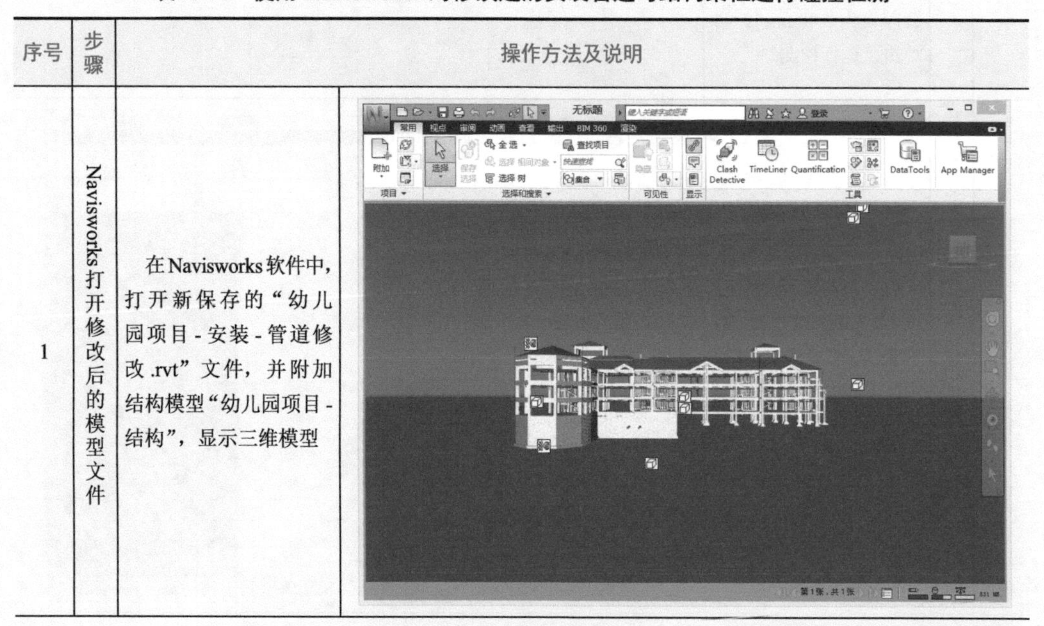

（续）

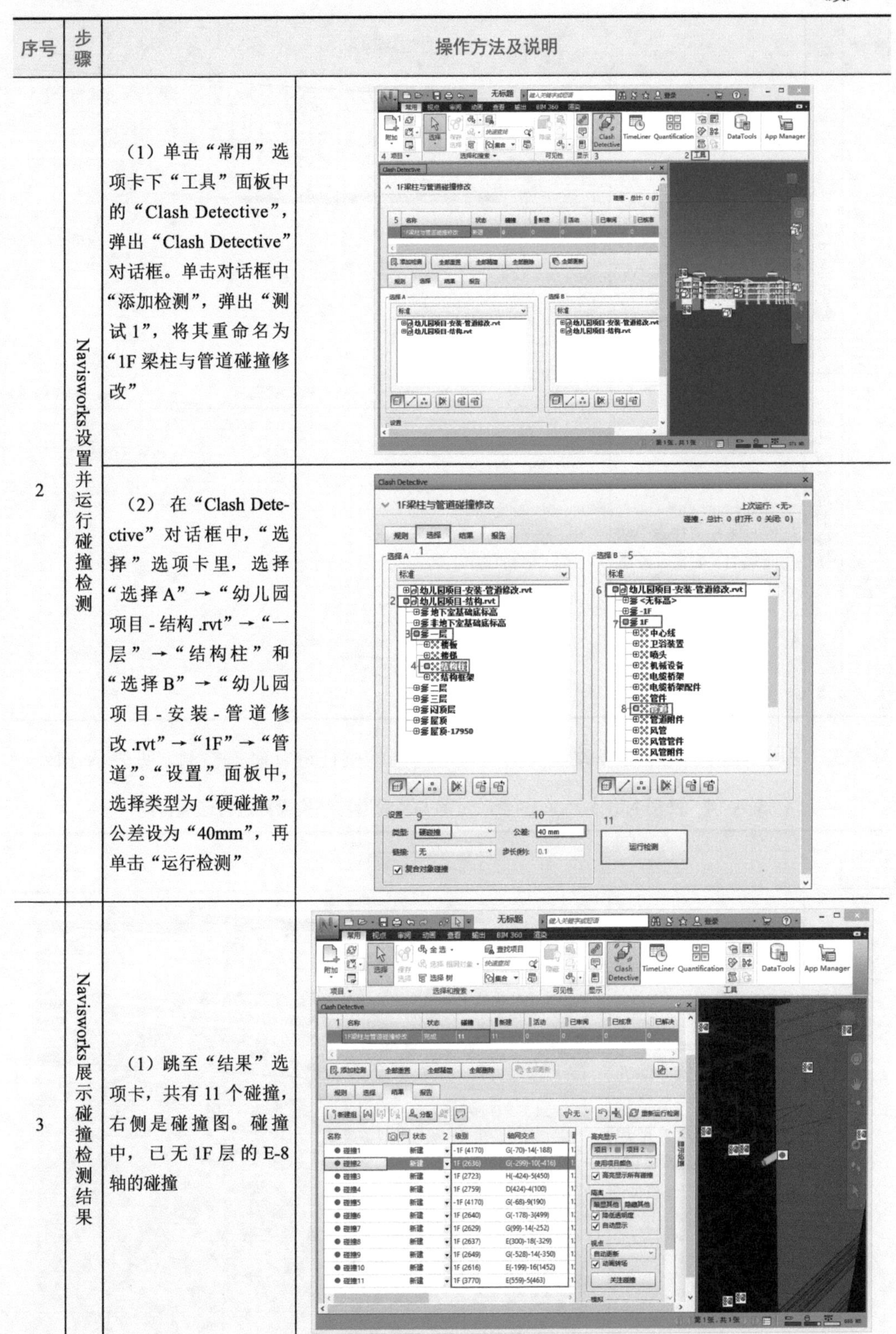

序号	步骤	操作方法及说明
2	Navisworks设置并运行碰撞检测	（1）单击“常用”选项卡下“工具”面板中的“Clash Detective”，弹出“Clash Detective”对话框。单击对话框中“添加检测”，弹出“测试1”，将其重命名为“1F 梁柱与管道碰撞修改”
		（2）在“Clash Detective”对话框中，“选择”选项卡里，选择“选择 A”→“幼儿园项目 - 结构 .rvt”→“一层”→“结构柱”和“选择 B”→“幼儿园项目 - 安装 - 管道修改 .rvt”→“1F”→“管道”。“设置”面板中，选择类型为“硬碰撞”，公差设为“40mm”，再单击“运行检测”
3	Navisworks展示碰撞检测结果	（1）跳至“结果”选项卡，共有 11 个碰撞，右侧是碰撞图。碰撞中，已无 1F 层的 E-8 轴的碰撞

（续）

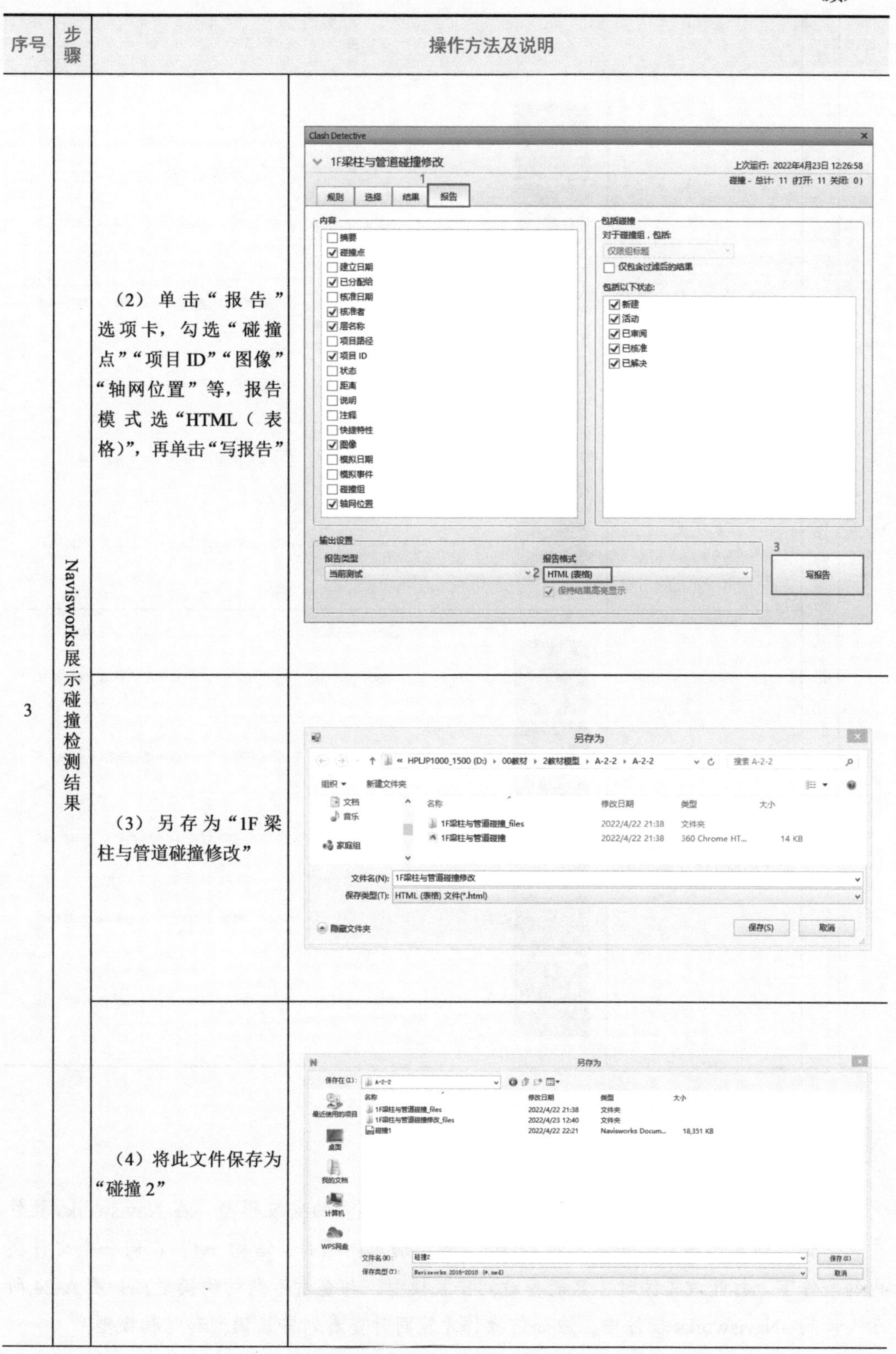

序号	步骤	操作方法及说明	
3	Navisworks展示碰撞检测结果	（2）单击“报告”选项卡，勾选“碰撞点”“项目ID”“图像”“轴网位置”等，报告模式选“HTML（表格）”，再单击“写报告”	
		（3）另存为“1F梁柱与管道碰撞修改”	
		（4）将此文件保存为“碰撞2”	

（续）

<table>
<tr><th>序号</th><th>步骤</th><th colspan="2">操作方法及说明</th></tr>
<tr><td rowspan="2">4</td><td rowspan="2">查看报告对比分析碰撞是否优化</td><td>（1）查看“1F 梁柱与管道碰撞”，原先有 12 个碰撞，“碰撞 11”为 1F 层 E-8 轴的碰撞</td><td>
<table>
<tr><td>碰撞7</td><td>G-14 : 1F</td><td>x:59447、 y:34600、 z:2629</td><td>元素 ID: 1733017</td><td>一层</td><td>元素 ID: 2074172</td><td>1F</td></tr>
<tr><td>碰撞8</td><td>E-18 : 1F</td><td>x:74270、 y:31500、 z:2638</td><td>元素 ID: 1733489</td><td>一层</td><td>元素 ID: 2069962</td><td>1F</td></tr>
<tr><td>碰撞9</td><td>G-14 : 1F</td><td>x:59350、 y:33971、 z:2650</td><td>元素 ID: 1733017</td><td>一层</td><td>元素 ID: 2074168</td><td>1F</td></tr>
<tr><td>碰撞10</td><td>E-16 : 1F</td><td>x:68153、 y:31000、 z:2616</td><td>元素 ID: 1733401</td><td>一层</td><td>元素 ID: 2296334</td><td>1F</td></tr>
<tr><td>碰撞11</td><td>E-8 : 1F</td><td>x:23454、 y:31000、 z:2599</td><td>元素 ID: 1729057</td><td>一层</td><td>元素 ID: 2294847</td><td>1F</td></tr>
<tr><td>碰撞12</td><td>E-5 : 1F</td><td>x:15463、 y:31759、 z:3770</td><td>元素 ID: 1728910</td><td>一层</td><td>元素 ID: 2129324</td><td>1F</td></tr>
</table>
</td></tr>
<tr><td>（2）优化后剩下 11 个碰撞，即原 E-8 轴处的“碰撞 11”已被优化</td><td>
<table>
<tr><td>碰撞7</td><td>G-14 : 1F</td><td>x:59447、 y:34600、 z:2629</td><td>元素 ID: 1733017</td><td>一层</td><td>元素 ID: 2074172</td><td>1F</td></tr>
<tr><td>碰撞8</td><td>E-18 : 1F</td><td>x:74270、 y:31500、 z:2638</td><td>元素 ID: 1733489</td><td>一层</td><td>元素 ID: 2069962</td><td>1F</td></tr>
<tr><td>碰撞9</td><td>G-14 : 1F</td><td>x:59350、 y:33971、 z:2650</td><td>元素 ID: 1733017</td><td>一层</td><td>元素 ID: 2074168</td><td>1F</td></tr>
<tr><td>碰撞10</td><td>E-16 : 1F</td><td>x:68153、 y:31000、 z:2616</td><td>元素 ID: 1733401</td><td>一层</td><td>元素 ID: 2296334</td><td>1F</td></tr>
<tr><td>碰撞11</td><td>E-5 : 1F</td><td>x:15463、 y:31759、 z:3770</td><td>元素 ID: 1728910</td><td>一层</td><td>元素 ID: 2129324</td><td>1F</td></tr>
</table>
</td></tr>
</table>

问题情境一

“幼儿园项目 - 安装 + 结构 .rvt”是链接了结构模型的安装模型。在 Navisworks 软件中，保证“幼儿园项目 - 安装 + 结构 .rvt”和“幼儿园项目 - 结构 .rvt”在同一个文件夹内的条件下，打开该文件时，只能查看到安装模型，却查看不到结构模型，如图 A-24 所示。请问：Navisworks 软件中，应如何操作才能同时查看到安装模型和结构模型？

图　A-24

解答：在 Navisworks 软件中，先打开安装模型“幼儿园项目 - 安装 .rvt”，再附加结构模型“幼儿园项目 - 结构 .rvt”,“选择树”里包含了“幼儿园项目 - 安装 .rvt”和“幼儿园项目 - 结构 .rvt”文件，三维图形显示如图 A-25 所示。

图　A-25

问题情境二

Revit 软件中，因为前面修改管道时，在“1F- 给排水”平面的“属性”中勾选了

“裁剪视图”和“裁剪区域可见”，单击“默认三维视图”后，裁剪视图如图 A-26 所示。请问：若要显示完整的三维模型，该如何操作？

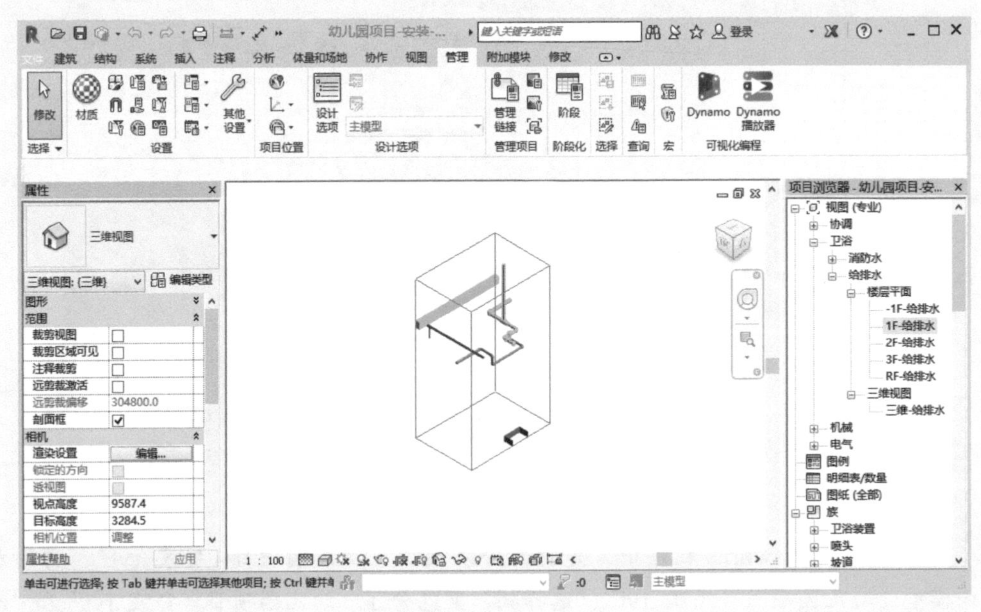

图 A-26

解答：双击“1F- 给排水”平面视图，在“属性”中取消勾选“裁剪视图”和“裁剪区域可见”。单击“默认三维视图”后，右击“主视图”图标，依次选择“定向到视图”→“楼层平面”→“楼层平面 :1F- 给排水”，再单击“主视图”图标，显示如图 A-27 所示。

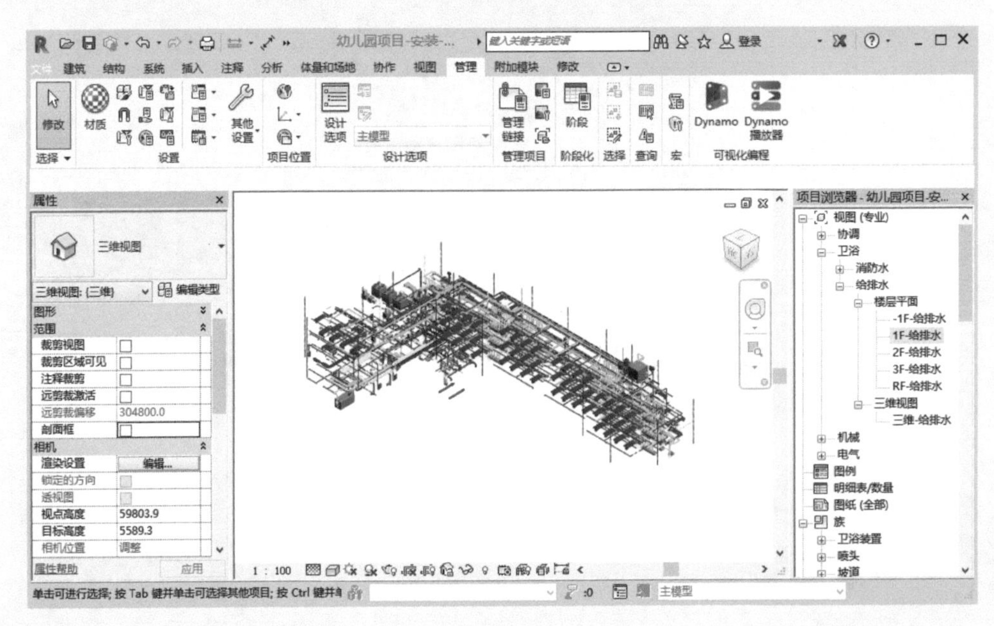

图 A-27

四、学习结果评价

请根据表 A-15，完成学习结果的自我评价。

表 A-15 “能基于结构与安装的碰撞优化模型”学习结果自我评价表

评价内容		评价标准	评价结果（是 / 否）
Navisworks 和 Revit	Navisworks 打开安装模型文件	能打开安装模型文件，输出安装专业的“.nwd”“.nwc”文件	□是□否
	Navisworks 运行梁柱与管道碰撞检测	能用 Navisworks 软件运行梁柱和管道的碰撞检测	□是□否
	在 Revit 中找到管道碰撞位置	能用 Revit 软件通过 ID 寻找碰撞图元	□是□否
	在 Revit 中修改优化管道碰撞	能用 Revit 软件对碰撞管道进行修改优化	□是□否
	Navisworks 展示优化结果	能用 Navisworks 软件导入修改过的“.rvt”文件，通过碰撞报告确认碰撞管道已优化	□是□否

课后作业

1. 在 Navisworks 软件中拼装“幼儿园项目 - 安装 .rvt”和“幼儿园项目 - 结构 .rvt”模型，保存文件“幼儿园项目 - 安装 + 结构”，如图 A-28 所示。

图 A-28

2. 对上题“幼儿园项目 - 安装 + 结构”文件进行 2F 层的柱和管道碰撞检测，设置碰撞名称为“2F 柱与管道碰撞”，并导出“HTML(表格)”格式的“2F 柱与管道碰撞”报告。

工作任务 A-3 BIM 模型渲染和漫游动画制作

职业能力 A-3-1 能基于 BIM 模型渲染三维建筑模型

核心概念

渲染：是指将三维场景中的模型，按照设定好的环境、灯光、材质及渲染参数，二维投影成数字图像的过程。

三维建筑模型的渲染：是指为了模拟具有立体感、空间感的建筑真实场景，按不同渲染精度要求，对三维建筑信息模型的表面材质、灯光照明、日光环境等信息进行赋予的过程。

学习目标

1. 能够用 Navisworks 软件展示三维建筑模型的材质渲染图。
2. 能够用 Navisworks 软件展示三维建筑模型的照明渲染图。
3. 能够用 Navisworks 软件展示三维建筑模型的环境渲染图。

课前阅读

港珠澳大桥，东起香港国际机场附近的香港口岸人工岛，向西横跨南海伶仃洋水域，接珠海和澳门人工岛，止于珠海洪湾立交。美国《华尔街日报》报道称，港珠澳大桥的长度是美国加州金门大桥的 20 倍，大桥连接一个将近拥有 7000 万人口的经济区域，也就是粤港澳大湾区。该区域 GDP 约合 1.51 万亿美元，是旧金山湾区的两倍，超过澳大利亚、西班牙或墨西哥整个国家的 GDP。这就是中国故事，这就是中国创造。我们要有民族自豪感，为生在这个伟大的时代、伟大的国家而骄傲。

一、渲染

在 Navisworks 软件中，可利用“常用”选项卡下的“Autodesk Rendering”，对材质、材质贴图、光源、环境等进行渲染，见表 A-16。

表 A-16 渲染

项目	内容
材质	浏览和管理材质集合，如玻璃、混凝土、瓷砖、砖石等
材质贴图	用于调整纹理的方向，以适应对象的形状

（续）

项目	内容
光源	查看已添加到模型的光源，并自定义光源的特性
环境	自定义“太阳”“天空”和“曝光”特性
设置	更改渲染样式预设

二、控制模型渲染

在 Navisworks 软件中，场景视图中的渲染样式以及渲染质量是可以控制的。“视点”选项卡下“渲染样式”面板中的工具，能控制场景视图中模型的显示方式。

Navisworks 会通过设置好的光源、应用的材质以及环境设置（如背景设置）来给立体图形进行渲染。其中，渲染外观工具包含 4 种光源模式、4 种渲染样式、3 种背景效果和 5 种图元的显示类型。

1. 光源模式：Navisworks 中，用户可使用 4 种光源模式来控制三维场景的光照。这 4 种光源模式分别是全光源、场景光源、头光源和无光源。

2. 渲染样式：Navisworks 中，用户用 4 种不同的渲染样式对图元进行渲染。这 4 种渲染样式分别是完全渲染、着色、线框和隐藏线。

3. 背景效果：Navisworks 中，为加强模型的视觉效果，用户用 3 种背景效果来改善图像质量。这 3 种背景效果分别是单色、双色和地平面。

4. 图元显示：Navisworks 中，为控制场景外观，用户可显示和隐藏场景视图中的 5 种图元。这 5 种图元分别是曲面、线、点、捕捉点和文字。

渲染质量通过消隐、对象渲染、材质显示和立体渲染得到控制。用户能通过不同的选项设置带来不同的效果。

能力训练

一、操作条件

1. 计算机、Revit 软件、Navisworks 软件。
2. 1～2 个实践项目的 Revit 建筑模型文件。

二、注意事项

1. 检查并确认实践项目各专业文件是否齐全，是否能有效打开。
2. 检查并确认计算机配置，是否符合要求：至少要求 Windows 7 系统、16GB 内存。

三、操作过程

使用 Navisworks 软件对三维建筑模型的材质、照明和环境进行渲染，见表 A-17。

表 A-17　三维建筑模型材质、照明和环境的渲染

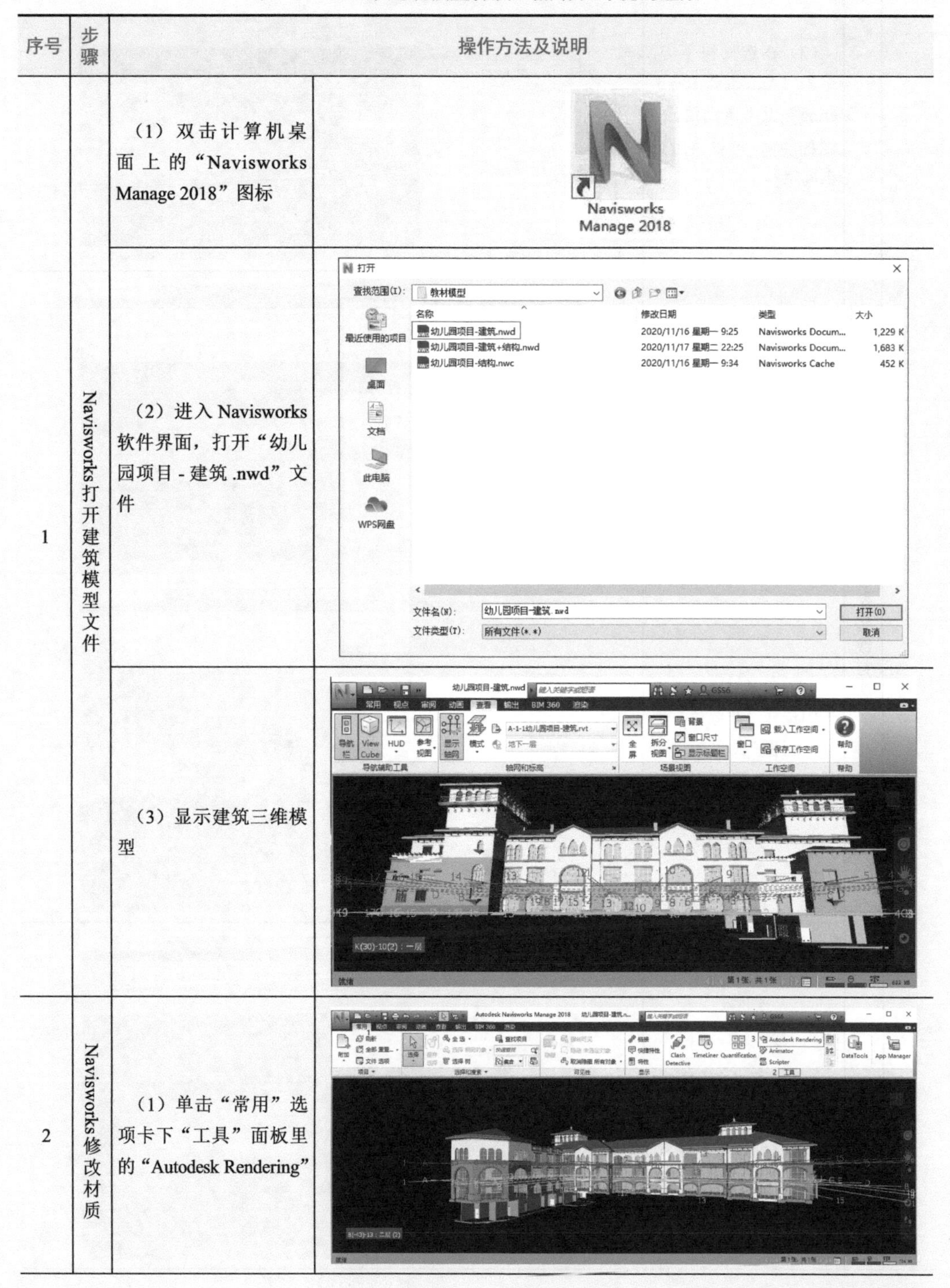

序号	步骤	操作方法及说明	
1	Navisworks 打开建筑模型文件	（1）双击计算机桌面上的“Navisworks Manage 2018”图标	Navisworks Manage 2018
		（2）进入 Navisworks 软件界面，打开“幼儿园项目 - 建筑 .nwd”文件	
		（3）显示建筑三维模型	
2	Navisworks 修改材质	（1）单击“常用”选项卡下“工具”面板里的“Autodesk Rendering”	

（续）

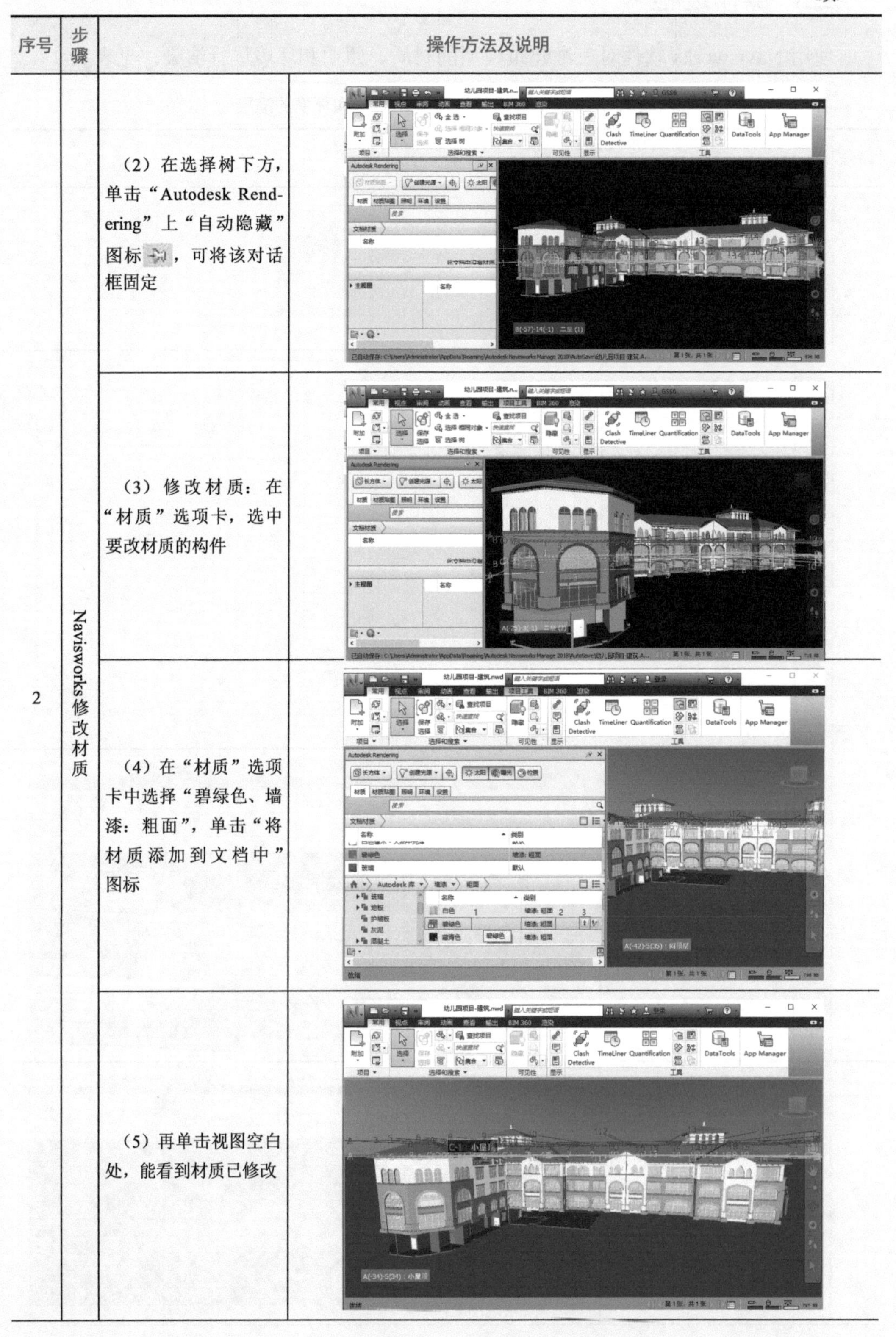

序号	步骤	操作方法及说明	
2	Navisworks修改材质	（2）在选择树下方，单击“Autodesk Rendering”上“自动隐藏”图标，可将该对话框固定	
		（3）修改材质：在“材质”选项卡，选中要改材质的构件	
		（4）在“材质”选项卡中选择“碧绿色、墙漆：粗面”，单击“将材质添加到文档中”图标	
		（5）再单击视图空白处，能看到材质已修改	

（续）

序号	步骤	操作方法及说明	
3	Navisworks修改材质贴图	（1）修改材质贴图：以材质“绿色抛光、石料”为例，展示材质贴图变化	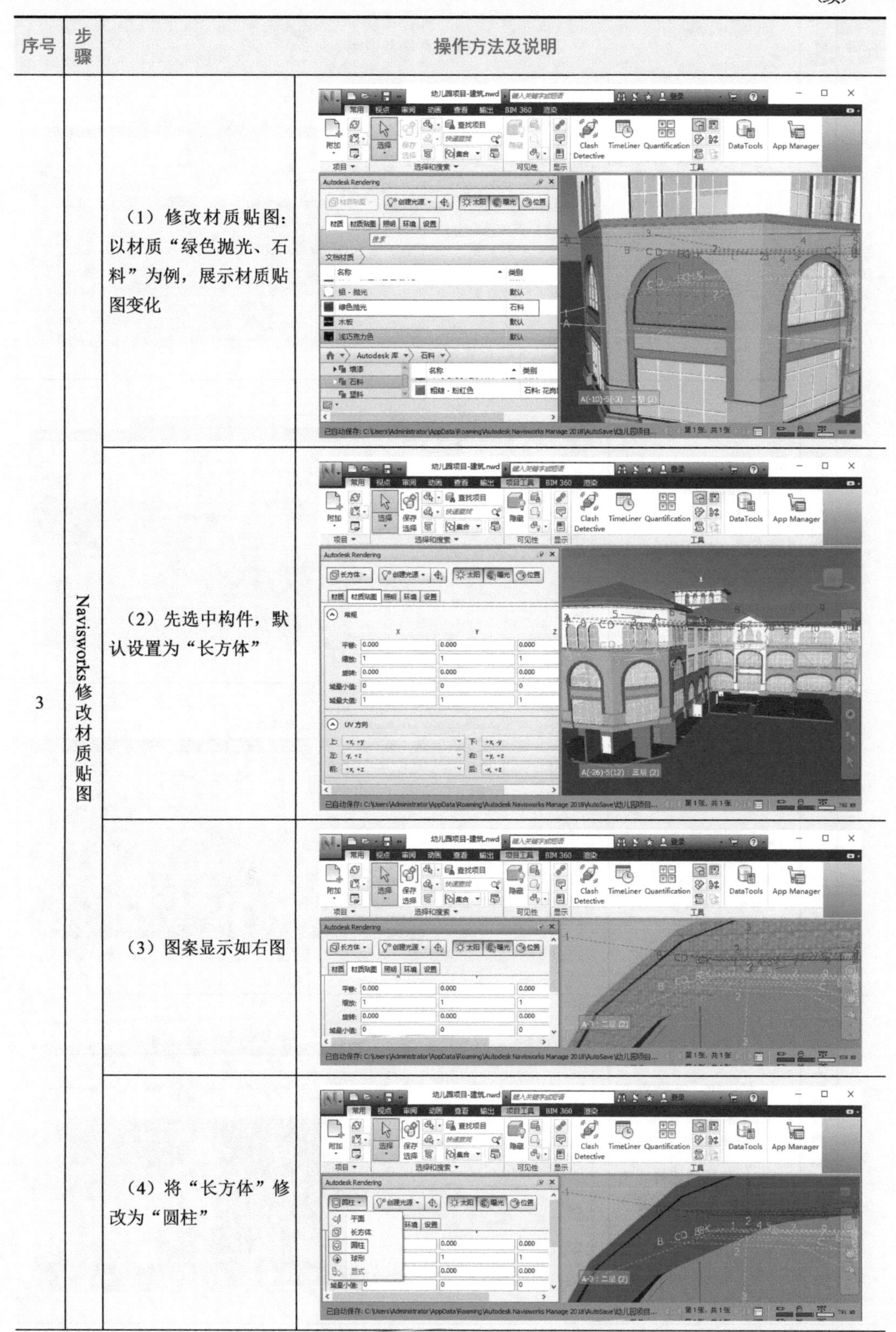
		（2）先选中构件，默认设置为“长方体”	
		（3）图案显示如右图	
		（4）将“长方体”修改为“圆柱”	

（续）

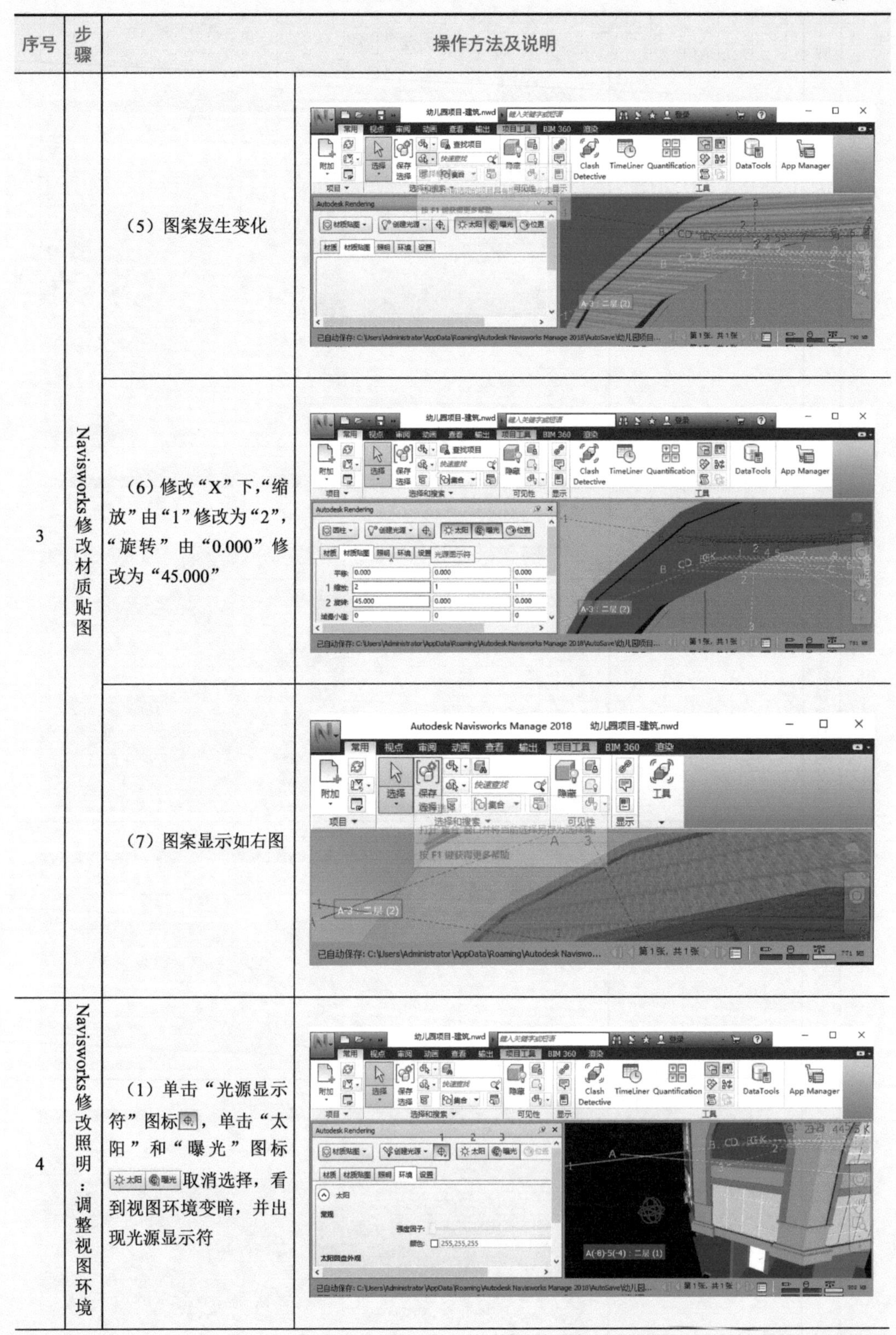

序号	步骤	操作方法及说明	
3	Navisworks修改材质贴图	（5）图案发生变化	
		（6）修改“X”下,“缩放”由“1”修改为“2”,“旋转”由“0.000”修改为“45.000”	
		（7）图案显示如右图	
4	Navisworks修改照明：调整视图环境	（1）单击“光源显示符”图标，单击“太阳”和“曝光”图标取消选择，看到视图环境变暗，并出现光源显示符	

（续）

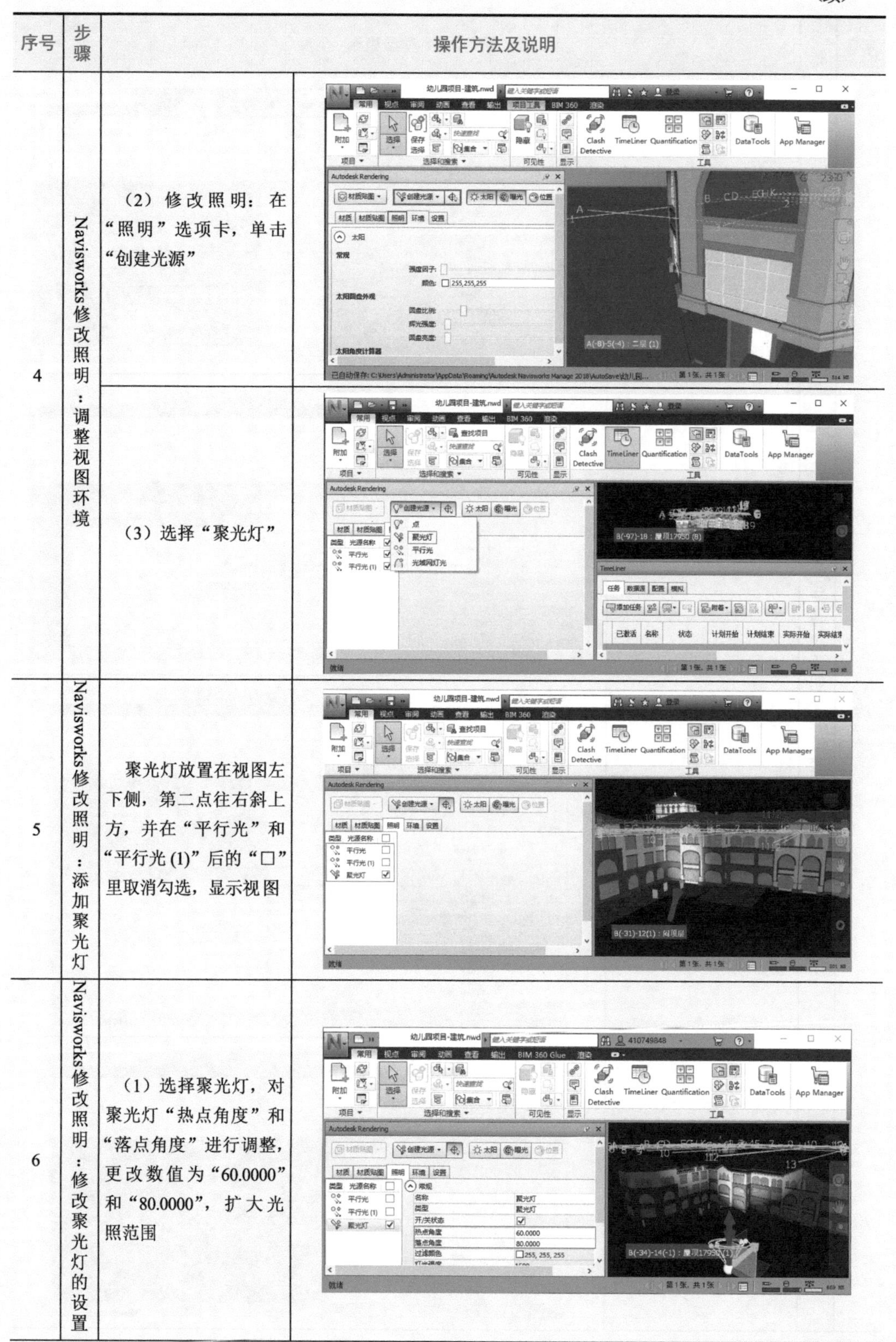

序号	步骤	操作方法及说明	
4	Navisworks修改照明：调整视图环境	（2）修改照明：在“照明”选项卡，单击“创建光源”	
		（3）选择“聚光灯”	
5	Navisworks修改照明：添加聚光灯	聚光灯放置在视图左下侧，第二点往右斜上方，并在“平行光”和“平行光 (1)”后的“□”里取消勾选，显示视图	
6	Navisworks修改照明：修改聚光灯的设置	（1）选择聚光灯，对聚光灯“热点角度”和“落点角度”进行调整，更改数值为“60.0000”和“80.0000”，扩大光照范围	

（续）

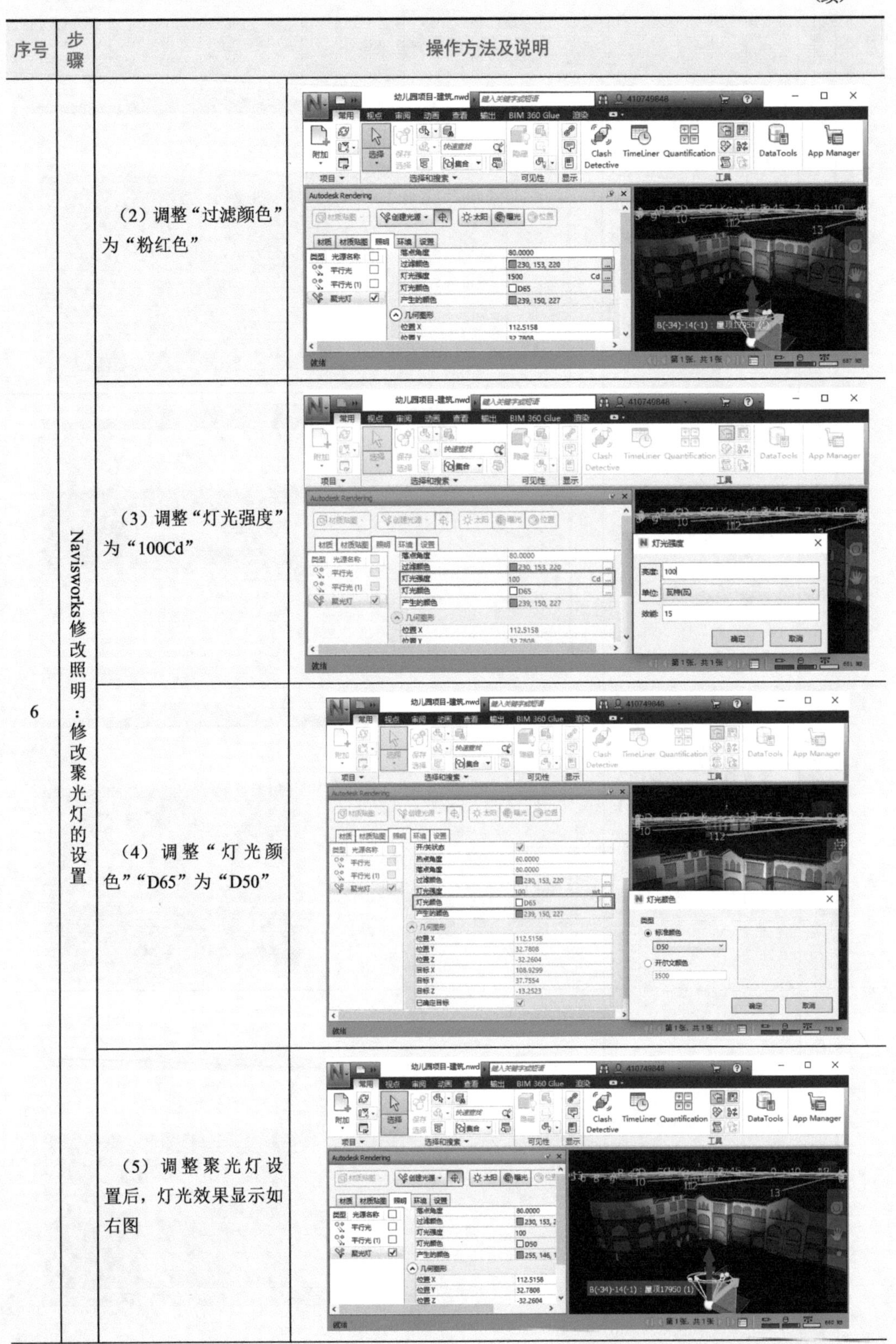

序号	步骤	操作方法及说明
6	Navisworks修改照明：修改聚光灯的设置	（2）调整“过滤颜色”为“粉红色”
		（3）调整“灯光强度”为“100Cd”
		（4）调整“灯光颜色”“D65”为“D50”
		（5）调整聚光灯设置后，灯光效果显示如右图

（续）

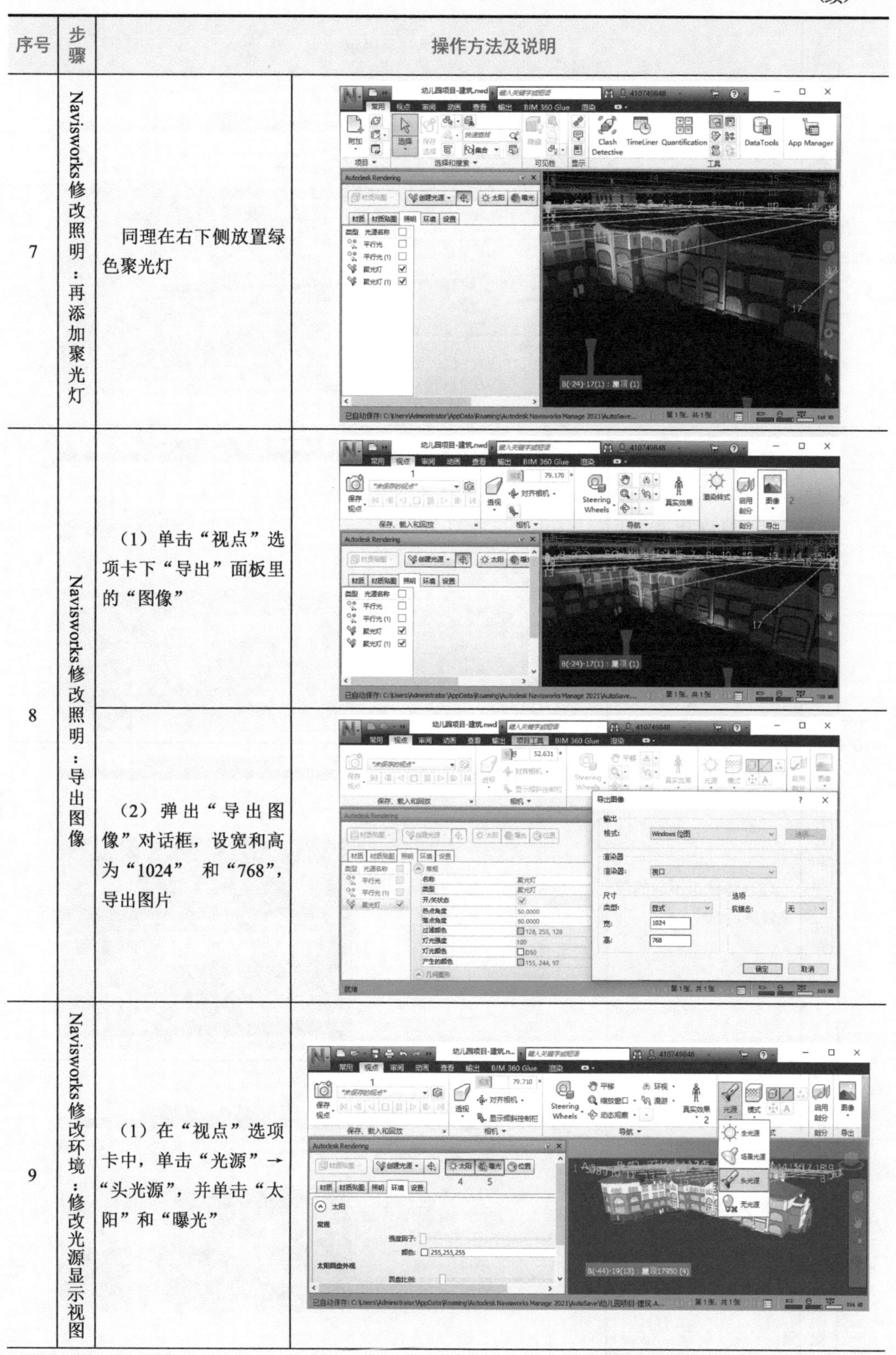

序号	步骤	操作方法及说明	
7	Navisworks 修改照明：再添加聚光灯	同理在右下侧放置绿色聚光灯	
8	Navisworks 修改照明：导出图像	（1）单击“视点”选项卡下“导出”面板里的“图像”	
		（2）弹出“导出图像”对话框，设宽和高为“1024”和“768”，导出图片	
9	Navisworks 修改环境：修改光源显示视图	（1）在“视点”选项卡中，单击“光源”→“头光源”，并单击“太阳”和“曝光”	

（续）

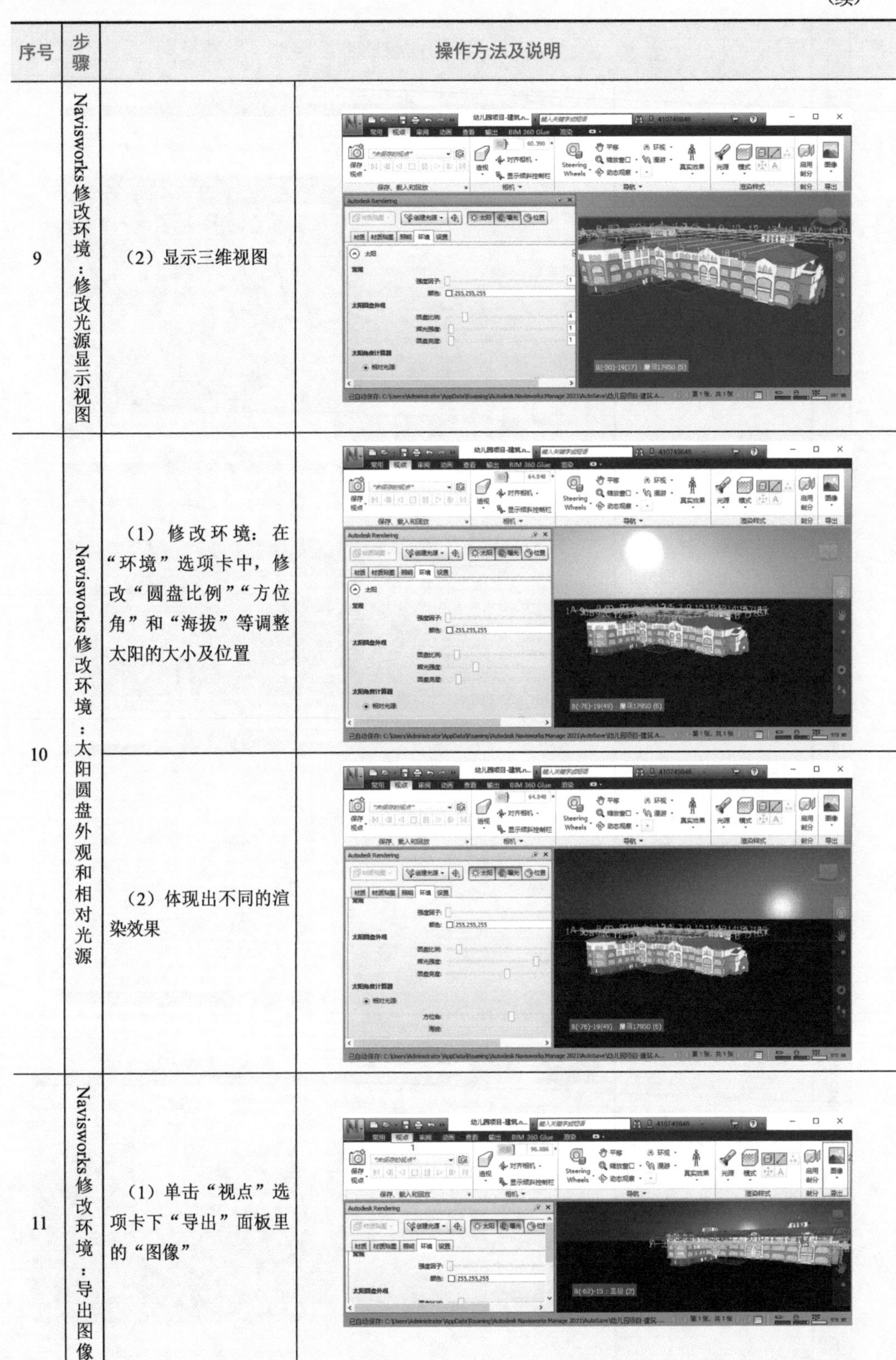

序号	步骤	操作方法及说明
9	Navisworks修改环境：修改光源显示视图	（2）显示三维视图
10	Navisworks修改环境：太阳圆盘外观和相对光源	（1）修改环境：在“环境”选项卡中，修改“圆盘比例”“方位角”和“海拔”等调整太阳的大小及位置
		（2）体现出不同的渲染效果
11	Navisworks修改环境：导出图像	（1）单击“视点”选项卡下“导出”面板里的“图像”

（续）

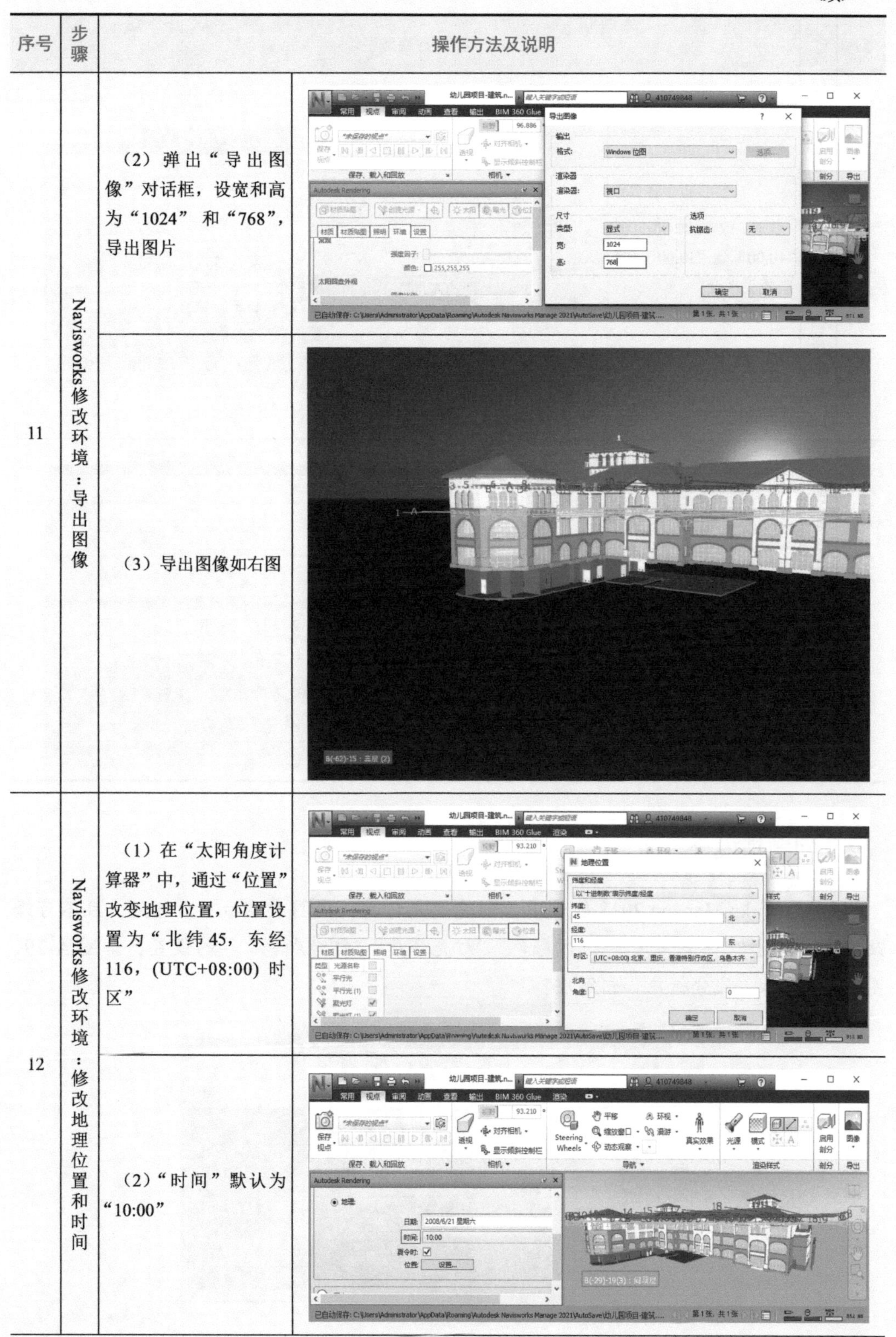

序号	步骤	操作方法及说明	
11	Navisworks修改环境：导出图像	（2）弹出“导出图像”对话框，设宽和高为“1024”和“768”，导出图片	
		（3）导出图像如右图	
12	Navisworks修改环境：修改地理位置和时间	（1）在“太阳角度计算器”中，通过“位置”改变地理位置，位置设置为“北纬45，东经116，(UTC+08:00) 时区”	
		（2）“时间”默认为“10:00”	

（续）

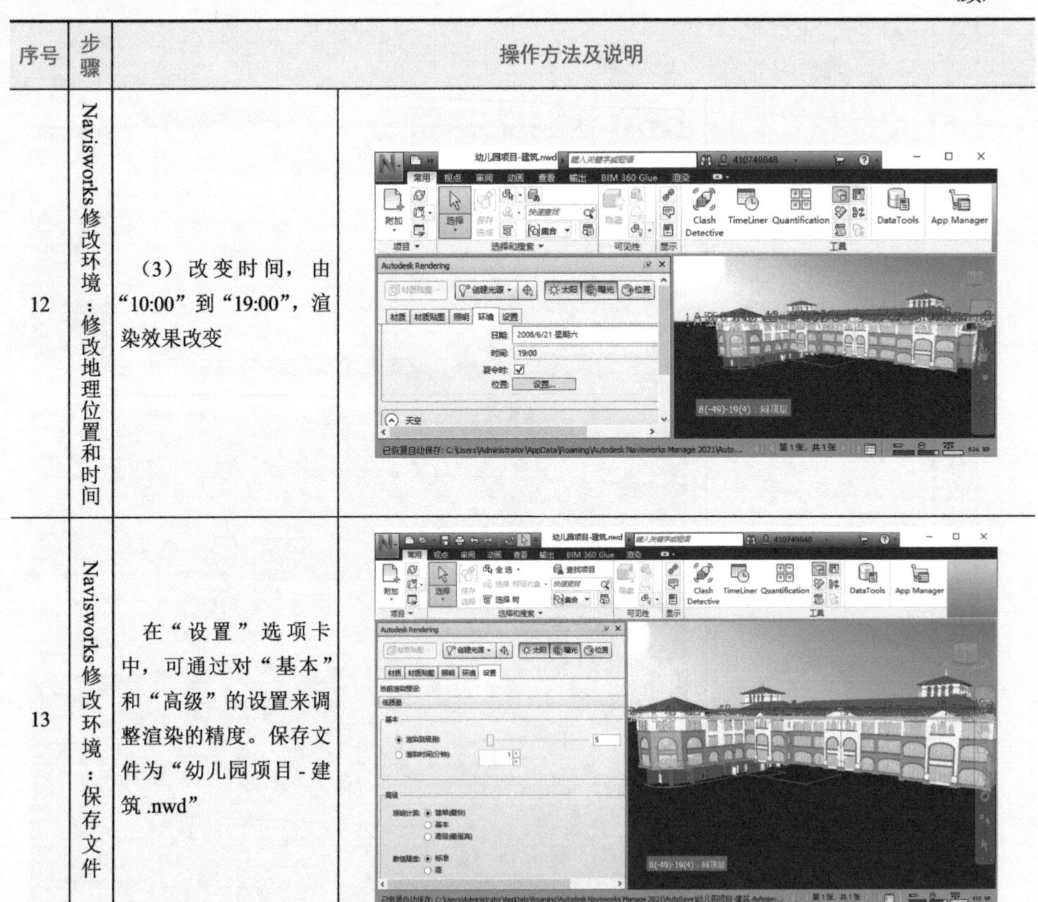

序号	步骤	操作方法及说明	
12	Navisworks修改环境：修改地理位置和时间	（3）改变时间，由“10:00”到“19:00”，渲染效果改变	
13	Navisworks修改环境：保存文件	在“设置”选项卡中，可通过对“基本”和“高级”的设置来调整渲染的精度。保存文件为“幼儿园项目 - 建筑 .nwd”	

问题情境一

Navisworks Manage 2018 软件中，创建聚光灯时，视图中显示不出灯光，且不可修改“热点角度”“落点角度”“过滤颜色”“灯光强度”“灯光颜色”等的设置，如图 A-29、图 A-30 所示，试分析应如何解决？

图 A-29

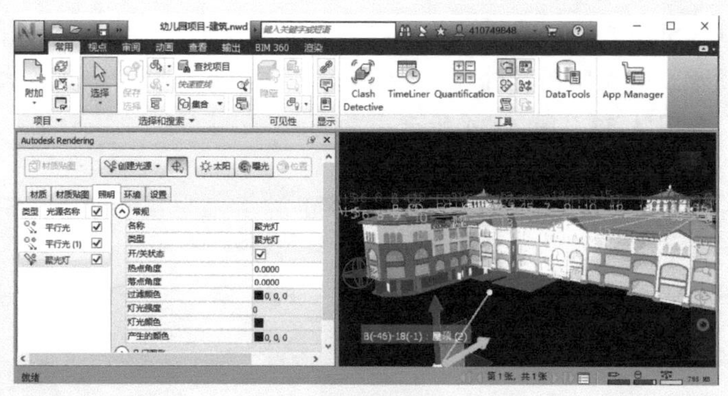

图　A-30

解答：可能是版本问题，在部分计算机上 Navisworks Manage 2018 版本无法对光源进行修改，而安装 Navisworks Manage 2016 版本，就可正常设置“热点角度”“落点角度”“过滤颜色”“灯光强度”“灯光颜色”等的参数，如图 A-31 所示。

图　A-31

问题情境二

在 Navisworks 软件的“环境”选项卡中，拟设置建筑物和太阳光同时出现的渲染效果，但多次修改调整选项卡上“太阳圆盘外观”“太阳角度计算器”等，均无法同时出现建筑物和太阳光，如图 A-32 所示，该如何调整？

图　A-32

解答：按住〈Shift〉键，滚动鼠标滚轮进行大幅度的旋转，找到太阳光所在位置。再修改调整选项卡上“太阳圆盘外观”“太阳角度计算器”等，反复多次旋转至合适位置，直至成功，如图 A-33、图 A-34 所示。

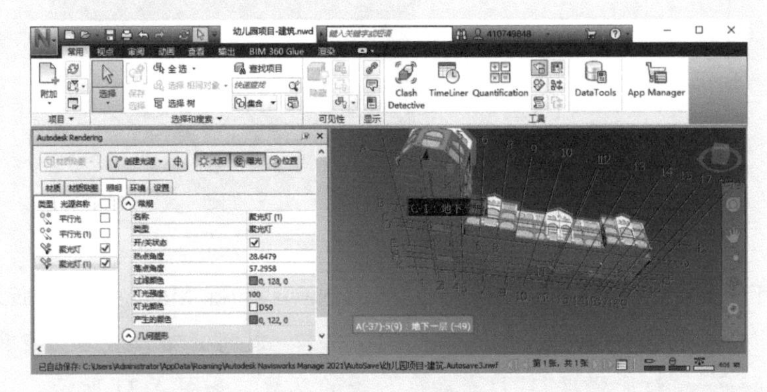

图 A-33

图 A-34

四、学习结果评价

请根据表 A-18，完成学习结果的自我评价。

表 A-18 “能基于 BIM 模型渲染三维建筑模型”学习结果自我评价表

评价内容		评价标准	评价结果（是 / 否）
Navisworks	Navisworks 打开建筑模型文件	能打开建筑模型文件，输出建筑专业的“.nwd”“.nwc”文件	□是□否
	Navisworks 修改材质和材质贴图	能用 Navisworks 软件按材质要求修改材质和材质贴图	□是□否
	Navisworks 修改照明	能用 Navisworks 软件按照明要求创建聚光灯，并导出渲染图	□是□否
	Navisworks 修改环境	能用 Navisworks 软件按环境要求修改“环境”选项卡中“太阳圆盘外观”“太阳角度计算器”等	□是□否

课后作业

1. 如图 A-35 所示进行点光源设置，导出“幼儿园项目 - 建筑点光源 .jpg”图像。

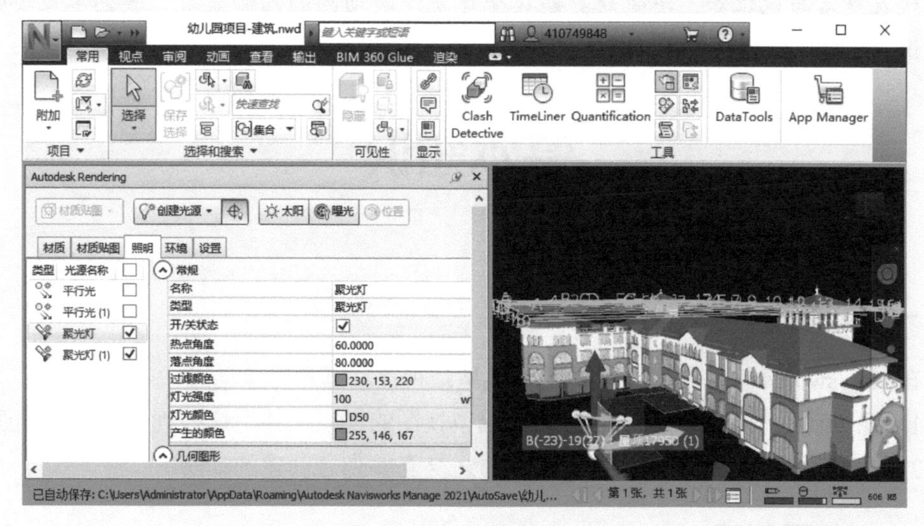

图 A-35

2. 对“幼儿园项目 - 建筑 .nwd”文件，设置太阳光从正上方射出来的光源效果，导出“幼儿园项目 - 太阳光 .jpg”图像。

职业能力 A-3-2 能基于 BIM 模型制作建筑漫游动画

核心概念

建筑漫游动画：是指在虚拟三维场景中，从任意角度、距离用动态交互方式，对未来建筑进行身临其境的全方位审视的活动影像。建筑漫游动画能清晰展示建筑物的整个结构和空间的布置，具有人机交互性、真实建筑空间感、大面积三维仿真等特性。Navisworks 软件中，BIM 工程师可选择重力、碰撞、蹲伏、第三人等模式自由浏览，从而准确生动、形象逼真地表达设计方案和环境效果。

学习目标

1. 能够用 Navisworks 软件通过保存视点创建动画。
2. 能够用 Navisworks 软件通过录制创建动画。

课前阅读

建筑漫游动画能表现色彩的寓意，注重色彩带给人的心理效果。如表现哀伤的风格，可采用冷暗色调色彩；表现欢乐的风格，可采用明艳的色彩；表现祥和的风格，可采用温馨的暖色调色彩。在建筑漫游动画中，可不完全模拟真实效果，单独色彩的使用可借鉴传统民间美术色彩的色彩意蕴，如红色代表忠诚、耿直，白色代表奸佞，黄色代表财富与地位等，使受众更易接受建筑漫游动画的画面效果。我们不仅要懂专业知识，还要丰富摄影、美学等知识。

基本知识

一、动画类型

在 Navisworks 软件中，有两种动画类型：视点动画和对象动画。

1. 视点动画：录制模型中的移动和模型视图的视点，并用这些视点创建的动画。
2. 对象动画：以三维模型为对象，与之交互并为之创建的动画。

二、动画创建

1. 在 Navisworks 软件中，视点动画创建流程表见表 A-19。

表 A-19　视点动画创建流程表

序号	流程	视点动画创建内容
1	录制	单击“动画”选项卡→“创建”面板→“录制”，视点会自动保存在“保存的视点”窗口
2	保存视点	在“保存的视点”窗口右击，选择“添加动画”，保存多个视点并拖至拟建动画
3	编辑视点动画	在“保存的视点”窗口，在需修改的动画上右击，选择“编辑”。勾选“同步角速度 / 线速度”，动画效果会较为平滑

2. 对象动画创建。通过“Animator”窗口将动画添加到模型中。使用“Animator”下的工具栏，可以创建、编辑和播放动画；使用树视图循环播放、往复播放和无限播放来设置管理动画的场景；使用时间轴，可以显示和编辑动画的时长。

通过“Scripter”窗口，给模型中的对象动画添加交互性。

三、建筑漫游

1. 建筑漫游使人们能够在虚拟的三维环境中，通过漫游工具，添加用户在三维模型中的表示，与三维模型的场景进行交互。

2. 在虚拟三维中，可从任意角度、距离和精细程度观察场景；可选择并自由切换多种运动模式，例如行走、驾驶、飞翔等，并可以自由控制浏览的路线。

3. 建筑漫游动画，整个场景都是静止的，只是镜头在这个场景中运动。模型要精细、场景变化要丰富，再加入人物、动物、植物、水面、汽车等角色动画，具有真实感。

四、漫游制作步骤

完整的漫游动画，包含场景建模、添加配景、特效制作、动画输出和后期剪辑。

1．场景建模：通过三维建模软件对建筑体块建模，过程中需严格按照 CAD 施工图的尺寸和结构进行创建，保证场景模型的精确性。

2．添加配景：将场景模型导入到 Lumion 软件中调整好位置，再从整体出发进行空间关系和色彩组合，继而对局部进行细部处理，由浅入深，循序渐进地完成整个场景的配景组合。

3．特效制作：在空间环境处理到一定程度时，设计者可以开始为场景添加一些特效，以烘托环境气氛。

4．动画输出和后期剪辑：对动画进行渲染，提供 25 帧、30 帧和 720P、1024P 等不同精度和质量的动画输出类型。动画制作的最后工序就是后期剪辑，可利用包括会声会影等后期剪辑软件对 Lumion 输出的动画进行后期加工。

能力训练

一、操作条件

初始文件　学习视频（制作建筑漫游动画）

1．计算机、Revit 软件、Navisworks 软件。

2．1～2 个实践项目的全专业 Revit 模型文件和 Navisworks 模型文件。

二、注意事项

1．检查并确认实践项目文件是否能有效打开。

2．检查并确认计算机配置是否符合要求：至少要求 Windows 7 系统、16GB 内存。

三、操作过程

使用 Navisworks 软件制作漫游动画并导出，见表 A-20。

表 A-20　漫游动画的制作和导出

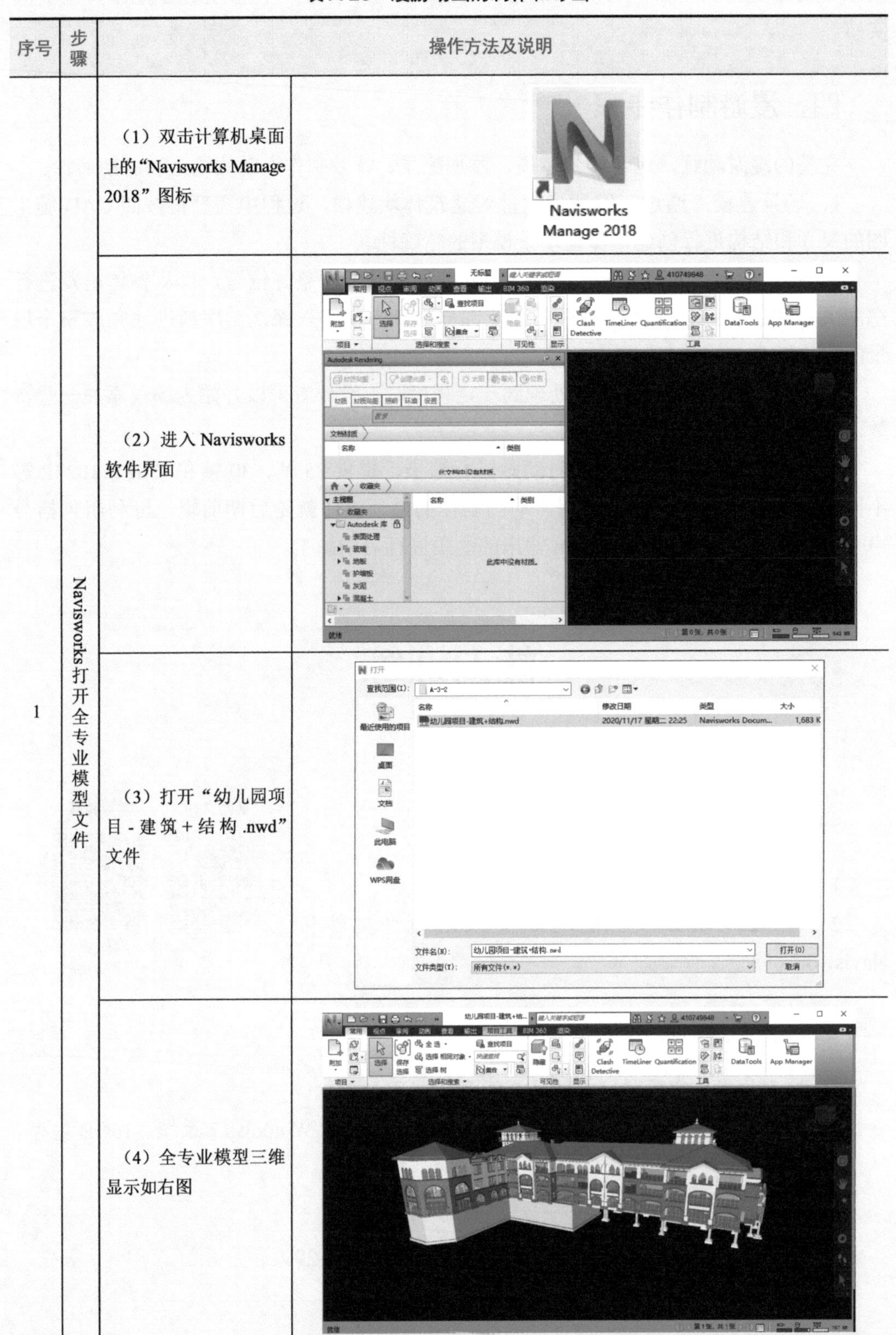

序号	步骤	操作方法及说明	
1	Navisworks 打开全专业模型文件	（1）双击计算机桌面上的“Navisworks Manage 2018”图标	Navisworks Manage 2018
		（2）进入 Navisworks 软件界面	
		（3）打开“幼儿园项目 - 建筑 + 结构 .nwd”文件	
		（4）全专业模型三维显示如右图	

（续）

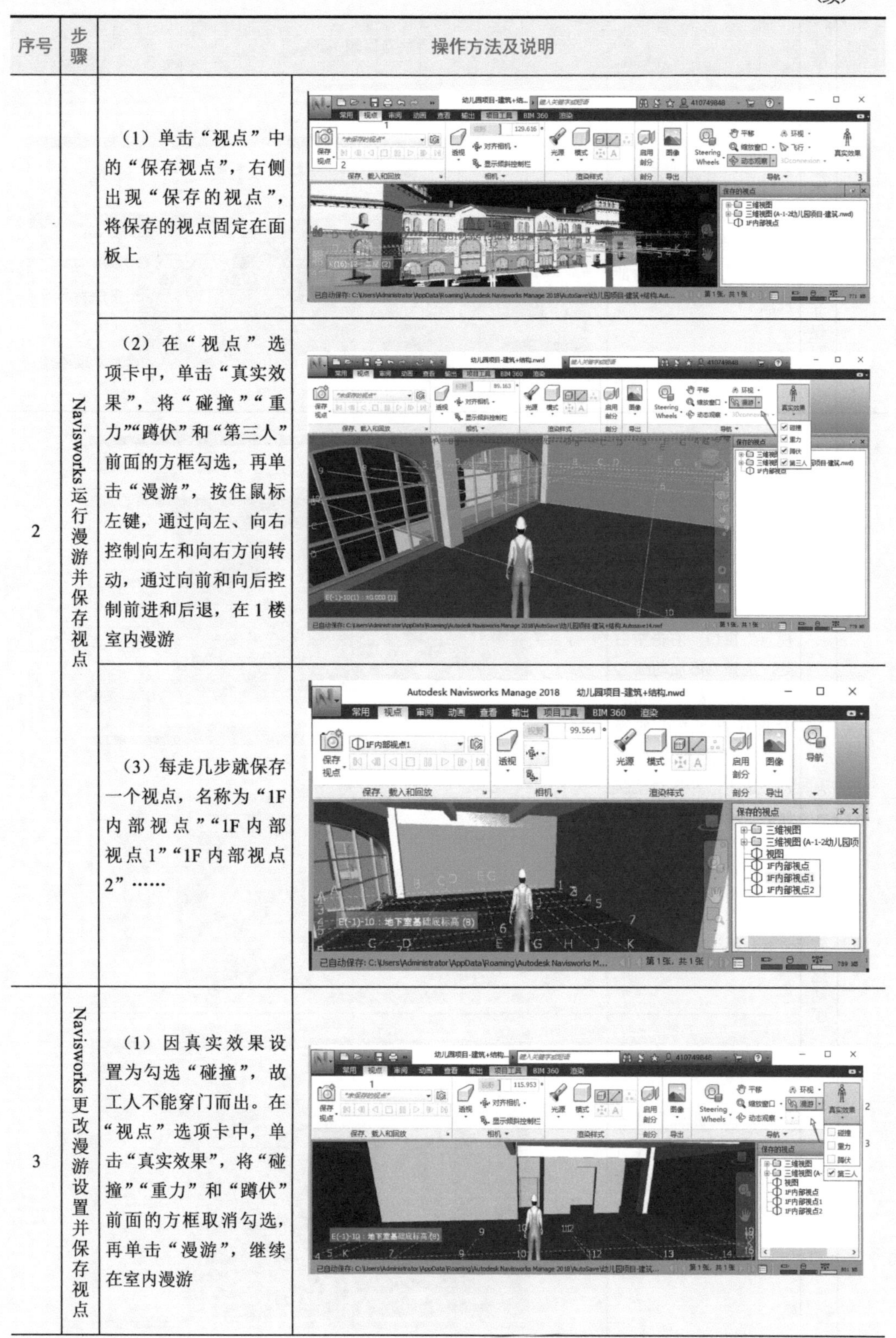

序号	步骤	操作方法及说明	
2	Navisworks 运行漫游并保存视点	（1）单击“视点”中的“保存视点”，右侧出现“保存的视点”，将保存的视点固定在面板上	
		（2）在“视点”选项卡中，单击“真实效果”，将“碰撞”“重力”“蹲伏”和“第三人”前面的方框勾选，再单击“漫游”，按住鼠标左键，通过向左、向右控制向左和向右方向转动，通过向前和向后控制前进和后退，在 1 楼室内漫游	
		（3）每走几步就保存一个视点，名称为“1F 内部视点”“1F 内部视点 1”“1F 内部视点 2”……	
3	Navisworks 更改漫游设置并保存视点	（1）因真实效果设置为勾选“碰撞”，故工人不能穿门而出。在“视点”选项卡中，单击“真实效果”，将“碰撞”“重力”和“蹲伏”前面的方框取消勾选，再单击“漫游”，继续在室内漫游	

（续）

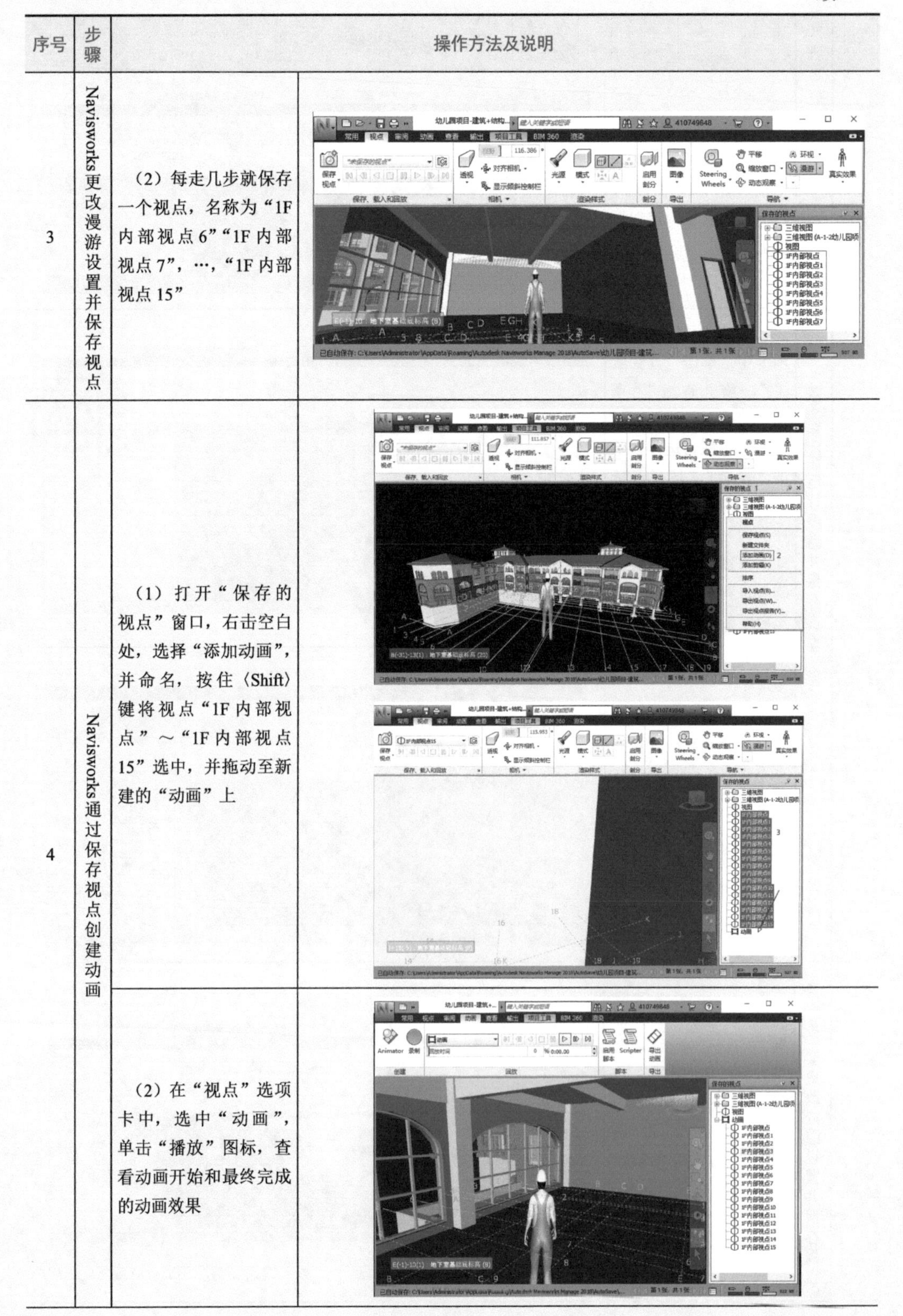

序号	步骤	操作方法及说明
3	Navisworks更改漫游设置并保存视点	（2）每走几步就保存一个视点，名称为“1F内部视点6”“1F内部视点7”，…，“1F内部视点15”
4	Navisworks通过保存视点创建动画	（1）打开“保存的视点”窗口，右击空白处，选择“添加动画”，并命名，按住〈Shift〉键将视点“1F内部视点”～“1F内部视点15”选中，并拖动至新建的“动画”上
		（2）在“视点”选项卡中，选中“动画”，单击“播放”图标，查看动画开始和最终完成的动画效果

（续）

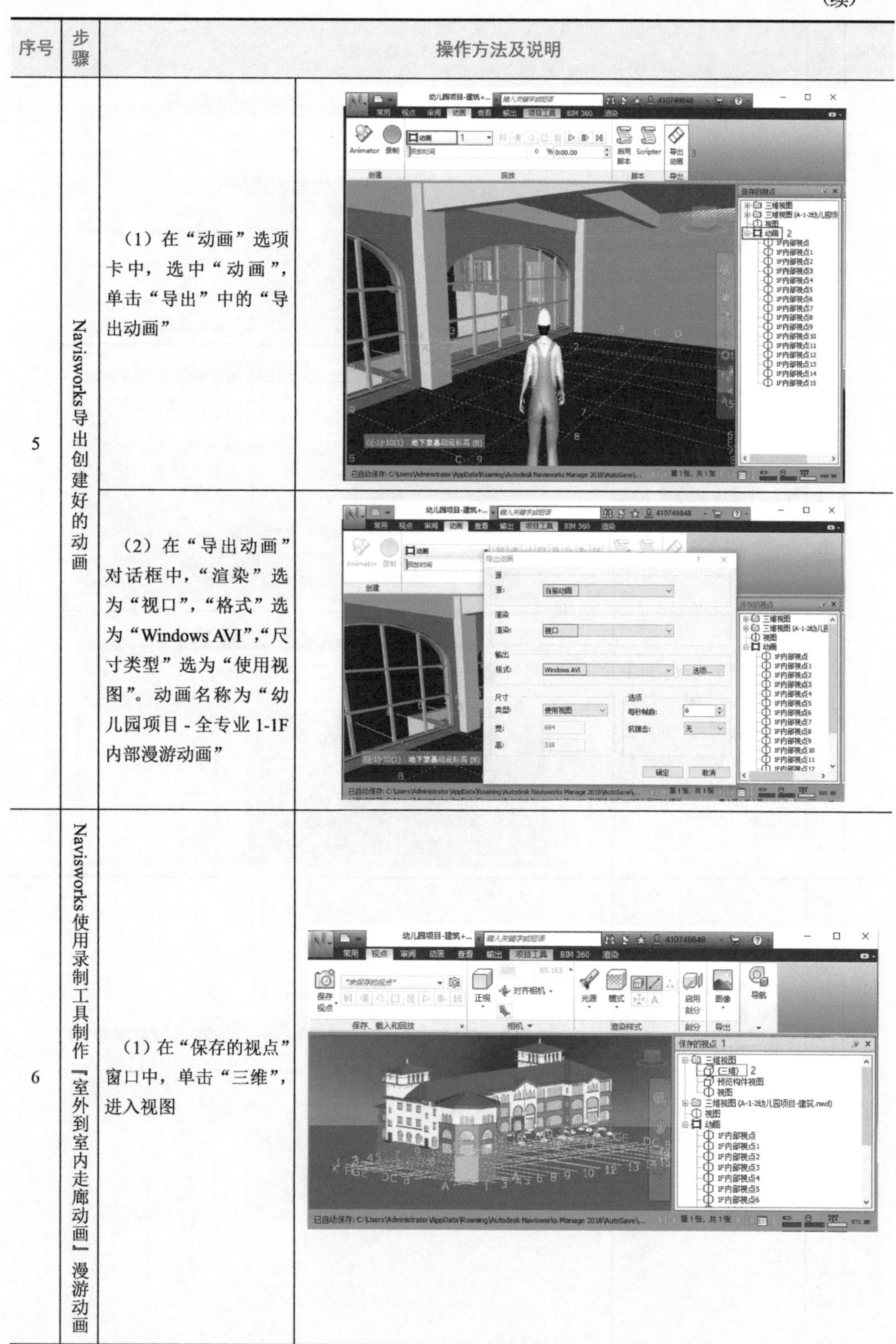

序号	步骤	操作方法及说明	
5	Naviswork导出创建好的动画	（1）在“动画”选项卡中，选中“动画”，单击“导出”中的“导出动画”	
		（2）在“导出动画”对话框中，“渲染”选为“视口”，“格式”选为“Windows AVI”，“尺寸类型”选为“使用视图”。动画名称为“幼儿园项目 - 全专业 1-1F 内部漫游动画”	
6	Navisworks使用录制工具制作『室外到室内走廊动画』漫游动画	（1）在“保存的视点”窗口中，单击“三维”，进入视图	

（续）

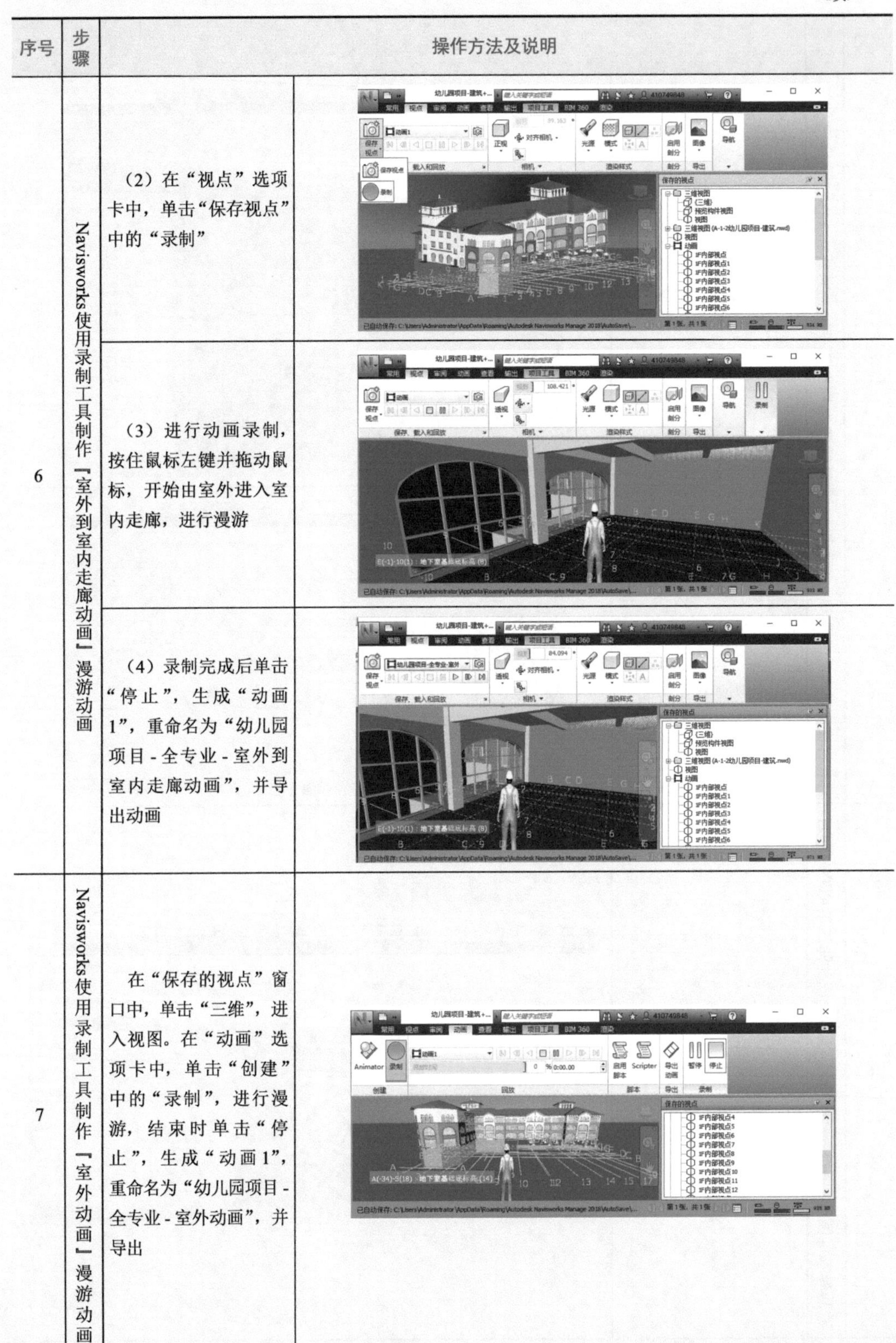

序号	步骤	操作方法及说明	
6	Navisworks 使用录制工具制作「室外到室内走廊动画」漫游动画	（2）在“视点”选项卡中，单击“保存视点”中的“录制”	
		（3）进行动画录制，按住鼠标左键并拖动鼠标，开始由室外进入室内走廊，进行漫游	
		（4）录制完成后单击“停止”，生成“动画 1”，重命名为“幼儿园项目 - 全专业 - 室外到室内走廊动画”，并导出动画	
7	Navisworks 使用录制工具制作「室外动画」漫游动画	在“保存的视点”窗口中，单击“三维”，进入视图。在“动画”选项卡中，单击“创建”中的“录制”，进行漫游，结束时单击“停止”，生成“动画 1”，重命名为“幼儿园项目 - 全专业 - 室外动画”，并导出	

问题情境一

若 Navisworks Manage 2018 软件中，进入“外部视点 2”视图，在“视点”选项卡中单击“编辑当前视点”图标，接着在“编辑视点 - 当前视图”对话框中单击“碰撞”面板上的“设置”，再在“碰撞”对话框中，将“体现”为“建筑工人”修改为“工地女性戴安全帽”，单击“确定”两次后视点发生改变，如图 A-36、图 A-37 所示。但再单击“外部视点 2”，视点仍保持原状。该如何编辑修改视点？

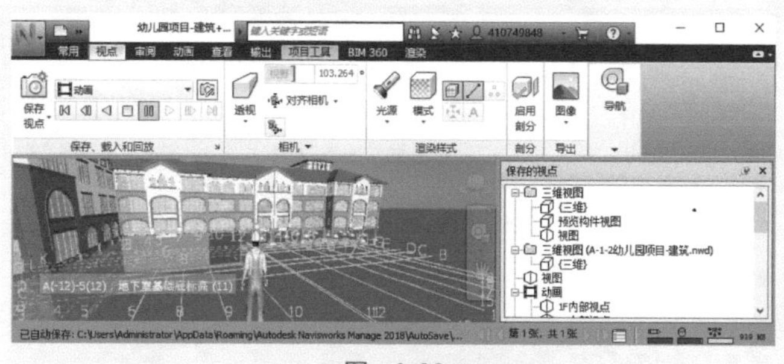

图　A-36

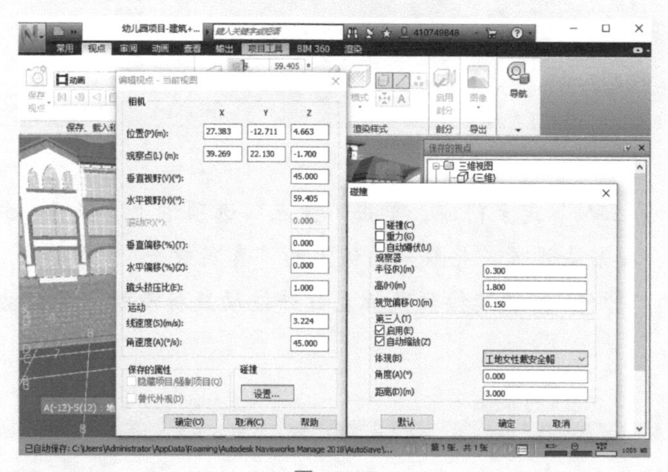

图　A-37

解答： 需要单击“保存视点”为“外部视点 3”，则修改完成，如图 A-38 所示。

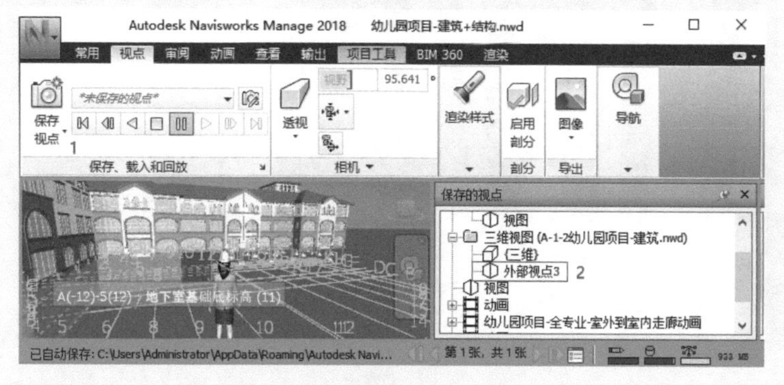

图　A-38

问题情境二

“1F 内部视点 1”视点中，真实效果设为勾选“碰撞”“重力”和“第三人”，室内漫游不可穿过门，如图 A-39 所示。如需穿过门，需将真实效果中“碰撞”和“重力”取消勾选。那在录制漫游动画时操作的时间也被录制下来，但实际这一段时间并不需要在动画中展示，该如何调整？

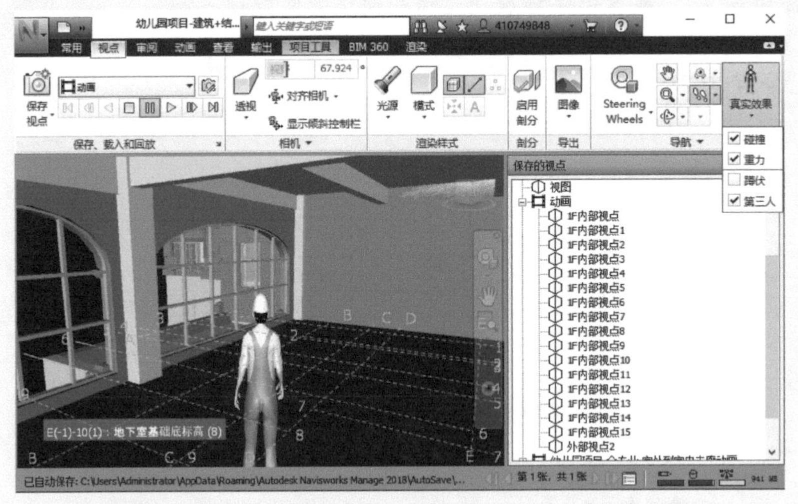

图 A-39

解答：当“第三人”走至门前，单击“视点”选项卡上“保存、载入和回放”面板上的“暂停”，接着去设置“导航”面板上的“真实效果”，再单击“保存、载入和回放”面板上的“暂停”，继续按住鼠标左键并拖动鼠标漫游，生成动画，如图 A-40 所示。

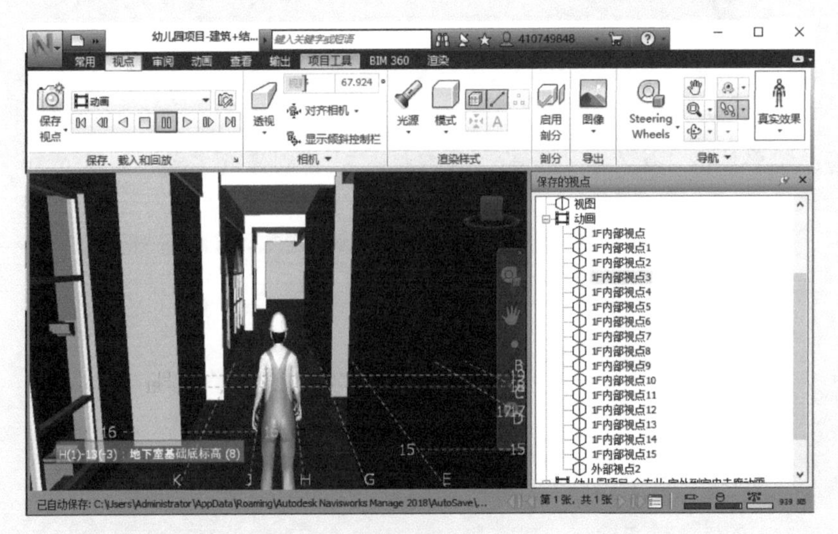

图 A-40

四、学习结果评价

请根据表 A-21，完成学习结果的自我评价。

表 A-21　“能基于 BIM 模型制作建筑漫游动画”学习结果自我评价表

评价内容		评价标准	评价结果（是 / 否）
Navisworks	Navisworks 打开全专业模型文件	能打开全专业模型文件，输出全专业的“.nwd”“.nwc”文件	□是□否
	Navisworks 运行漫游并保存视点	能用 Navisworks 软件按真实效果设置要求运行漫游，并保存关键部位视点	□是□否
	Navisworks 通过保存视点创建动画并导出动画	能用 Navisworks 软件按照保存的视点创建动画，并导出“.avi”格式动画	□是□否
	Navisworks 使用录制工具制作漫游动画	能用 Navisworks 软件直接录制漫游动画，并导出“.avi”格式动画	□是□否

课后作业

1. 如图 A-41 所示，在“外部视点 3”中设置“工地女性”，通过保存视点制作围绕建筑物一圈的漫游动画，并导出“幼儿园项目 - 全专业 - 室外环游动画 1.avi”文件。

2. 如图 A-41 所示，在“外部视点 3”中设置“工地女性”，通过录制工具制作围绕建筑物一圈的漫游动画，并导出“幼儿园项目 - 全专业 - 室外环游动画 2.avi”文件。

图　A-41

工作领域 B　4D-BIM 模型集成和进度管理

工作任务 B-1　4D-BIM 模型集成和进度模拟

职业能力 B-1-1　能使用 Project 软件制订施工进度计划

核心概念

Project 施工进度计划：是指工程师利用 Project 软件，综合已有的施工图、施工方案、施工条件及工期定额等资料，编制表示各项工程（单位工程、分部工程或分项工程）的施工顺序、开始时间、结束时间以及相互衔接关系的计划文件。它是对施工项目实施过程所需时间的预测，也是对项目进行进度控制的依据。施工进度计划的表示方法主要有：横道图与网络图。

学习目标

1. 能够在 Project 软件中绘制横道图。
2. 能够对横道图进行工作时间的更改。

课前阅读

长春某建筑公司在施工期间，因为没有任何手续，建设行政主管部门责令工地停工，停工时间长达 50 天。在此期间，发现地下障碍物停工 20 天，工期延误 20 天，造成停工损失 138 万元。工期延误对于施工单位来说，不仅会增加施工费用，还会面临拖延工期造成的损失。我们将来走向工作岗位，一定要按规定执行，不可存在侥幸心理，对自己的工作认真、负责。

基本知识

一、横道图

横道图又称甘特图，是一种用来表示计划进度或实际进度的工具。横道图是一种二维平面图，纵维表示工作任务，一般在图的左方自上而下排列，横维表示时间的刻度。使用的线条或柱形用来表示每项工作任务的开始时间至结束时间，显示与时间相关的每一项工作任务的进展状况。

二、横道图的编制步骤

横道图基本编制步骤为：研究施工图→划分施工项目→确定施工顺序→计算各施工项目的实际工程量→根据劳动定额及施工现场条件计算各项目的持续时间→设计并绘制施工横道图→检查并调整已绘制的横道图。

三、组织施工的方式及特点

1．依次施工：是指将拟建工程项目的整个建造过程分解成若干个施工过程，按照一定的施工顺序，依次完成施工任务的一种组织方法。即前一个施工过程完成后，后一个施工过程才开始；或前一个工程完成后，后一个工程才开始。依次施工工期较长，工作队不能实现专业化施工，不利于改进工人的操作方法和施工机具，不利于提高工程质量和劳动生产率。

2．平行施工：是指将若干个工程对象交给若干个施工队伍施工，它们既要同时开工，也要同时完工，中间任何施工过程中的工作节奏也一样。平行施工能够充分地利用工作面，争取时间，缩短工期；不利于改进工人的操作方法和施工机具，不利于提高工程质量和劳动生产率。

3．流水施工：是指将拟建工程项目的全部建造过程，工艺上分解为若干个施工过程，平面上划分为若干个施工段，竖向划分为若干个施工层，然后按照施工过程组建专业工作队，并使其按照规定的顺序依次连续地投入各施工段，完成各个施工过程。流水施工能够科学地利用工作面，争取时间，总工期比较合理；工作队及其工人实现了专业化生产，有利于两个专业工作队之间实现最大限度的合理搭接；每天投入的资源量较为均衡，有利于资源的组织工作。

四、逻辑关系

各项工作任务的逻辑关系包括：“开始 - 开始（SS）”“完成 - 开始（FS）”“完成 - 完成（FF）”“开始 - 完成（SF）”。

开始 - 开始：A 工作一旦开始，B 工作也要开始。

完成 - 开始：A 工作结束时，B 工作才能开始。

完成 - 完成：A 工作结束时，B 工作也要结束。

开始 - 完成：A 工作开始时，B 工作就要结束。

能力训练

一、操作条件

1. 计算机、Project 软件。
2. 1 ～ 2 个实践项目的建筑、结构专业的 Revit 模型文件，项目划分及相应工期。

二、注意事项

1. 检查并确认建筑、结构模型文件，项目划分及相应工期。
2. 检查并确认计算机配置是否符合要求：至少要求 Windows 7 系统、8GB 内存。

三、操作过程

使用 Project 软件绘制横道图，见表 B-1。

表 B-1　使用 Project 软件绘制横道图

序号	步骤	操作方法及说明	
1	打开 Project 软件	（1）打开 Project 软件有两种方法，一种是：双击计算机桌面上的“Project”图标	Project

（续）

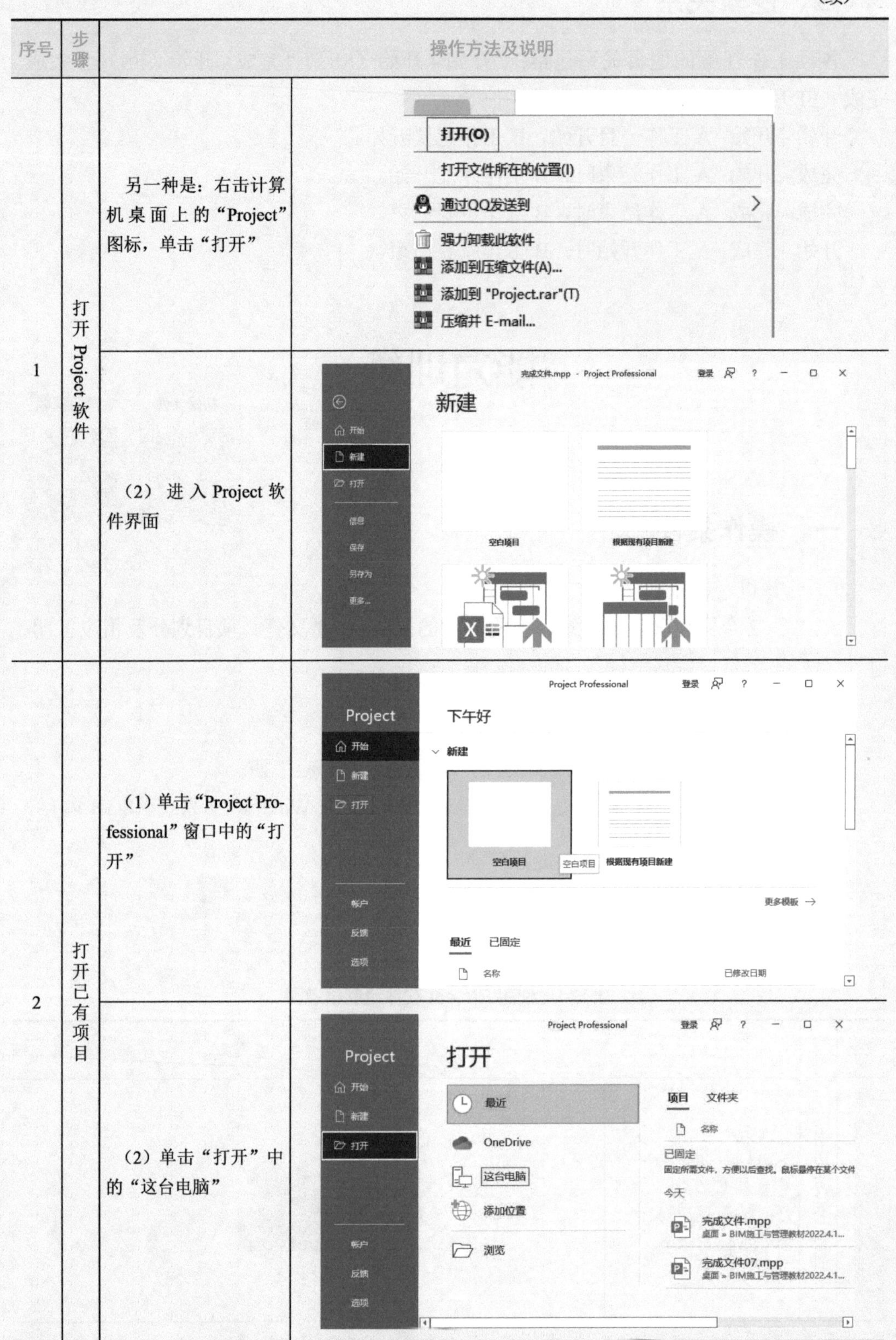

序号	步骤	操作方法及说明	
1	打开Project软件	另一种是：右击计算机桌面上的“Project”图标，单击“打开”	
		（2）进入Project软件界面	
2	打开已有项目	（1）单击“Project Professional”窗口中的“打开”	
		（2）单击“打开”中的“这台电脑”	

（续）

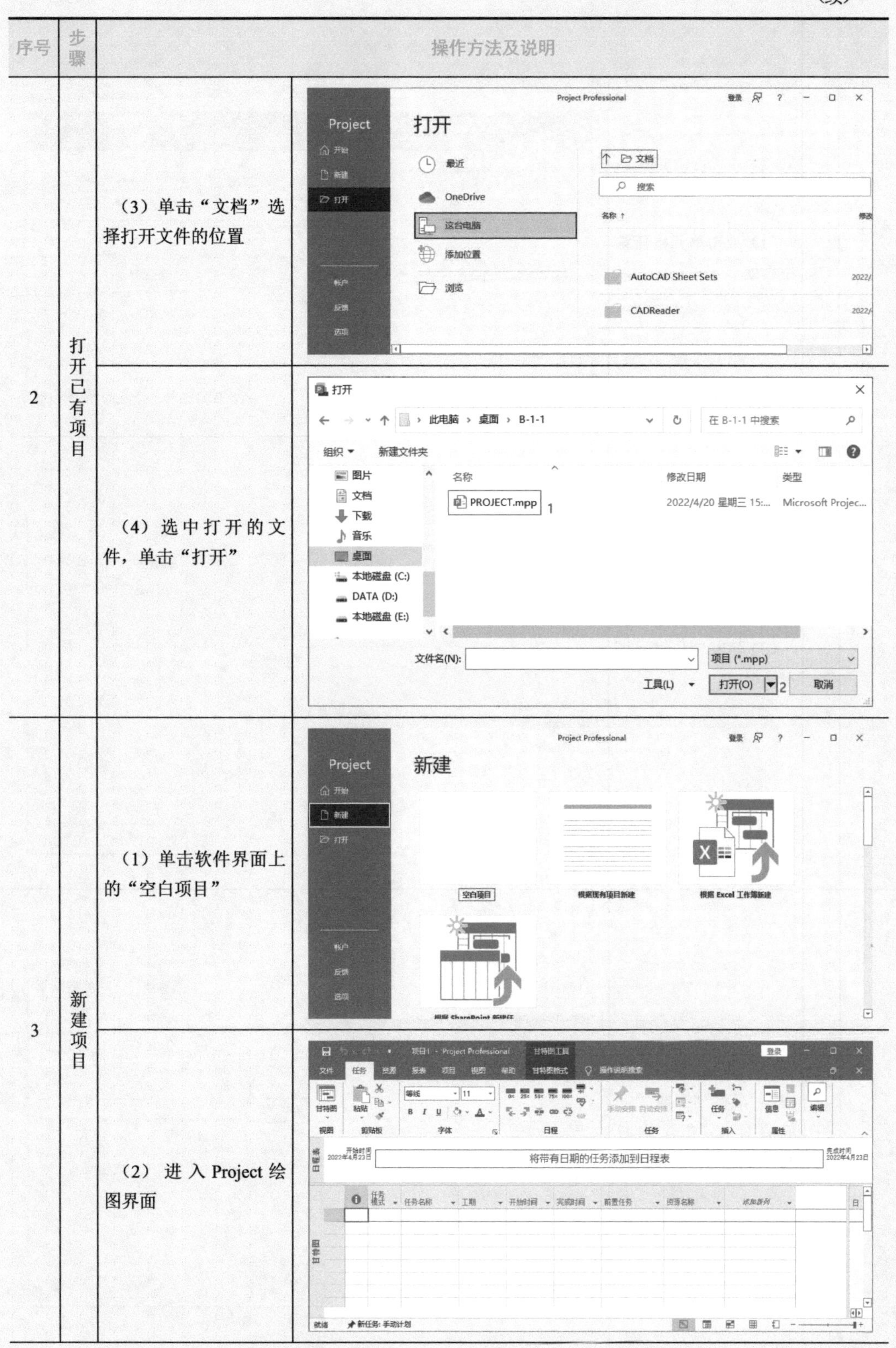

序号	步骤	操作方法及说明	
2	打开已有项目	（3）单击“文档”选择打开文件的位置	
		（4）选中打开的文件，单击“打开”	
3	新建项目	（1）单击软件界面上的“空白项目”	
		（2）进入 Project 绘图界面	

（续）

<table>
<tr><th>序号</th><th>步骤</th><th colspan="2">操作方法及说明</th></tr>
<tr><td rowspan="2">4</td><td rowspan="2">绘制横道图</td><td>（1）双击单元格任意空白处</td><td>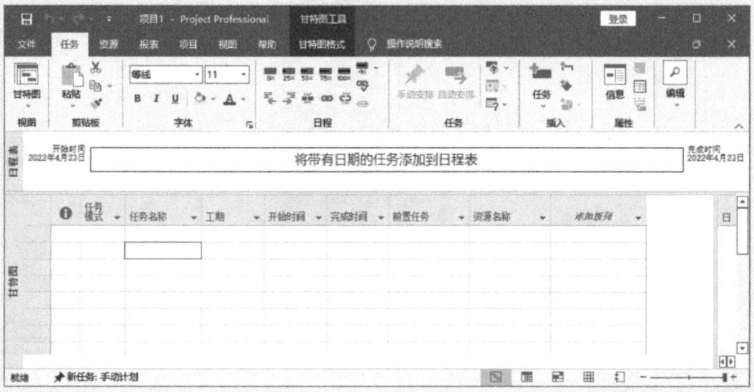
</td></tr>
<tr><td>（2）弹出“任务信息”对话框</td><td>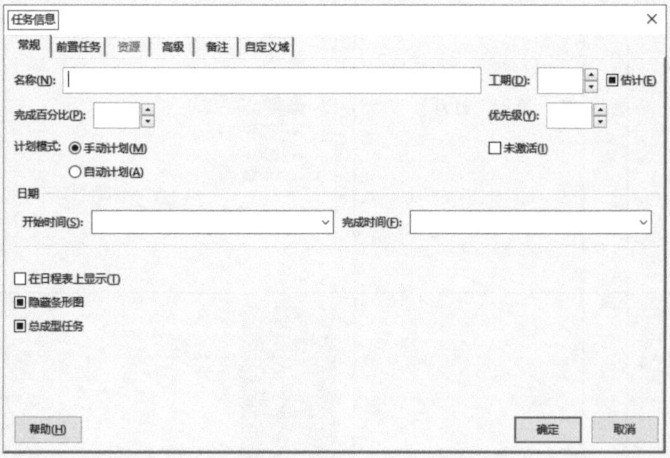
</td></tr>
<tr><td>5</td><td>输入任务信息</td><td>（1）单击“常规”并输入“名称”“工期”“完成百分比”“开始时间”“完成时间”等信息</td><td>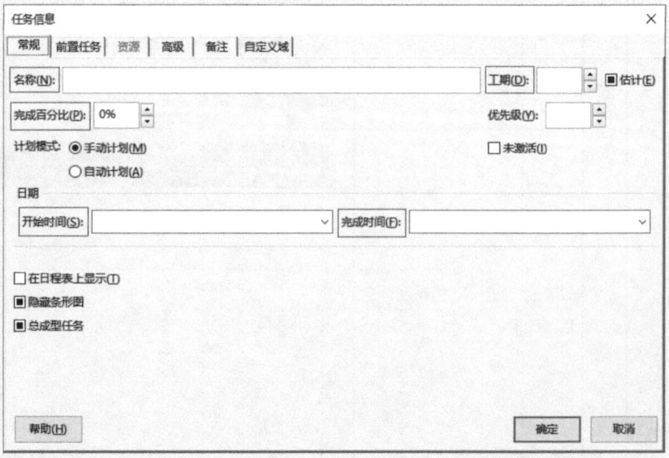
</td></tr>
</table>

（续）

序号	步骤	操作方法及说明	
5	输入任务信息	（2）单击“前置任务”	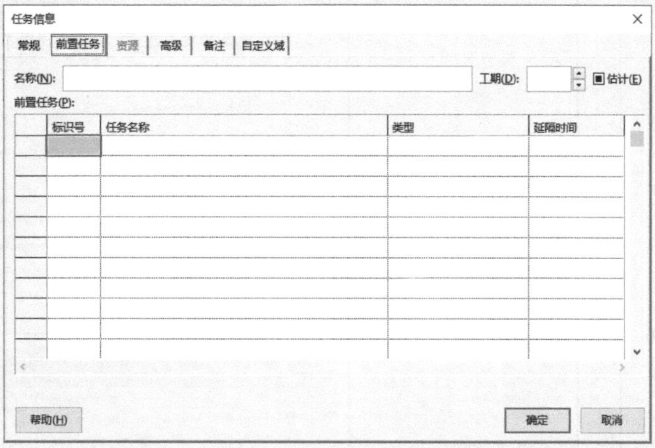 任务信息 常规 前置任务 资源 高级 备注 自定义域 名称(N): 工期(D): 估计(E) 前置任务(P): 标识号 任务名称 类型 延隔时间 帮助(H) 确定 取消
		（3）在“前置任务”中输入“任务名称”“类型”“延隔时间”等信息，或是在“标识号”中直接输入已有任务的“标识号”，软件自动弹出其他信息	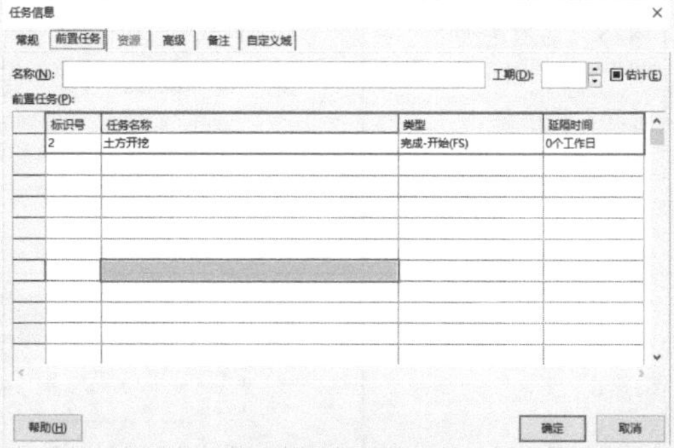 任务信息 常规 前置任务 资源 高级 备注 自定义域 名称(N): 工期(D): 估计(E) 前置任务(P): 标识号 任务名称 类型 延隔时间 2 土方开挖 完成-开始(FS) 0个工作日 帮助(H) 确定 取消
		（4）依次输入“任务名称”“工期”“开始时间”“完成时间”等信息	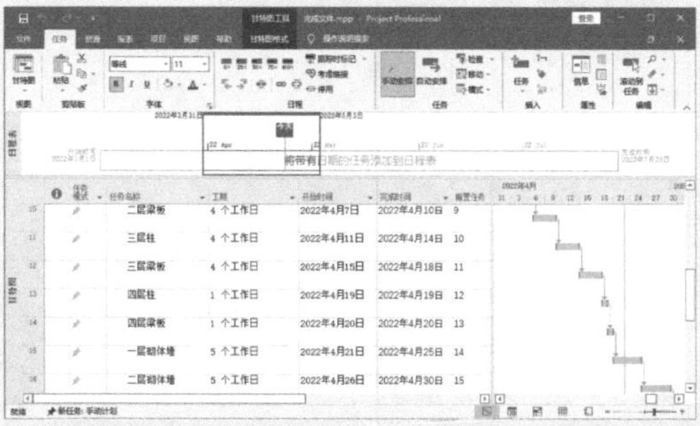 二层梁板 4 个工作日 2022年4月7日 2022年4月10日 9 三层柱 4 个工作日 2022年4月11日 2022年4月14日 10 三层梁板 4 个工作日 2022年4月15日 2022年4月18日 11 四层柱 1 个工作日 2022年4月19日 2022年4月19日 12 四层梁板 1 个工作日 2022年4月20日 2022年4月20日 13 一层砌体墙 5 个工作日 2022年4月21日 2022年4月25日 14 二层砌体墙 5 个工作日 2022年4月26日 2022年4月30日 15 将带有日期的任务添加到日程表
6	插入任务	（1）鼠标定位在第一行任意位置右击，在下拉菜单中单击“插入任务”第一行前面插入一个空白行	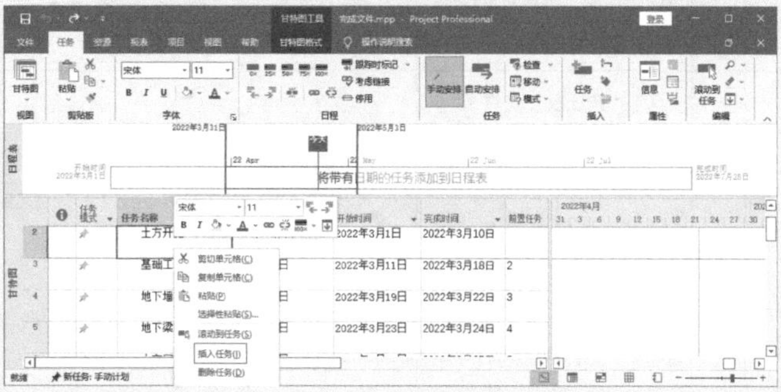 甘特图工具 完成文件.mpp - Project Professional 文件 任务 资源 报表 项目 视图 帮助 甘特图格式 操作说明搜索 将带有日期的任务添加到日程表 任务名称 开始时间 完成时间 前置任务 土方开… 2022年3月1日 2022年3月10日 基础工… 2022年3月11日 2022年3月18日 2 地下墙… 2022年3月19日 2022年3月22日 3 地下梁… 2022年3月23日 2022年3月24日 4 剪切单元格(C) 复制单元格(C) 粘贴(P) 选择性粘贴(S)... 滚动到任务(S) 插入任务(I) 删除任务(D) 就绪 新任务: 手动计划

（续）

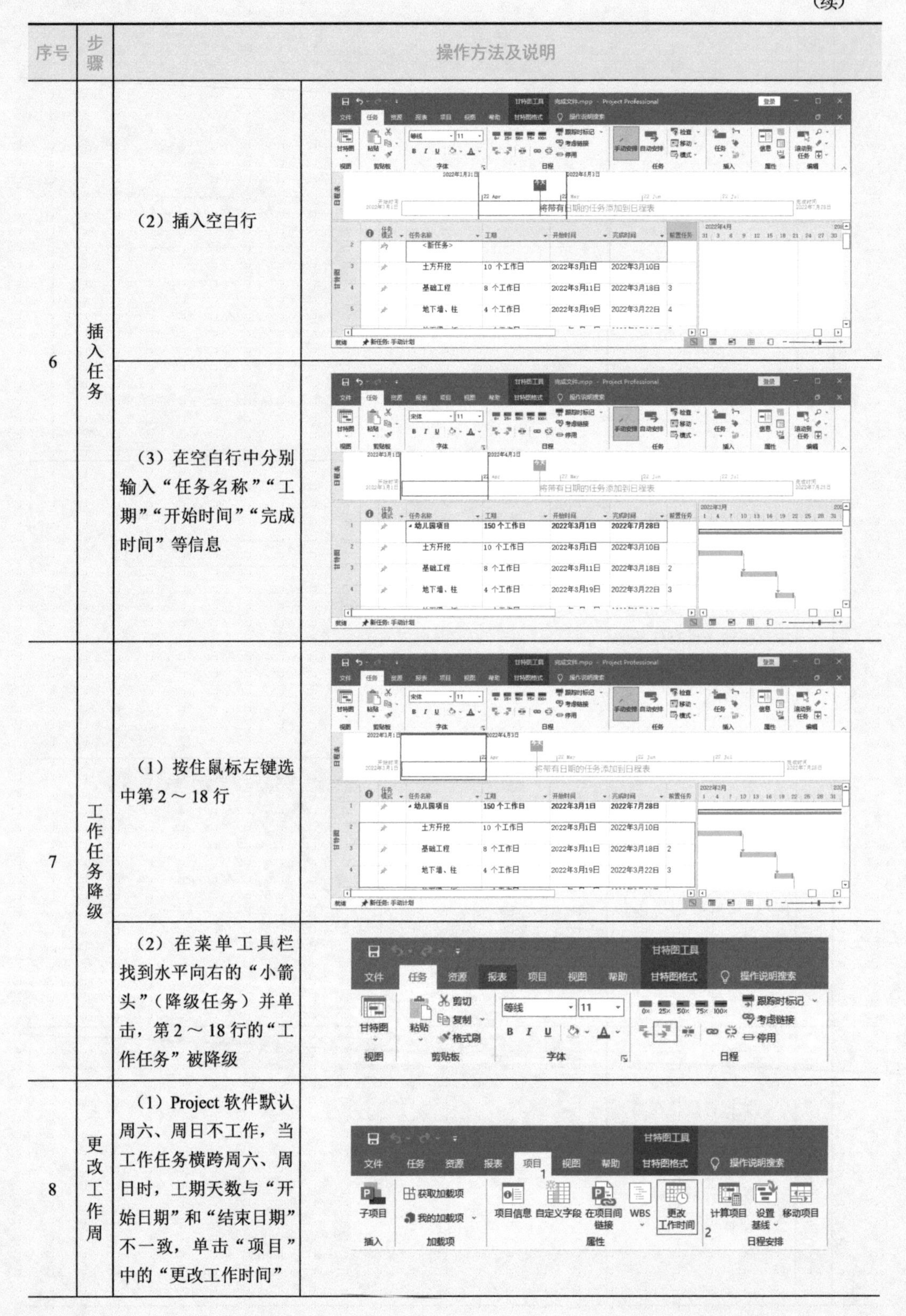

序号	步骤	操作方法及说明
6	插入任务	（2）插入空白行
		（3）在空白行中分别输入“任务名称”“工期”“开始时间”“完成时间”等信息
7	工作任务降级	（1）按住鼠标左键选中第 2～18 行
		（2）在菜单工具栏找到水平向右的“小箭头”（降级任务）并单击，第 2～18 行的“工作任务”被降级
8	更改工作周	（1）Project 软件默认周六、周日不工作，当工作任务横跨周六、周日时，工期天数与“开始日期”和“结束日期”不一致，单击“项目”中的“更改工作时间”

（续）

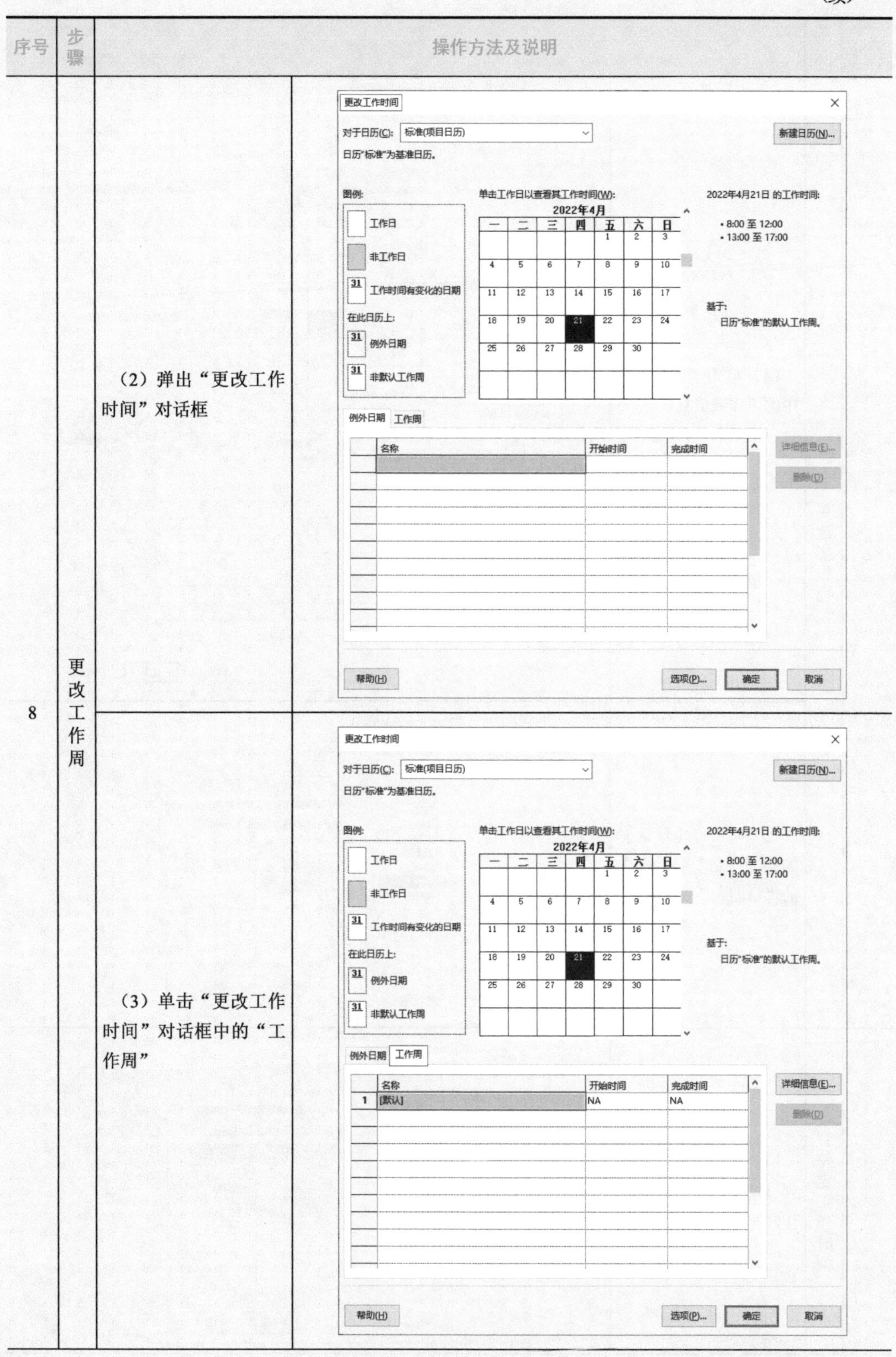

序号	步骤	操作方法及说明	
8	更改工作周	（2）弹出“更改工作时间”对话框	
		（3）单击“更改工作时间”对话框中的“工作周”	

（续）

序号	步骤	操作方法及说明	
8	更改工作周	（4）单击“工作周”中的“详细信息”	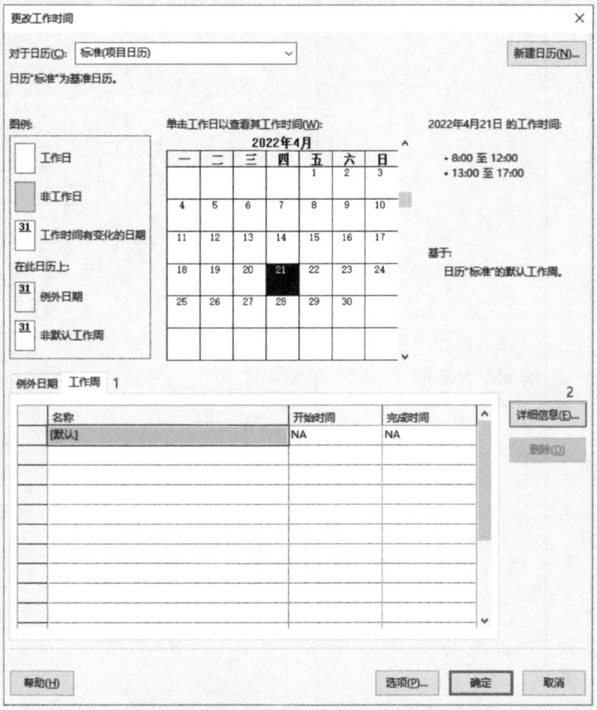
		（5）单击“‘[默认]’的详细信息”对话框中的“星期六”	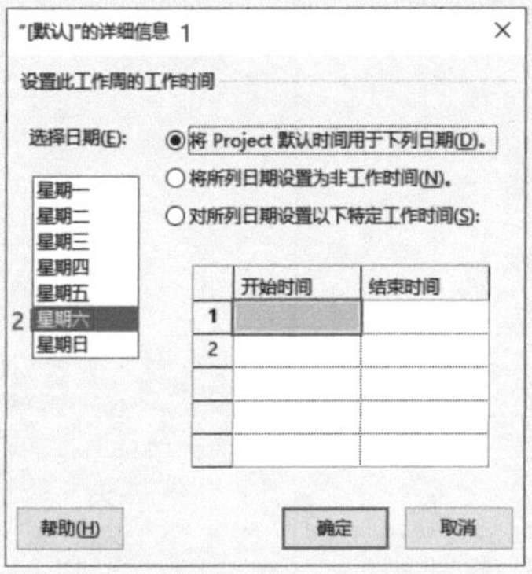
9	设置特定工作时间	（1）单击选中“对所列日期设置以下特定工作时间（S）”	

（续）

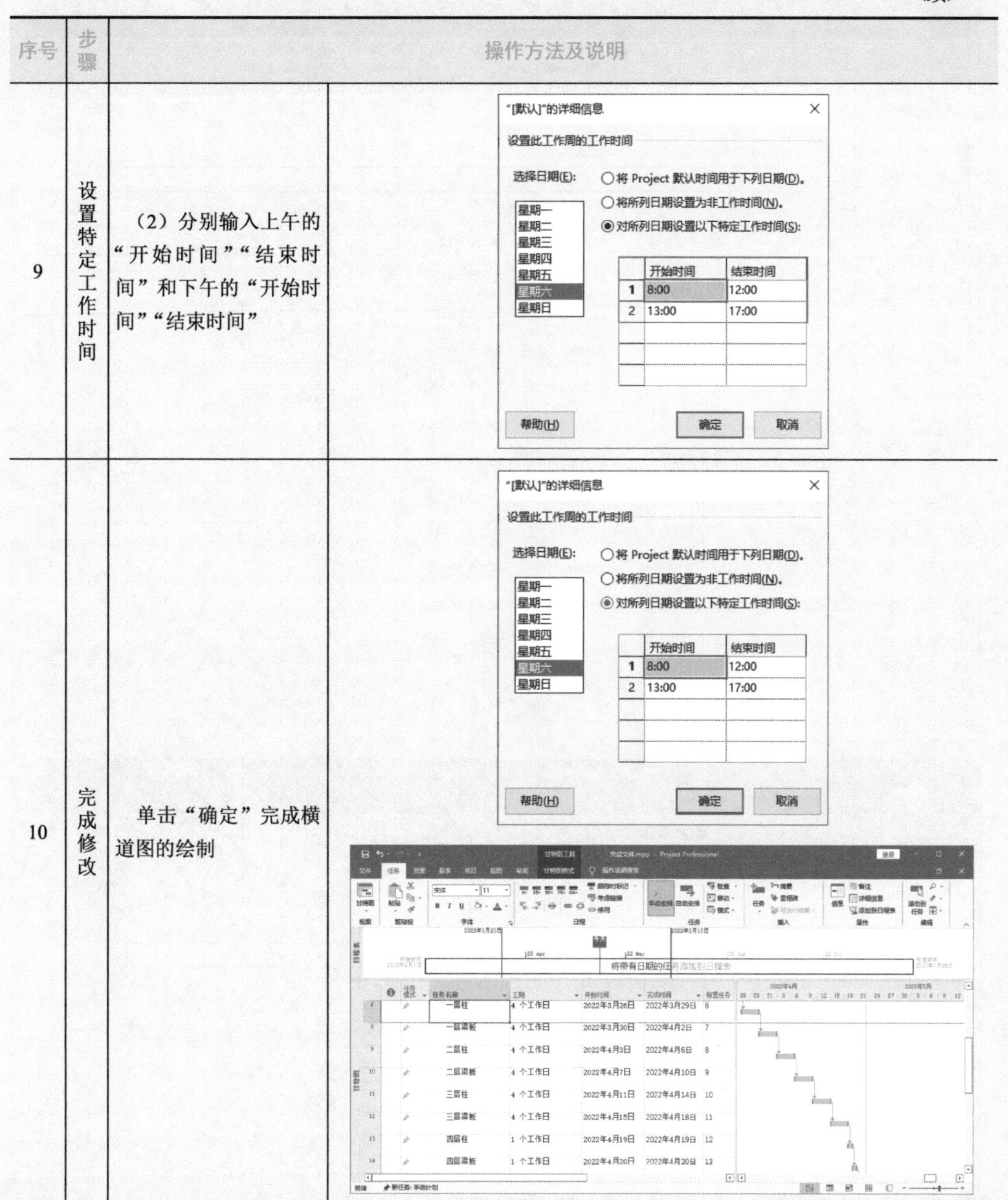

序号	步骤	操作方法及说明	
9	设置特定工作时间	（2）分别输入上午的"开始时间""结束时间"和下午的"开始时间""结束时间"	
10	完成修改	单击"确定"完成横道图的绘制	

问题情境一

在 Project 软件中，如果横道图显示区的横道显示不全，只有部分横道图，如图 B-1 所示，如何操作使横道图放大或缩小，使图形显示完整呢？

解答： 鼠标定位在横道图显示区域，按住〈Ctrl〉键，同时滚动鼠标滚轮可以放大或缩小横道图样式，调整到合适大小，如图 B-2 所示。

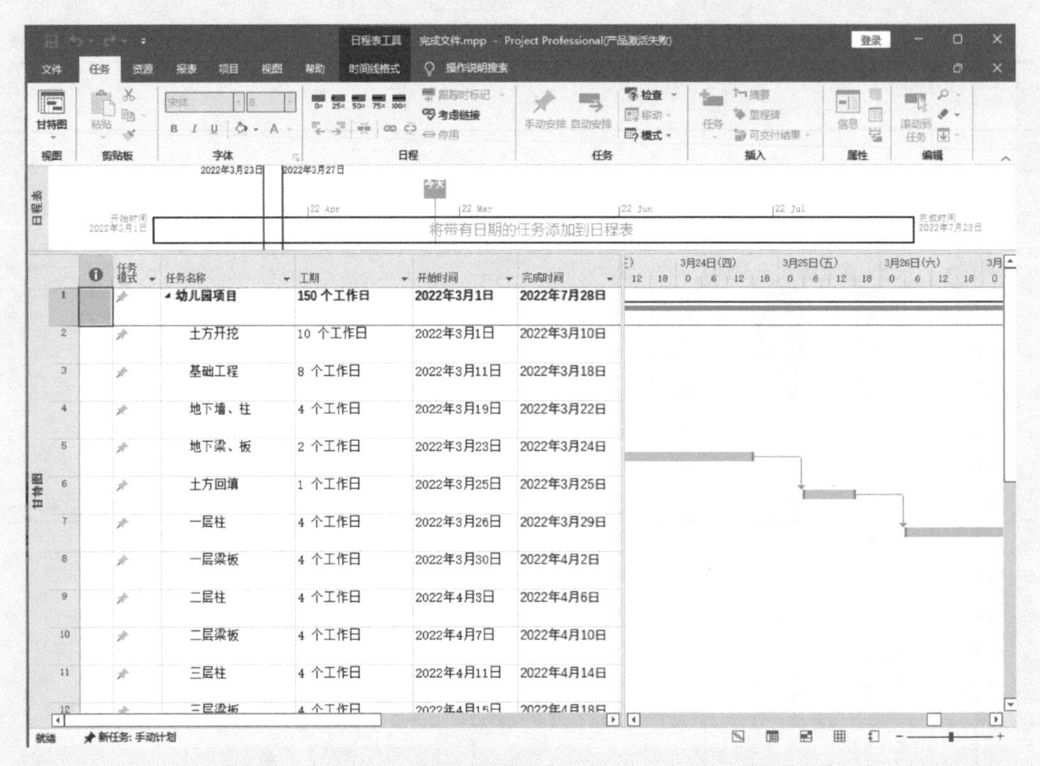
日程表工具
完成文件.mpp - Project Professional(产品激活失败)
登录
文件
任务
资源
报表
项目
视图
帮助
时间线格式
操作说明搜索
甘特图
粘贴
考虑链接
停用
手动安排
自动安排
检查
移动
模式
任务
摘要
里程碑
可交付结果
信息
滚动到任务
视图
剪贴板
字体
日程
任务
插入
属性
编辑
2022年3月23日
2022年3月27日
今天
开始时间 2022年3月1日
将带有日期的任务添加到日程表
完成时间 2022年7月28日
任务模式
任务名称
工期
开始时间
完成时间
幼儿园项目 150 个工作日 2022年3月1日 2022年7月28日
土方开挖 10 个工作日 2022年3月1日 2022年3月10日
基础工程 8 个工作日 2022年3月11日 2022年3月18日
地下墙、柱 4 个工作日 2022年3月19日 2022年3月22日
地下梁、板 2 个工作日 2022年3月23日 2022年3月24日
土方回填 1 个工作日 2022年3月25日 2022年3月25日
一层柱 4 个工作日 2022年3月26日 2022年3月29日
一层梁板 4 个工作日 2022年3月30日 2022年4月2日
二层柱 4 个工作日 2022年4月3日 2022年4月6日
二层梁板 4 个工作日 2022年4月7日 2022年4月10日
三层柱 4 个工作日 2022年4月11日 2022年4月14日
3月24日(四)
3月25日(五)
3月26日(六)
日程表
甘特图
就绪
新任务: 手动计划

图 B-1

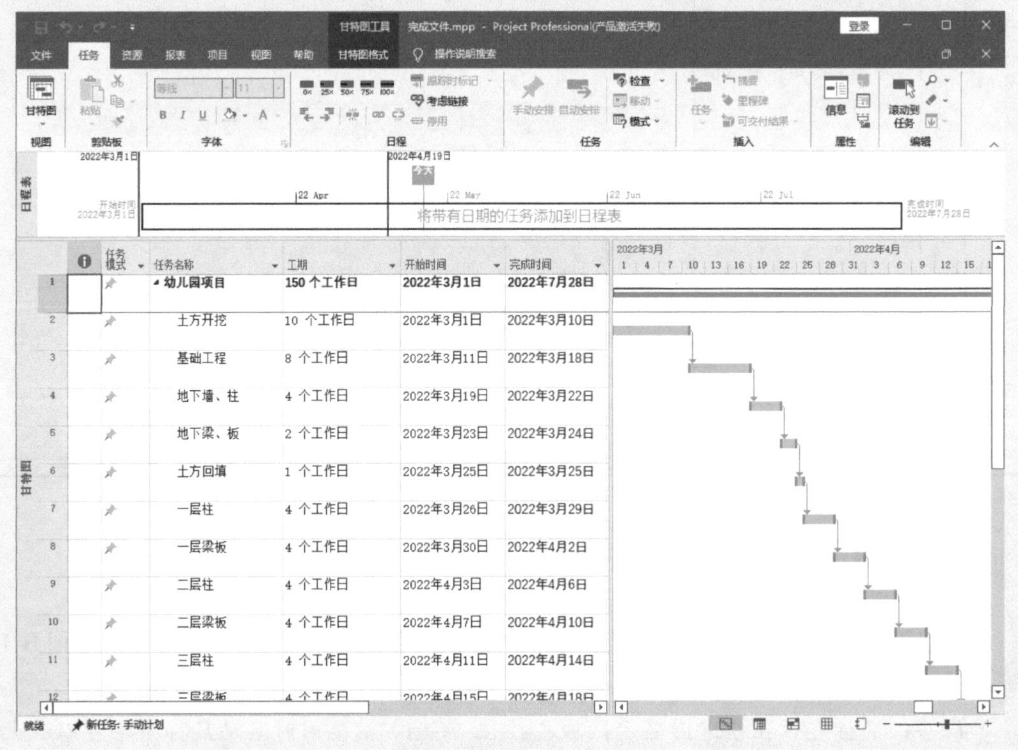
甘特图工具
完成文件.mpp - Project Professional(产品激活失败)
登录
文件
任务
资源
报表
项目
视图
帮助
甘特图格式
操作说明搜索
甘特图
粘贴
考虑链接
停用
手动安排
自动安排
检查
移动
模式
任务
摘要
里程碑
可交付结果
信息
滚动到任务
视图
剪贴板
字体
日程
任务
插入
属性
编辑
2022年3月1日
2022年4月19日
今天
开始时间 2022年3月1日
将带有日期的任务添加到日程表
完成时间 2022年7月28日
任务模式
任务名称
工期
开始时间
完成时间
幼儿园项目 150 个工作日 2022年3月1日 2022年7月28日
土方开挖 10 个工作日 2022年3月1日 2022年3月10日
基础工程 8 个工作日 2022年3月11日 2022年3月18日
地下墙、柱 4 个工作日 2022年3月19日 2022年3月22日
地下梁、板 2 个工作日 2022年3月23日 2022年3月24日
土方回填 1 个工作日 2022年3月25日 2022年3月25日
一层柱 4 个工作日 2022年3月26日 2022年3月29日
一层梁板 4 个工作日 2022年3月30日 2022年4月2日
二层柱 4 个工作日 2022年4月3日 2022年4月6日
二层梁板 4 个工作日 2022年4月7日 2022年4月10日
三层柱 4 个工作日 2022年4月11日 2022年4月14日
2022年3月
2022年4月
日程表
甘特图
就绪
新任务: 手动计划

图 B-2

问题情境二

在 Project 软件中，如何在横道图上添加“开始时间”“完成时间”“工期”“名称”？

解答：（1）选中标题栏中的“甘特图格式”，如图 B-3 所示。

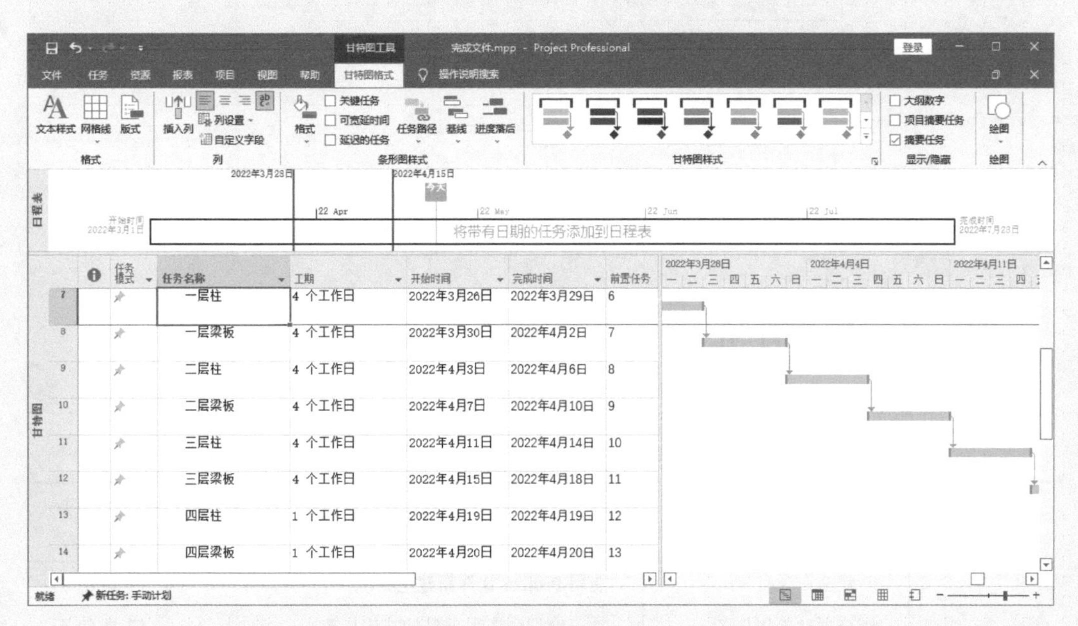

图　B-3

（2）单击“格式”中的“条形图”，如图 B-4 所示。

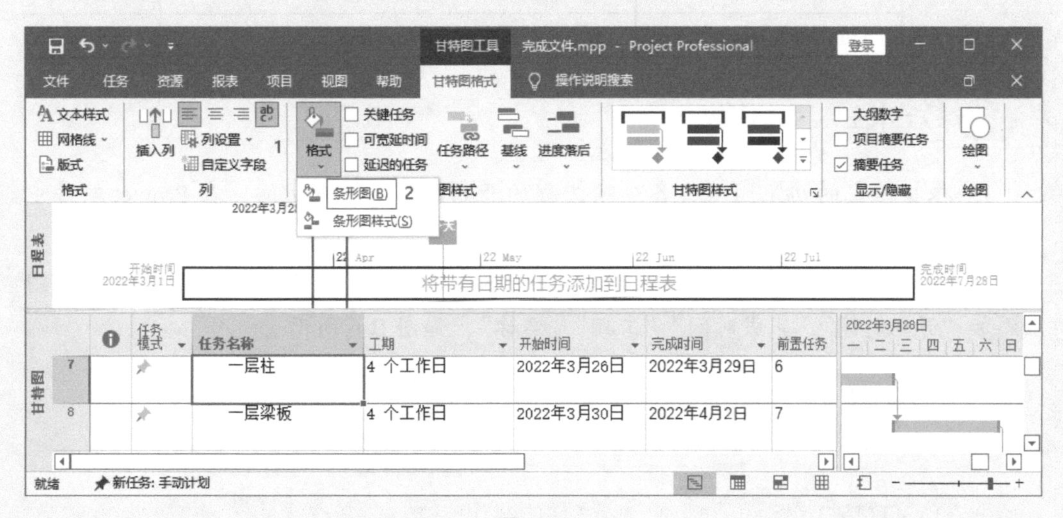

图　B-4

（3）按图 B-5 分别输入“开始时间”“完成时间”“工期”和“名称”，最后单击“确定”。

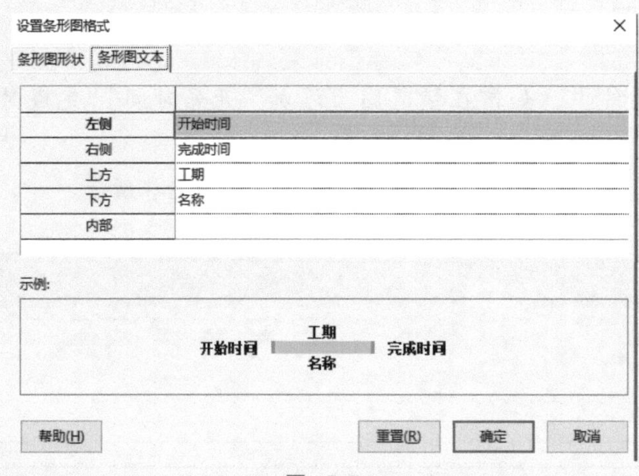

图 B-5

四、学习结果评价

请根据表B-2，完成学习结果的自我评价。

表 B-2 “能使用 Project 软件制订施工进度计划”学习结果自我评价表

评价内容		评价标准	评价结果（是 / 否）
Project	新建空白项目	能用 Project 软件新建空白项目	□是□否
	划分项目工作任务	能正确划分工程项目的工作任务	□是□否
	确定工作任务工期	能正确确定每项工作任务工期	□是□否
	确定前置任务	能正确确定每项工作任务的前置工作任务	□是□否
	设置甘特图格式	能正确按要求设置甘特图格式	□是□否

课后作业

1. 根据给定的幼儿园项目各分项工程的开始时间、结束时间，在 Project 软件中进行输入。

2. 在 Project 软件中，对一层进度计划的各项任务进行“降级任务”，并在横道图上添加“开始时间”“完成时间”“工期”“名称”，如图 B-6 所示。

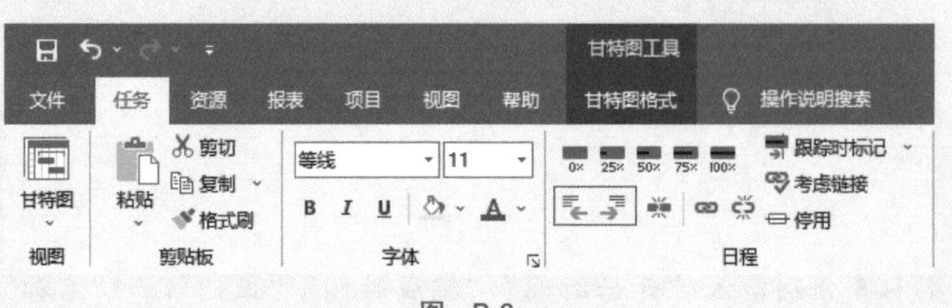

图 B-6

职业能力 B-1-2　能使用 Navisworks 软件集成 4D-BIM 模型

核心概念

4D-BIM 模型：是指四维建筑信息模型，是在 3D-BIM 模型上增加时间轴之后的动态模型。它能将建筑模型的建造进度以动态的形式表现出来。用户可以通过 4D 可视化的展示，了解工程施工过程中所有重要构件的图形仿真；用户也可以根据施工进度在 3D 模型上标示不同颜色，来表达建筑模型构件的实际施工进度。

学习目标

1. 能够将表示施工进度计划的 Project 文件链接于 3D-BIM 模型。
2. 能够将高版本 Project 文件转换为低版本。

课前阅读

2021 年 9 月，徐卫国教授团队应用 3D 打印建造技术，为河北下花园武家庄农户打印了 2 幢住宅。该住宅功能合理、形象美观、结构坚固、生态节能，为 2022 冬奥会 3D 打印产品增添了靓丽的一笔。3D 打印建造技术的应用，大到房屋建造，小到家居饰品，在未来，会有更多的 3D 打印建筑加入这一行列。我们要积极探索 3D 技术在建筑领域的应用，为推动行业进步添砖加瓦。

基本知识

一、施工进度计划的分类及含义

施工进度计划按编制对象的不同可分为：施工总进度计划、单位工程进度计划、分阶段工程（或专项工程）进度计划、分部分项工程进度计划。

1．施工总进度计划是施工组织总设计中的重要内容，它根据施工方案和工程项目的展开程序，对全工地所有工程项目做出时间安排，包括开、竣工日期，工期和搭接关系等。

2．单位工程进度计划是在既定施工方案、工期与各种资源供应条件的基础上，遵循合理的施工顺序对单位工程内部各个施工过程做出的时间、空间方面的安排。单位工程的施工进度计划是施工方案在时间上的正确安排。

3．分阶段工程（或专项工程）进度计划是以工程阶段目标（或专项工程）为编制对象，用以指导其施工阶段（或专项工程）实施过程的进度控制文件。

4．分部分项工程进度计划是针对工程量较大或施工技术比较复杂的分部分项工程，在依据工程具体情况所制定的施工方案的基础上，对其各施工过程所做出的时间安排。

二、施工进度计划的编制原理

施工进度计划的编制原则是：从实际出发，注意施工的连续性和均衡性；按合同规定的工期要求，做到好中求快，提高竣工率，追求综合经济效果。

施工进度计划的编制是按流水作业原理的网络计划方法进行的。流水作业是在分工协作和大批量生产的基础上形成的一种科学的生产组织方法。这样既保证了各施工队伍工作的连续性，又使后一道工序能提前插入施工，充分利用了空间，又争取了时间，缩短了工期，使施工能快速且稳定地进行。利用网络计划方法编制施工进度计划，可将整个施工进程联系起来，形成一个有机的整体，反映出各项工作（工程或工序）的工艺联系和组织联系，能为管理人员提供各种有用的管理信息。

能力训练

一、操作条件

1．计算机、Project 软件、Navisworks 软件。

2．1 个实践项目的集合建筑、结构和安装专业的 Navisworks 模型文件，相应项目的 Project 进度计划文件。

二、注意事项

1．检查并确认 Navisworks 模型文件及 Project 进度计划文件是否齐全，是否能有效打开。

2．检查并确认计算机配置是否符合要求：至少要求 Windows 7 系统、8GB 内存。

三、操作过程

将 Project 文件导入 Navisworks 文件中，集成 4D-BIM 模型，见表 B-3。

表 B-3　集成 4D-BIM 模型

序号	步骤	操作方法及说明	
1	打开建筑模型文件	（1）打开建筑模型文件有两种方法，一种是：双击计算机桌面上的“Navisworks Manage 2018”图标	 Navisworks Manage 2018
		另一种是：右击桌面“Navisworks Manage 2018”图标，单击“打开”	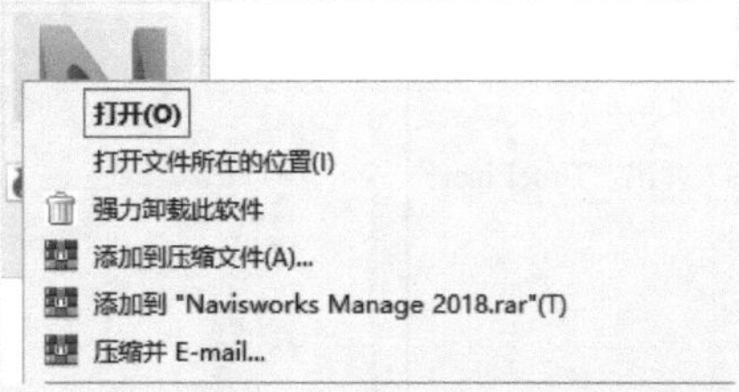 打开(O) 打开文件所在的位置(I) 强力卸载此软件 添加到压缩文件(A)... 添加到 "Navisworks Manage 2018.rar"(T) 压缩并 E-mail...
		（2）进入 Navisworks 软件界面	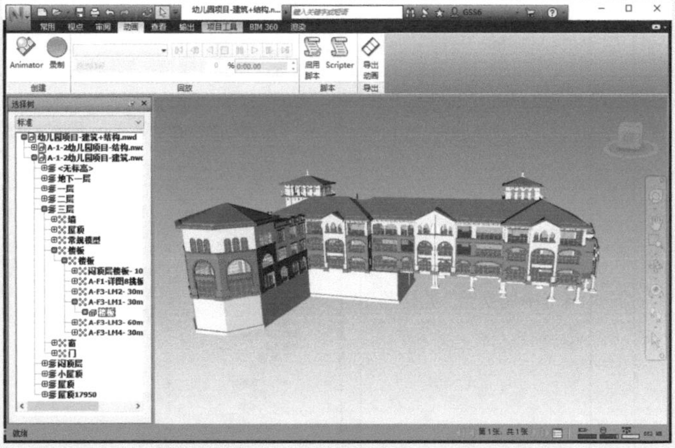
2	打开『TimeLiner』命令	（1）单击菜单栏上的“常用”选项卡	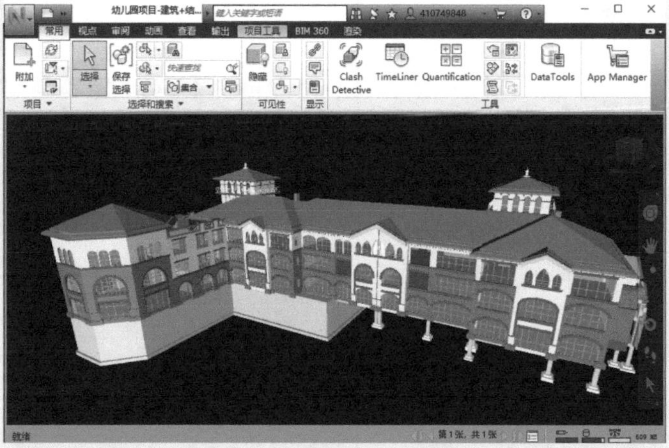

（续）

序号	步骤	操作方法及说明	
2	打开「TimeLiner」命令	（2）单击“常用”选项卡中的“TimeLiner”命令	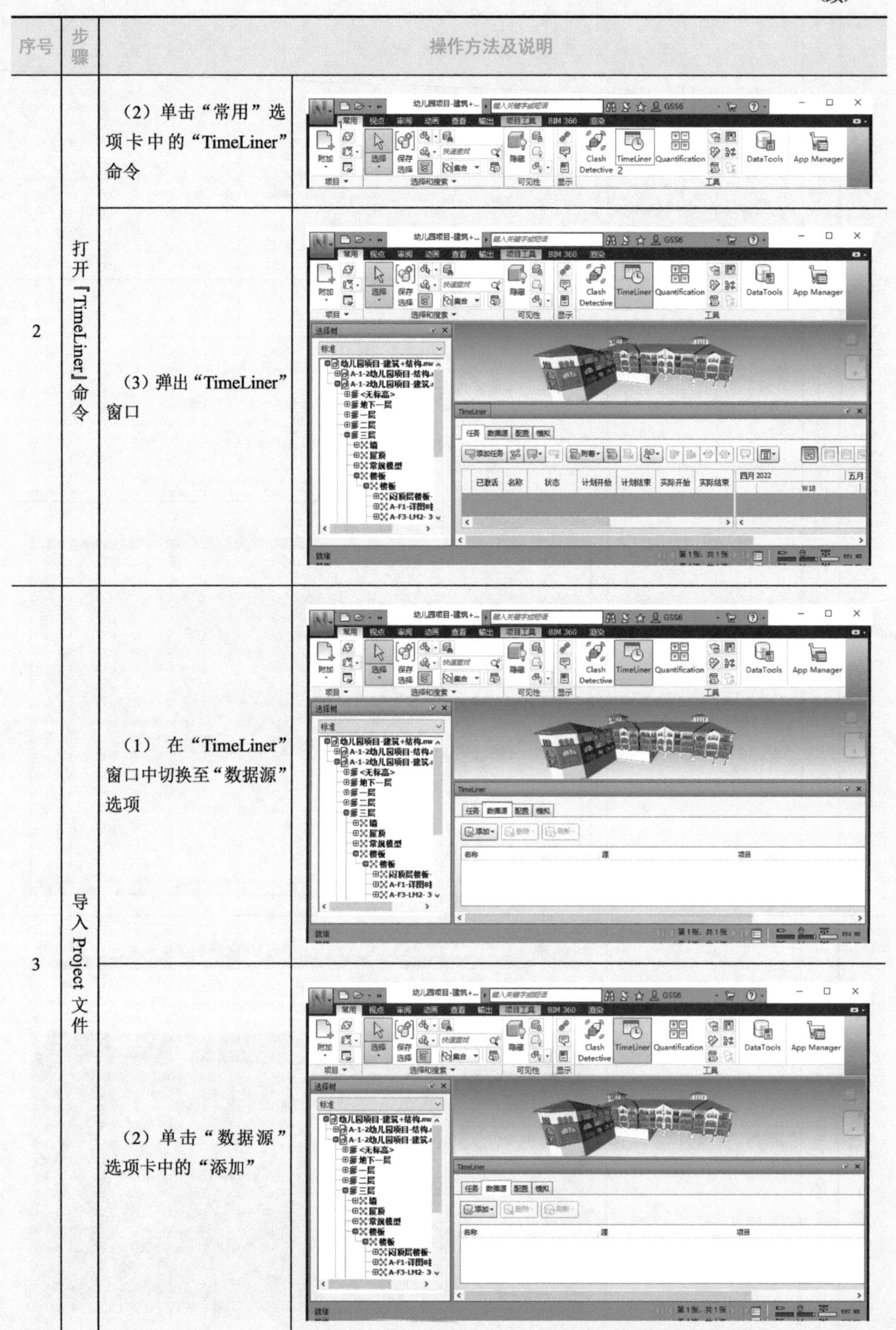
		（3）弹出“TimeLiner”窗口	
3	导入 Project 文件	（1）在“TimeLiner”窗口中切换至“数据源”选项	
		（2）单击“数据源”选项卡中的“添加”	

（续）

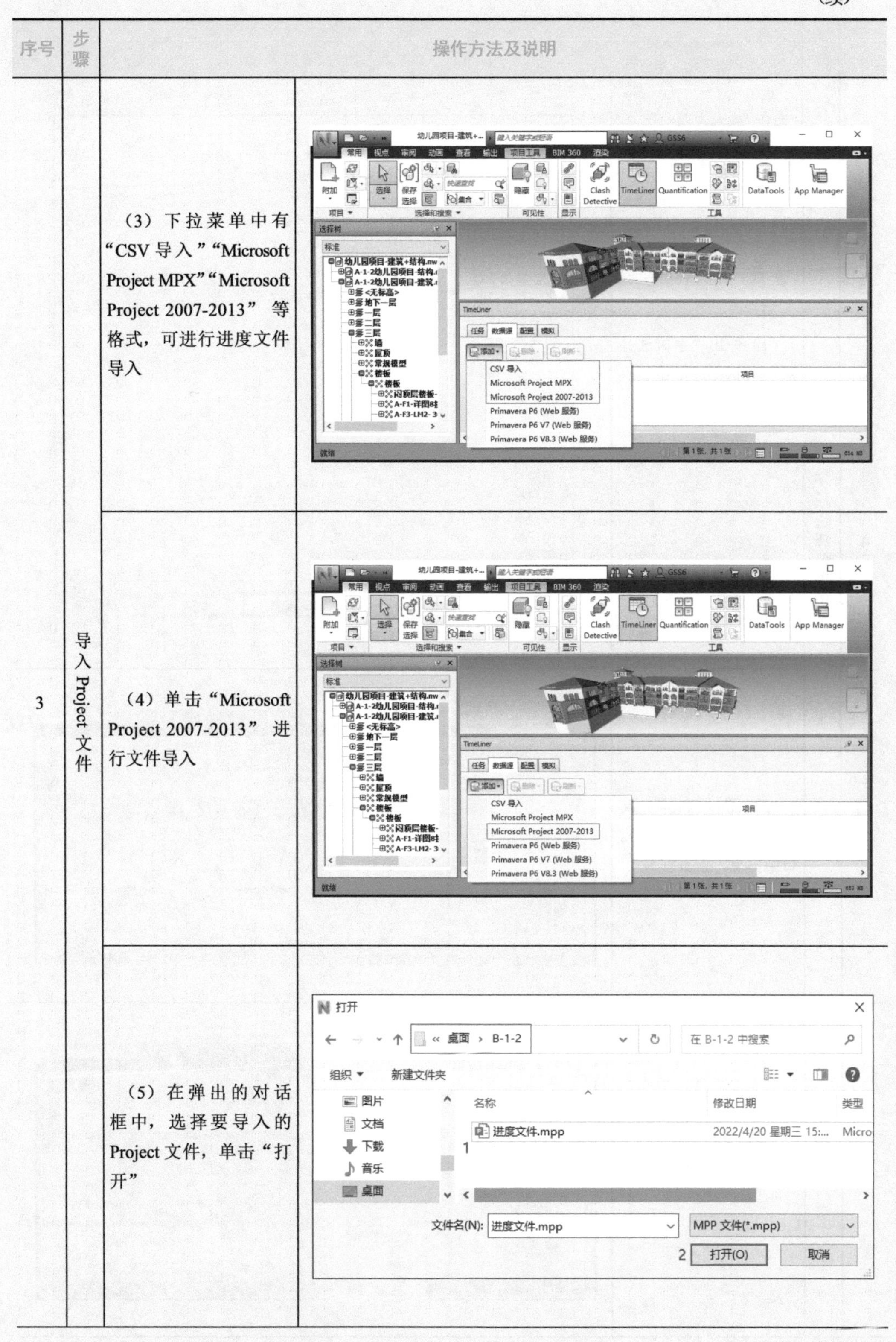

序号	步骤	操作方法及说明	
3	导入Project文件	（3）下拉菜单中有“CSV 导入”“Microsoft Project MPX”“Microsoft Project 2007-2013”等格式，可进行进度文件导入	
		（4）单击“Microsoft Project 2007-2013”进行文件导入	
		（5）在弹出的对话框中，选择要导入的 Project 文件，单击“打开”	

（续）

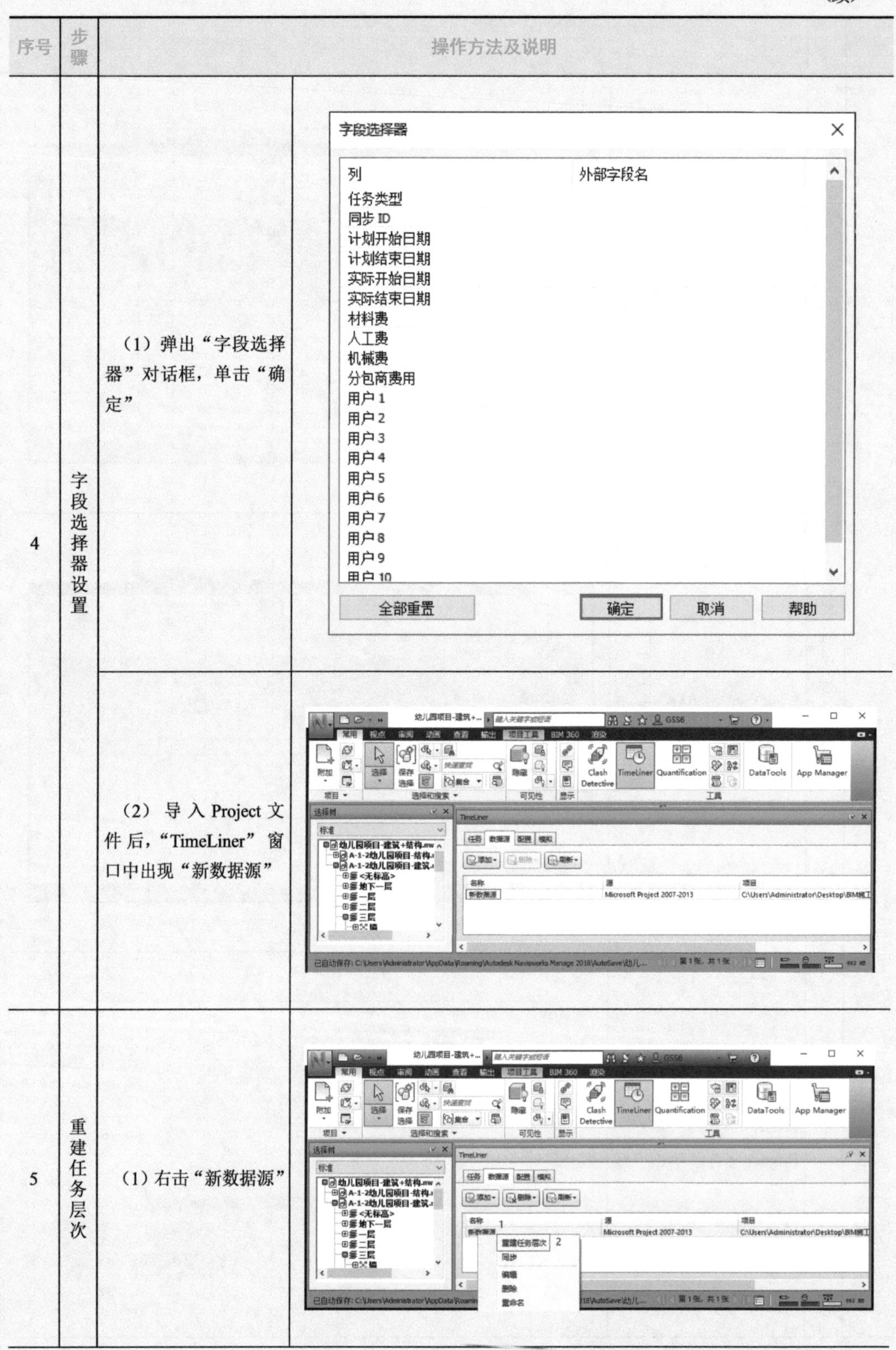

序号	步骤	操作方法及说明	
4	字段选择器设置	（1）弹出“字段选择器”对话框，单击“确定”	
		（2）导入 Project 文件后，“TimeLiner”窗口中出现“新数据源”	
5	重建任务层次	（1）右击“新数据源”	

（续）

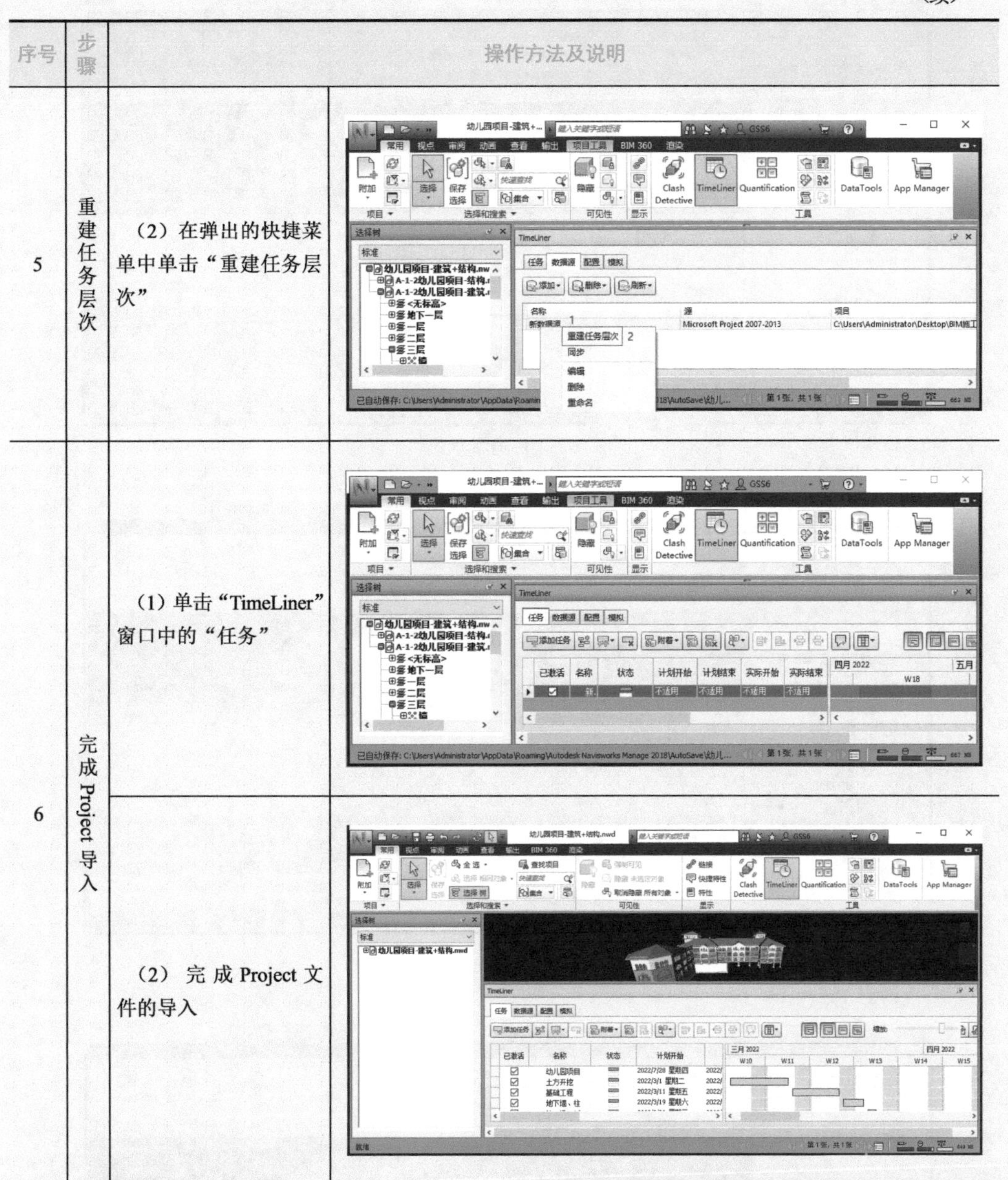

序号	步骤	操作方法及说明	
5	重建任务层次	（2）在弹出的快捷菜单中单击“重建任务层次”	
6	完成 Project 导入	（1）单击“TimeLiner”窗口中的“任务”	
		（2）完成 Project 文件的导入	

问题情境一

在 Navisworks 软件中，如何添加幼儿园项目的“名称”“计划开始”“计划结束”？

解答：（1）单击“常用”→“工具”→“TimeLiner”中的“任务”，如图 B-7 所示。

（2）单击“添加任务”，如图 B-8 所示。

（3）输入“名称”“计划开始”“计划结束”“实际开始”“实际结束”等信息，如图 B-9 所示。

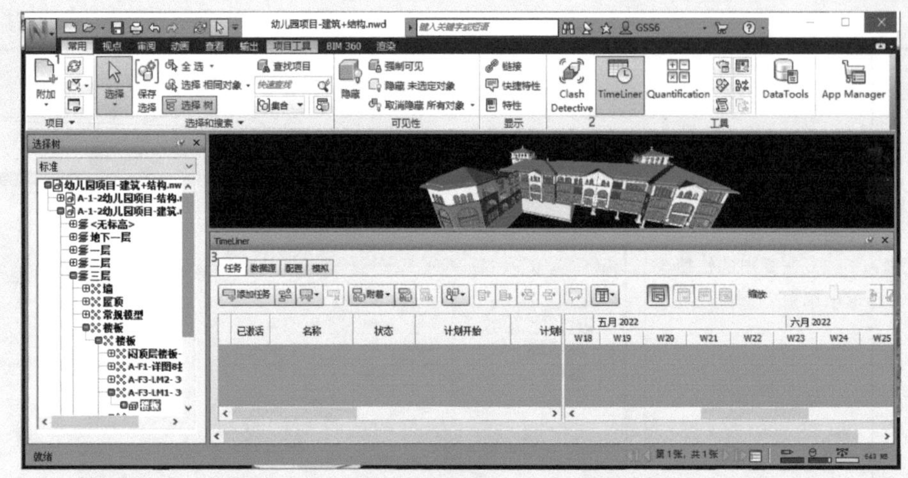

图 B-7

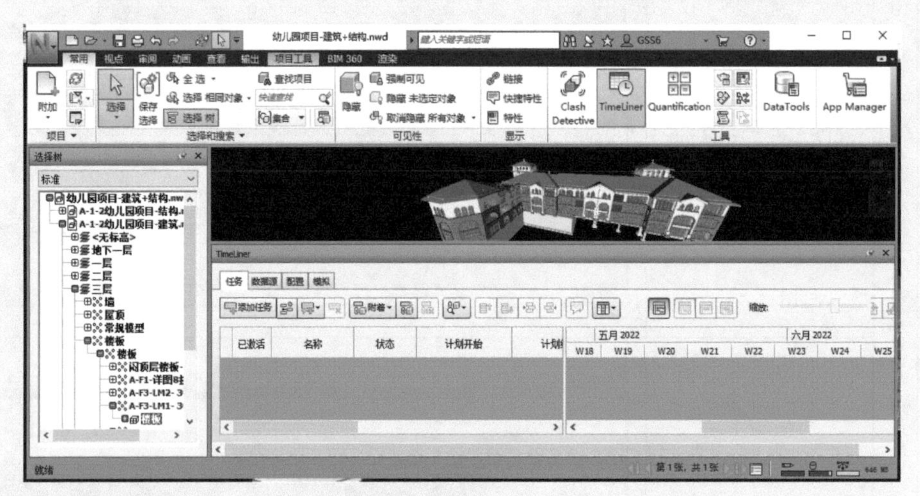

图 B-8

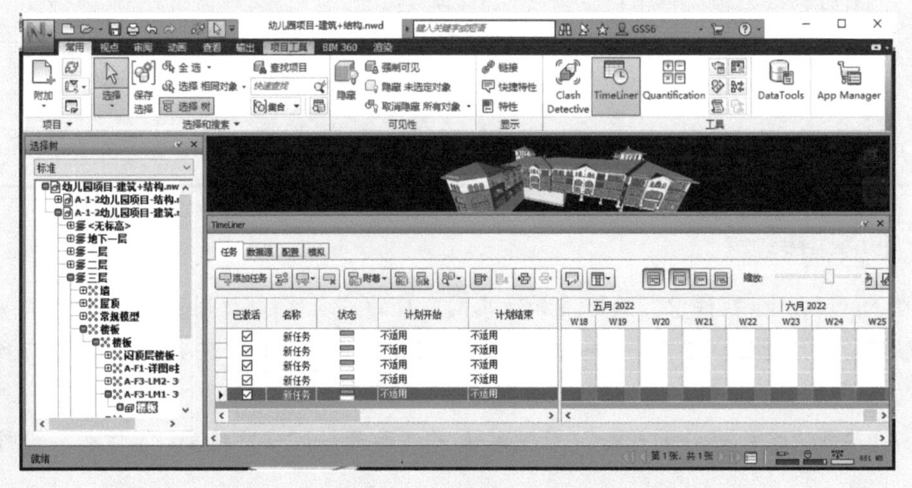

图 B-9

问题情境二

在 Navisworks 软件中，链接已制订好施工计划的幼儿园项目的 Project 文件时，若 Project 版本过高无法链接，应该如何处理 Project 文件才能完成链接?

解答:（1）打开 Project 项目文件，如图 B-10 所示。

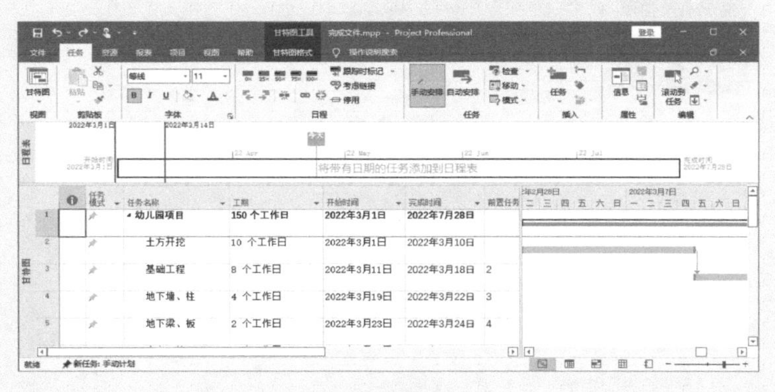

图　B-10

（2）单击“文件”，如图 B-11 所示。

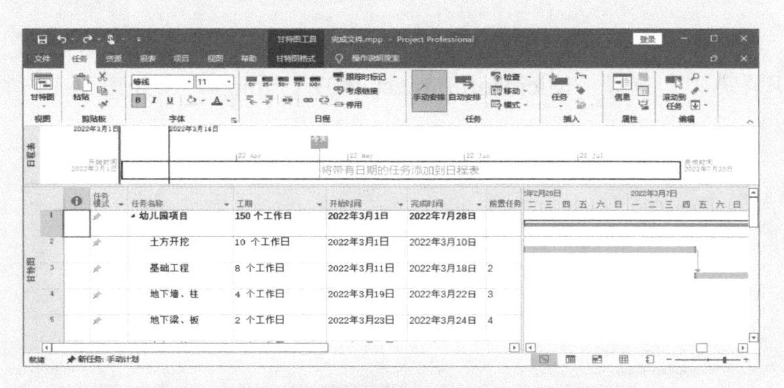

图　B-11

（3）单击“另存为”，如图 B-12 所示。

图　B-12

（4）选择保存位置“这台电脑”，如图 B-13、图 B-14 所示。

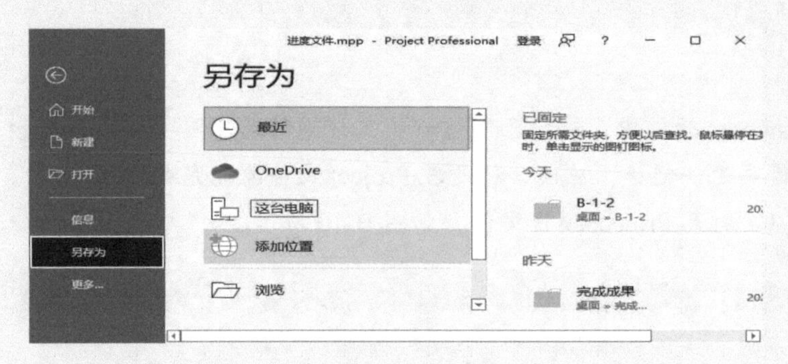

图 B-13

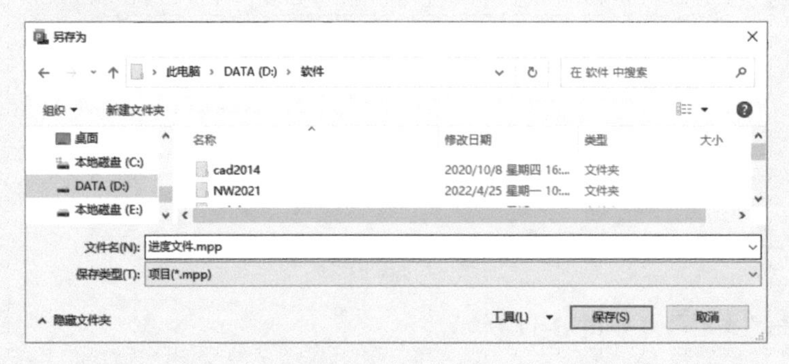

图 B-14

（5）“保存类型”选择“Microsoft Project 2007（*.mpp）”，如图 B-15 所示。

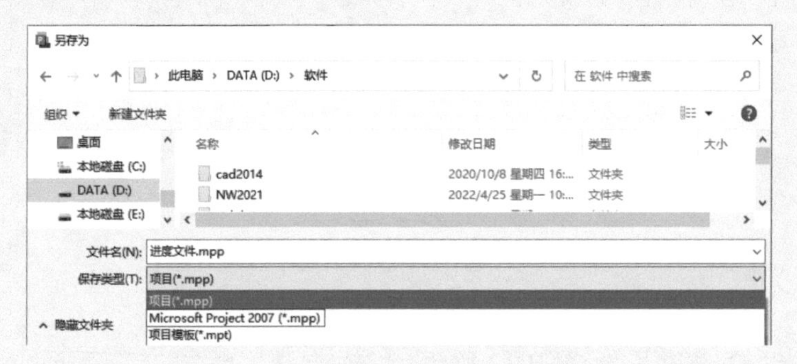

图 B-15

（6）单击“保存”，如图 B-16 所示。

图 B-16

四、学习结果评价

请根据表 B-4，完成学习结果的自我评价。

表 B-4　“能使用 Navisworks 软件集成 4D-BIM 模型”学习结果自我评价表

评价内容		评价标准	评价结果（是 / 否）
Navisworks	保存 Project 文件	能用 Project 软件保存为低版本文件	□是□否
	打开 Navisworks 模型文件	能用 Navisworks 软件打开模型文件	□是□否
	导入 Project 文件	能用 Navisworks 软件正确导入 Project 文件	□是□否

课后作业

1. 将 Project 2019 版编制的“幼儿园项目 .mpp”进度文件导入到 Navisworks 软件中，并保存为“幼儿园项目 4D.nwd”文件。

2. 在 Navisworks 软件中，如图 B-17 所示，按图示信息修改幼儿园项目的“计划开始”“计划结束”时间。

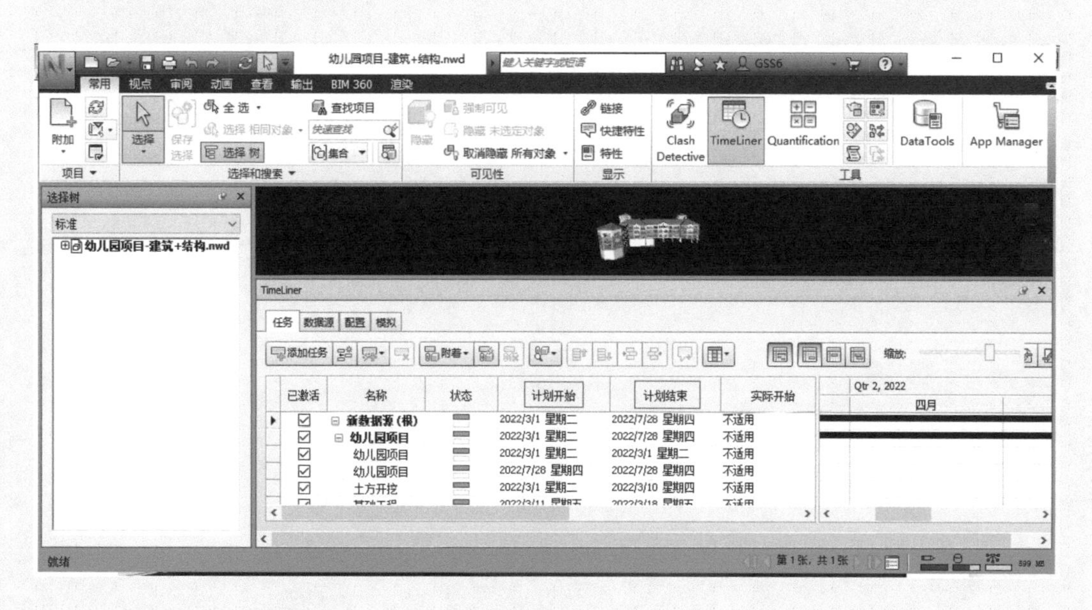

图　B-17

工作任务 B-2　基于 BIM 技术管理进度

职业能力 B-2-1　能基于 BIM 模型模拟施工动画

核心概念

施工模拟动画：是指在虚拟施工三维场景中，从任意角度、距离用动态交互方式，对施工过程和施工工艺真实模拟的活动影像。在建立的 BIM 模型和场景中，按要求设定模型的运动轨迹、虚拟摄影机的运动参数，为模型赋上特定的材质和灯光，让计算机自动生成模拟画面。它是建筑施工过程的提前预演，可提前让施工人员了解复杂的施工技术，为施工提供安全质量保证。

学习目标

1. 能够结合 Project 文件内容在 Navisworks 软件中建立集合。
2. 能够利用 Navisworks 软件输出施工模拟动画。

课前阅读

习近平总书记强调“绿水青山就是金山银山”。生态环境是人类生存和发展的根基，生态环境变化直接影响我们每一个人。尤其是在全球变暖及自然灾害频发的当下，我们更应该爱护和保护生态环境。施工过程中会产生各种污染，包括噪声污染、水污染、空气污染等，但是我们可以通过科学管理和技术进步，最大限度地减少对环境的负面影响。我们要从自身做起，日常工作中注意保护环境，还世界一个蓝天。

基本知识

一、工程施工动画的制作流程

根据实际制作流程，一个完整的影视类施工动画的制作，总体上可分为前期制作、片段制作与后期合成三个部分。

1. 前期制作。前期制作是指在使用计算机制作前，对动画片进行的规划与设计，主要包括：文学剧本创作、分镜头剧本创作、造型设计、场景设计。

2. 片段制作。根据前期制作，在计算机中通过相关制作软件制作出动画片段，制作流程为：建模、设置材质、设置灯光、制定动画、摄影机控制、渲染等，这是三维动画的制作特色。

3. 后期合成。影视类三维动画的后期合成，主要是将之前所做的动画片段、声音等素材，按照分镜头剧本的设计，通过非线性编辑软件的编辑，最终生成动画影视文件。

二、常用施工动画软件介绍

1. Lumion，是一款简单易懂，极易上手的实时渲染软件，渲染速度非常快。它将工作流程快速和高效地结合在一起，能节省时间、精力和开发成本。通过这款软件，能够直接在计算机上创建虚拟现实环境，通过GPU高速渲染方式生成漫游动画。目前，快捷高效的Lumion已经在建筑、景观、室内等行业占有一席之地。

2. 3d Max，是目前流行、使用广泛的三维动画软件。随着施工生产的需求及行业发展的需要，一些施工单位在招投标、施工过程等环节，运用3d Max制作三维动画视频，将较为复杂的施工过程形象生动而又简单地展示出来，为企业树立良好的形象，增加企业美誉度。

3. VRay，是业界最受欢迎的渲染引擎。渲染器提供了一种特殊的材质VRayMtl，在场景中使用该材质能够获得更加准确的物理照明，更快捷地调节反射和折射参数，更快地完成渲染。使用VRayMtl，可以应用不同的纹理贴图，控制其反射和折射，增加凹凸贴图和置换贴图等。VRay极具灵活性、易用性，有焦散之王的美誉。

能力训练

一、操作条件

初始文件

学习视频

（制作动画）（导出动画）

1. 计算机、Navisworks软件。

2. 1个实践项目的集合建筑、结构专业的Navisworks模型文件。

二、注意事项

1. 检查并确认Navisworks模型文件是否齐全，是否能有效打开。

2. 检查并确认计算机配置是否符合要求：至少要求Windows 7系统、8GB内存。

三、操作过程

导出施工模拟动画，见表 B-5。

表 B-5　导出施工模拟动画

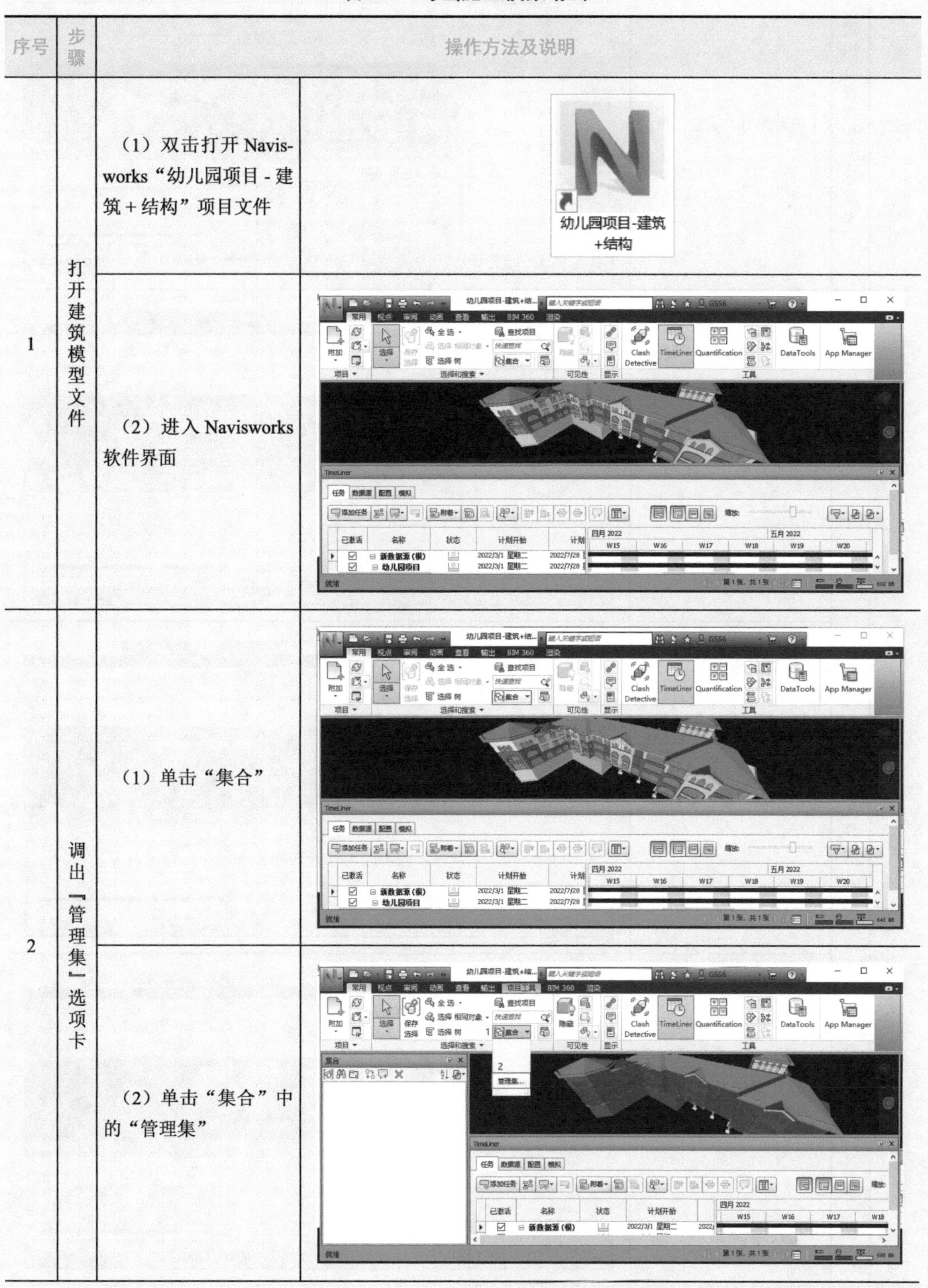

序号	步骤	操作方法及说明	
1	打开建筑模型文件	（1）双击打开 Navisworks“幼儿园项目 - 建筑 + 结构”项目文件	幼儿园项目-建筑+结构
		（2）进入 Navisworks 软件界面	
2	调出『管理集』选项卡	（1）单击“集合”	
		（2）单击“集合”中的“管理集”	

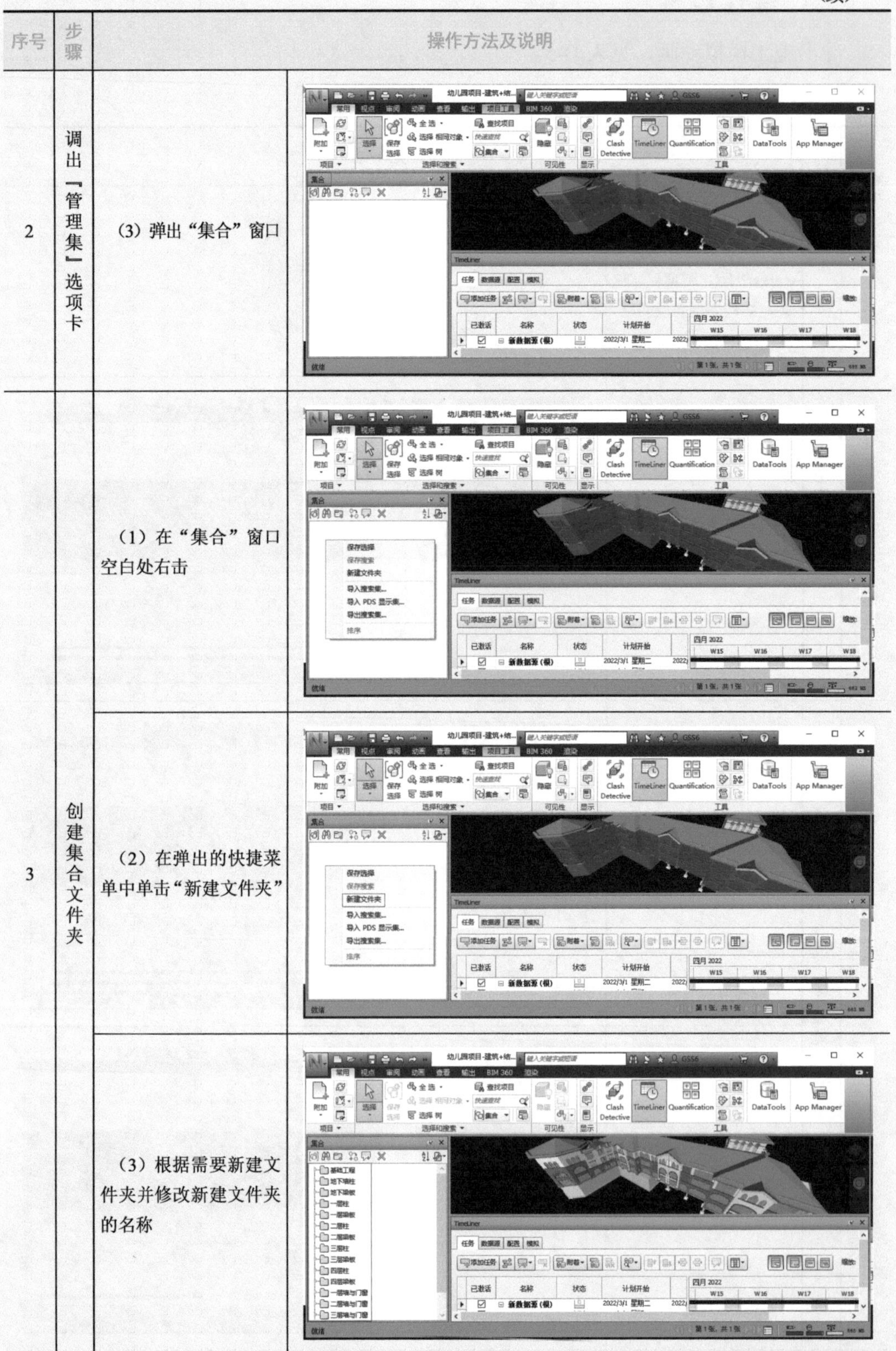

（续）

序号	步骤	操作方法及说明	
2	调出「管理集」选项卡	（3）弹出“集合”窗口	
3	创建集合文件夹	（1）在“集合”窗口空白处右击	
		（2）在弹出的快捷菜单中单击“新建文件夹”	
		（3）根据需要新建文件夹并修改新建文件夹的名称	

（续）

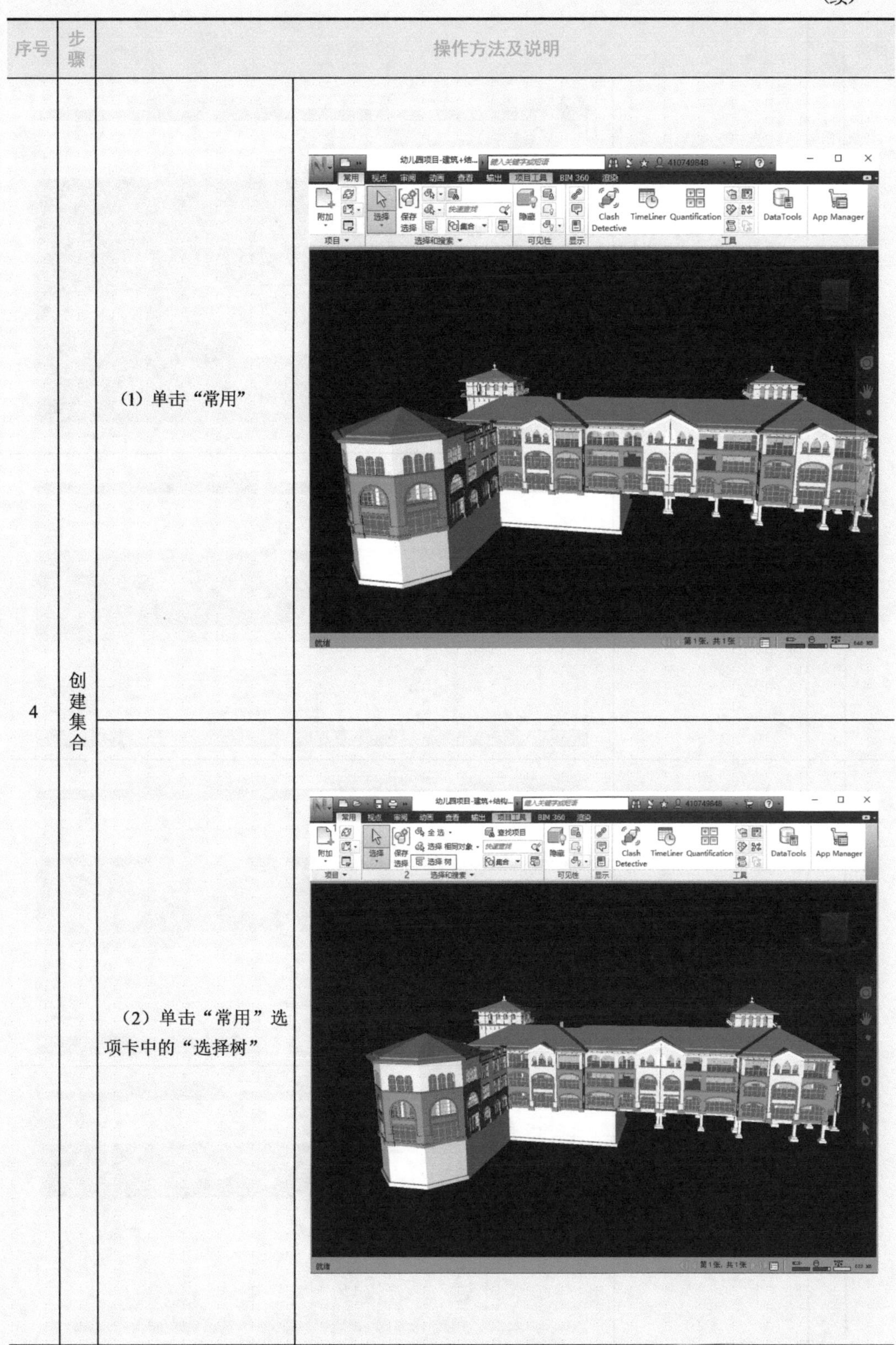

序号	步骤	操作方法及说明	
4	创建集合	（1）单击“常用”	
		（2）单击“常用”选项卡中的“选择树”	

（续）

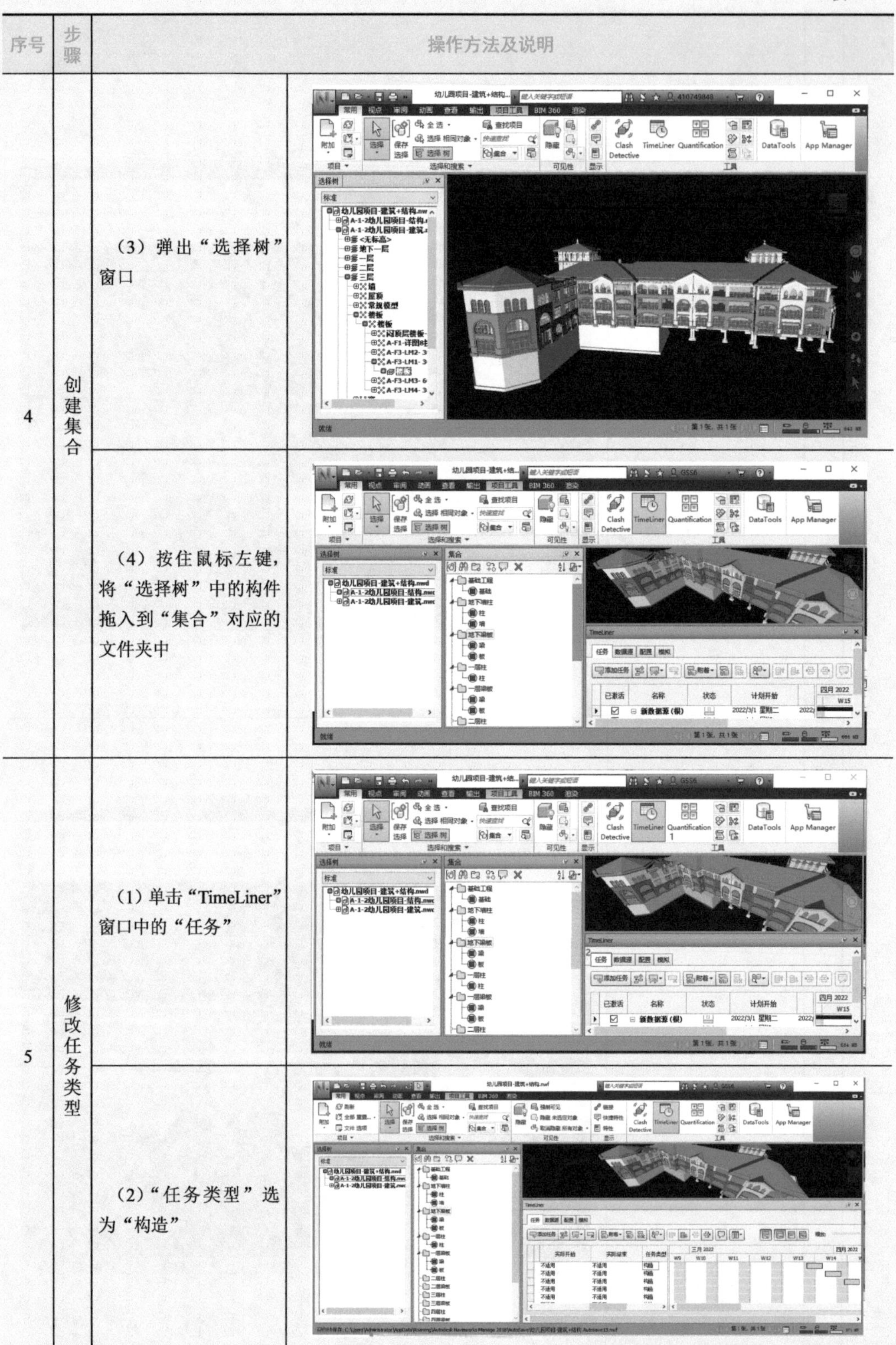

序号	步骤	操作方法及说明	
4	创建集合	（3）弹出“选择树”窗口	
		（4）按住鼠标左键，将“选择树”中的构件拖入到“集合”对应的文件夹中	
5	修改任务类型	（1）单击“TimeLiner”窗口中的“任务”	
		（2）“任务类型”选为“构造”	

（续）

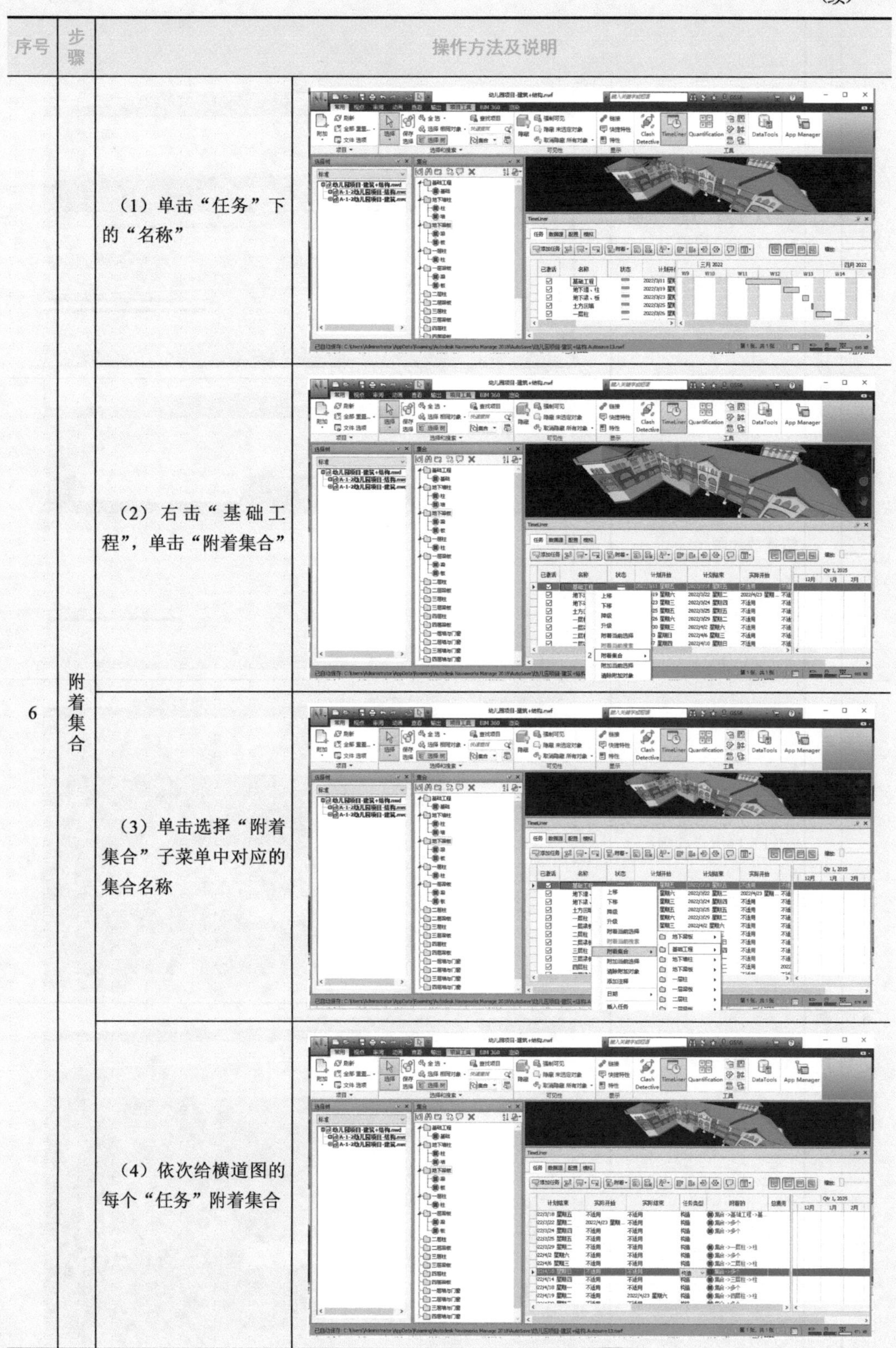

序号	步骤	操作方法及说明	
6	附着集合	（1）单击“任务”下的“名称”	
		（2）右击“基础工程”，单击“附着集合”	
		（3）单击选择“附着集合”子菜单中对应的集合名称	
		（4）依次给横道图的每个“任务”附着集合	

（续）

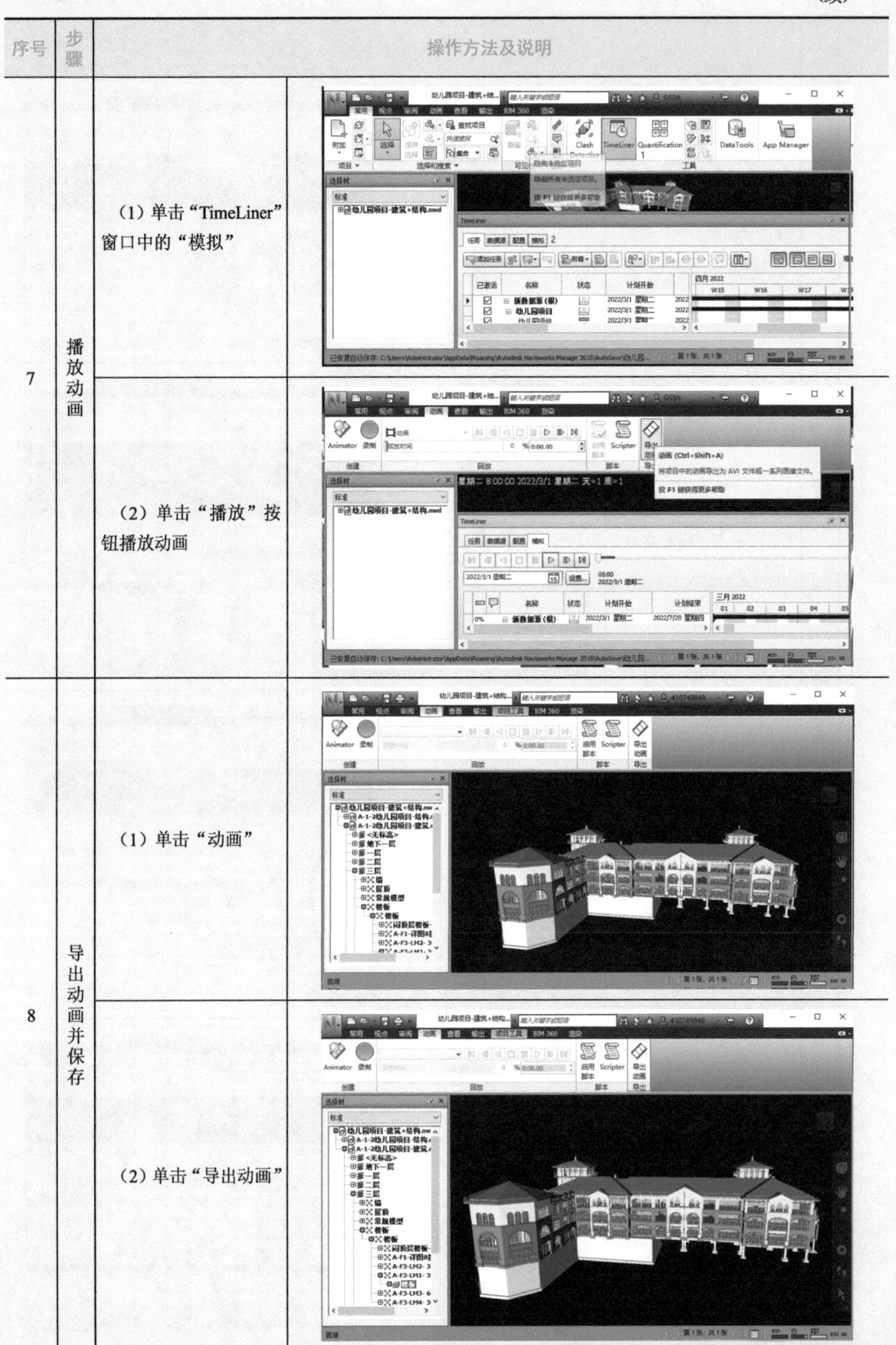

序号	步骤	操作方法及说明	
7	播放动画	（1）单击“TimeLiner”窗口中的“模拟”	
		（2）单击“播放”按钮播放动画	
8	导出动画并保存	（1）单击“动画”	
		（2）单击“导出动画”	

（续）

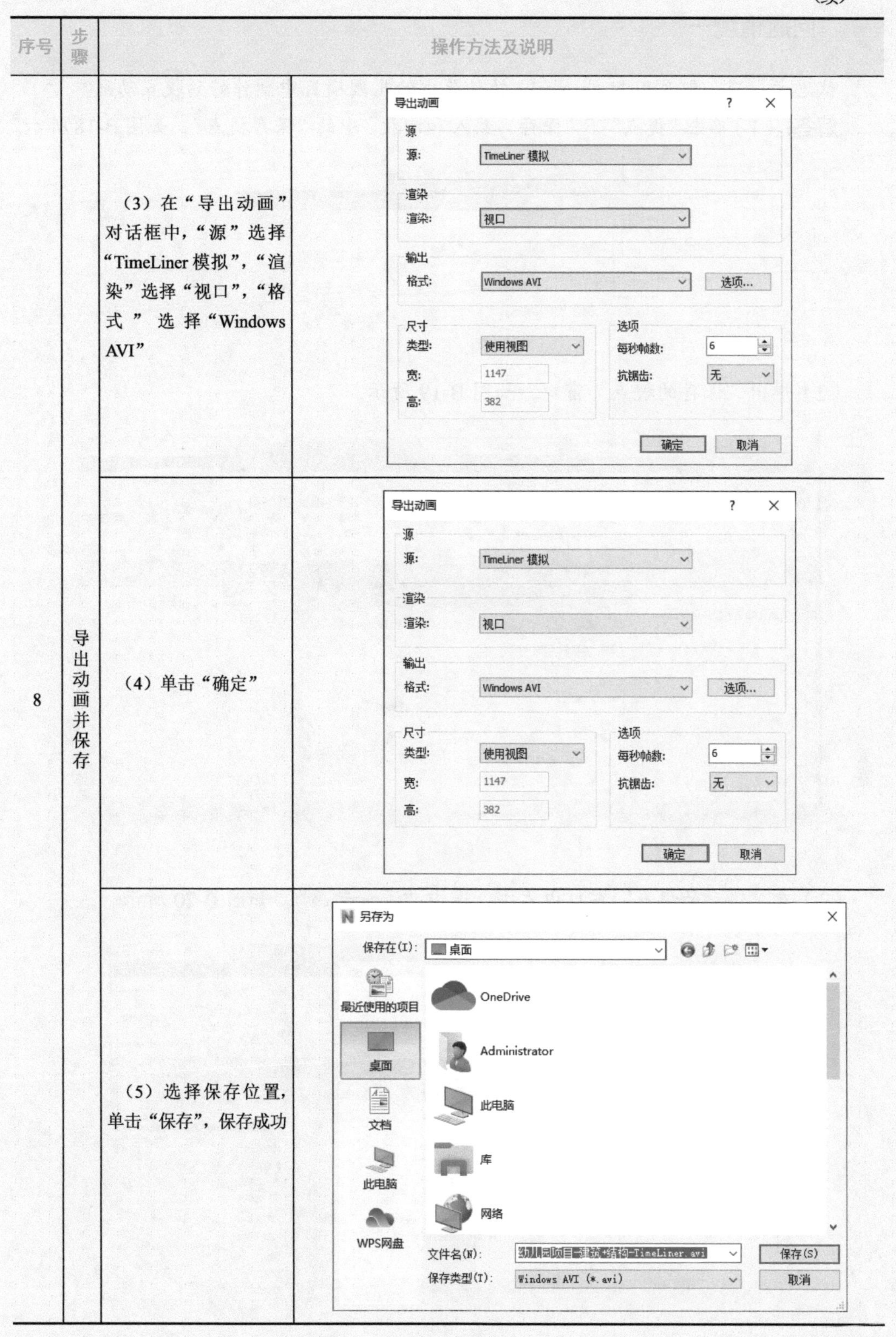

序号	步骤	操作方法及说明	
8	导出动画并保存	（3）在“导出动画”对话框中，“源”选择“TimeLiner 模拟”，“渲染”选择“视口”，“格式”选择“Windows AVI”	
		（4）单击“确定”	
		（5）选择保存位置，单击“保存”，保存成功	

问题情境一

试思考：应如何利用 Navisworks 软件导出幼儿园项目中制作好的视点动画？

解答：（1）单击“视点”下“保存、载入和回放”中的“保存视点”，如图 B-18 所示。

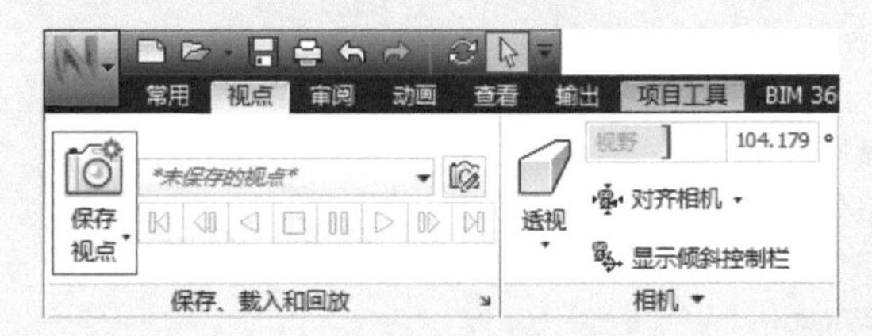

图 B-18

（2）弹出“保存的视点”窗口，如图 B-19 所示。

图 B-19

（3）在“保存的视点”窗口中右击，选中“添加动画”，如图 B-20 所示。

图 B-20

（4）将保存的视图拖进“动画”，如图 B-21 所示。

图　B-21

（5）单击“播放”按钮，播放视点动画，如图 B-22 所示。

图　B-22

（6）单击“动画”下的“导出动画”，如图 B-23 所示。

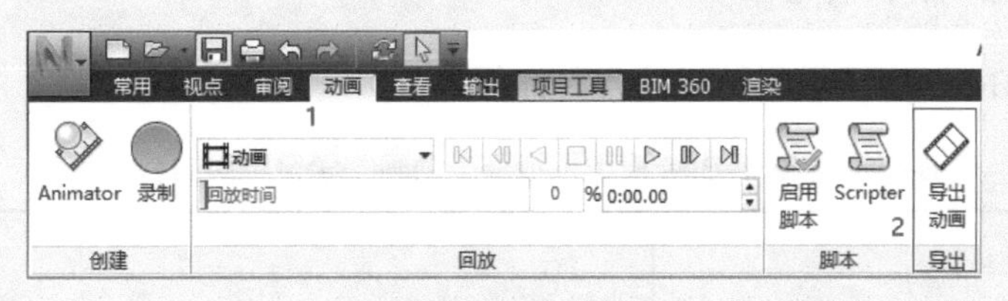

图　B-23

（7）“导出动画”对话框的设置如图 B-24 所示，单击“确定”并选择保存位置。

（8）文件名保存为“幼儿园项目 - 建筑＋结构 -TimeLiner.avi”文件，单击“保存”完成如图 B-25 所示。

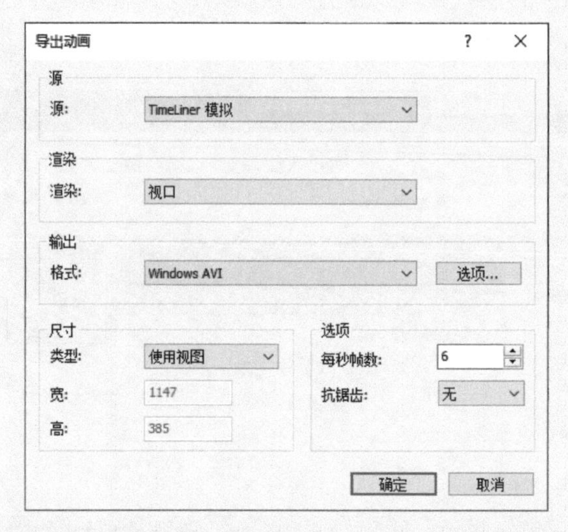

图 B-24

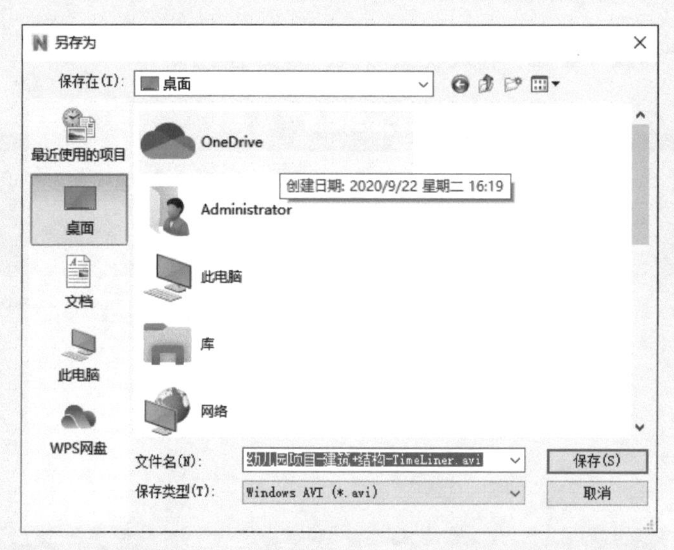

图 B-25

四、学习结果评价

请根据表 B-6，完成学习结果的自我评价。

表 B-6 “能基于 BIM 模型模拟施工动画”学习结果自我评价表

评价内容		评价标准	评价结果（是 / 否）
Navisworks	建立集合	能根据需要建立集合	□是□否
	附着集合	能对“TimeLiner”中的各项任务附着集合	□是□否
	导出动画	能用 Navisworks 软件正确导出动画	□是□否

课后作业

1. 在 Navisworks 软件中，根据给定的“幼儿园项目 - 建筑＋结构 .nwd”模型文件，按导入的 Project 文件，建立并附着集合，如图 B-26 所示。

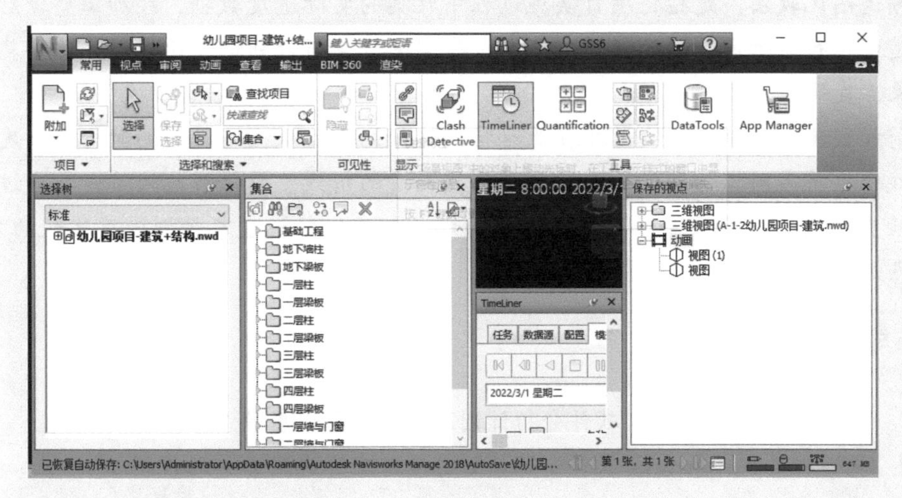

图　B-26

2. 在 Navisworks 软件中，根据给定的“幼儿园项目 - 建筑＋结构 .nwd”模型文件，按室外到室内的路线制作动画，并导出动画文件“幼儿园项目 - 室外至室内动画 .avi”。

职业能力 B-2-2　能基于 BIM 模型分析进度差异

核心概念

横道图比较法：是指将项目实施过程中收集的实际进度数据，经加工整理后直接用横道线平行绘于原计划的横道线下，进行实际进度与计划进度比较的方法。其特点是形象、直观。

前锋线比较法：前锋线是指在原时标网络计划上，从检查时刻的时标点出发，用点划线依次将各项工作实际进度位置点连接而成的折线。前锋线比较法是指通过绘制基本检查时刻工程项目实际进度前锋线，进行工程实际进度与计划进度比较的方法。其特点是适用范围广。

学习目标

1. 能够利用 Navisworks 软件分析计划进度与实际进度的差异。
2. 能够利用 Navisworks 软件制作计划进度与实际进度差异的视频。

课前阅读

我国大兴国际机场，历时 4 年时间、800 亿元投资，是世界规模最大的单体机场航站楼，也是世界施工技术难度最高的航站楼。刷脸登机、行李监控、刷脸问路、智能乘客安检、AR 眼镜旅客识别等应用纷纷落地。大兴国际机场被英国《卫报》誉为“新世界七大奇迹”之首。如今的中国，正以惊人的速度上演着“大国的崛起”，正在用自己的坚持、自己的努力、自己的方式，向世界证明着：我们不仅能“中国制造”，更可以“中国智造”。BIM 技术、物联网、云计算、大数据、VR/AR 等，当前这些富有科技感的词汇，正在数字化、智能化改造浪潮中频显，以人工智能为代表的新一代信息技术与工程建造正深度融合，创造出更多的中国奇迹。我们要认真学好新技术，为中国建造贡献力量。

基本知识

一、横道图比较法步骤

1．编制横道图进度计划。
2．在进度计划上标出检查日期。

3．将检查收集的实际进度数据加工整理后，按比例用涂黑的粗线标于计划进度下方。

4．对比分析实际进度与计划进度。

二、前锋线比较法步骤

1．绘制时标网络计划图。

2．绘制实际进度前锋线。

3．实际进度与计划进度的比较。

4．预测进度偏差对后续工作及总工期的影响。

三、基于 BIM 技术编制进度计划的优势

1．可视化优势。相比传统的横道图、网络图，施工进度模拟更加直观，对整体进度情况反映较好。传统的横道图、网络图在展示时需要不断阅读文字，效率较低；BIM 技术模拟施工进度的展示效果更加直观、形象，能表达的信息量更多，在大量任务并行工作时，其优势尤其显著。

2．信息集成优势。在估算工程量、施工持续时间、施工成本等方面，BIM 的信息集成、调用方便，使用流程清晰，可以提高整个估算过程的速度与准确性，工作流程高效。相比传统方式，基于 BIM 的进度管理，可以更快处理变更，快速进行方案检查，快速规划、分析建造过程，以及快速匹配估算工程量、施工持续时间、施工成本等数据。

3．协调能力突出。BIM 进度模型动画直观生动，可帮助现场各方及时沟通与协调。数据集成的优势是方便进行数据分析，辅助项目部进行决策，方便各方理解进度部署，达成共识。

能力训练

初始文件

学习视频

（分析进度差异）

一、操作条件

1．计算机、Navisworks 软件。

2．1 个实践项目的集合建筑、结构专业的 Navisworks 模型文件。

二、注意事项

1．检查并确认 Navisworks 模型文件、计划文件是否齐全，是否能有效打开。

2．检查并确认计算机配置是否符合要求：至少要求 Windows 7 系统、8GB 内存。

三、操作过程

分析计划进度与实际进度差异，见表 B-7。

表 B-7　分析计划进度与实际进度差异

序号	步骤	操作方法及说明	
1	打开建筑模型文件	（1）双击打开 Navisworks“幼儿园项目 - 建筑 + 结构”文件	 幼儿园项目-建筑+结构
		（2）进入 Navisworks 软件界面	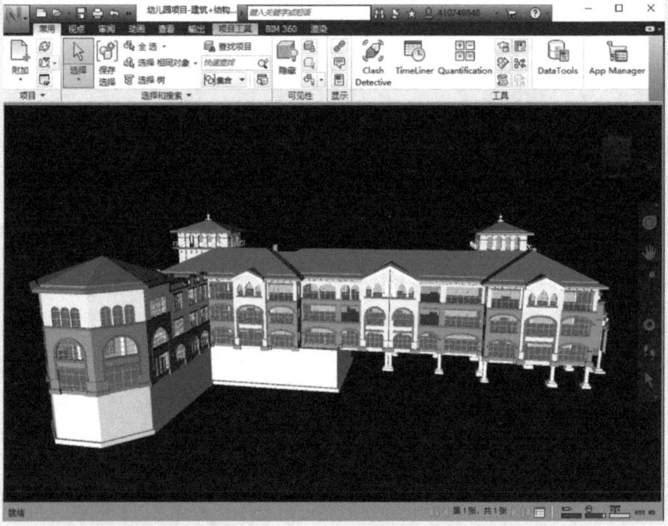
2	调出「实际开始」及「实际结束」列	（1）单击菜单栏上的“常用”选项卡	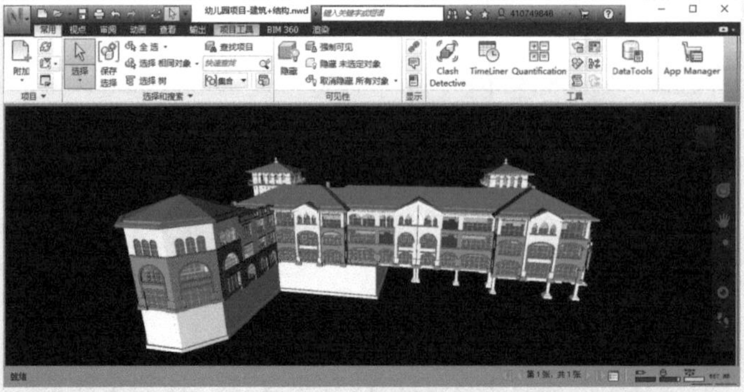

（续）

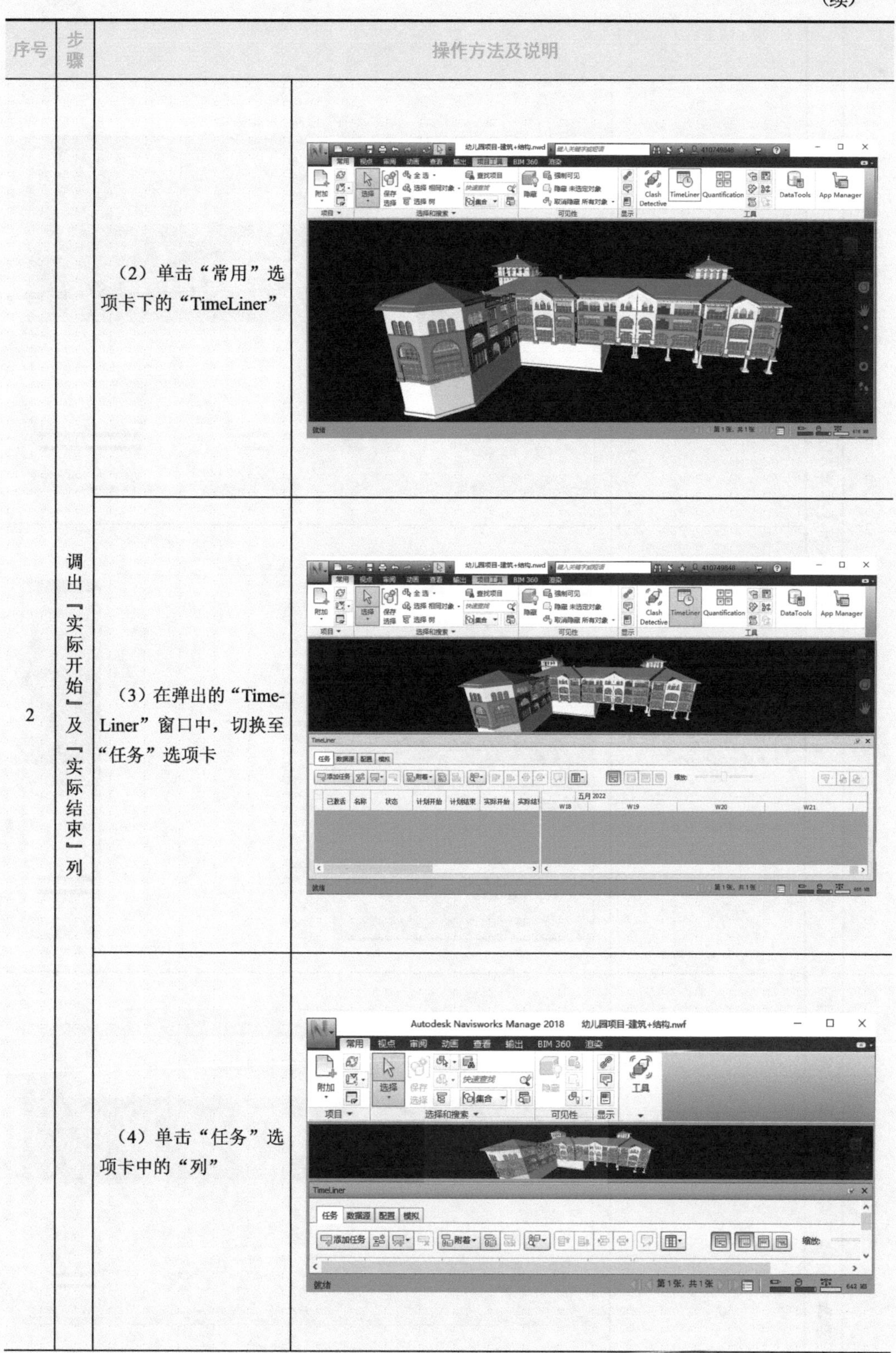

序号	步骤	操作方法及说明	
2	调出「实际开始」及「实际结束」列	（2）单击“常用”选项卡下的“TimeLiner”	
		（3）在弹出的“TimeLiner”窗口中，切换至“任务”选项卡	
		（4）单击“任务”选项卡中的“列”	

(续)

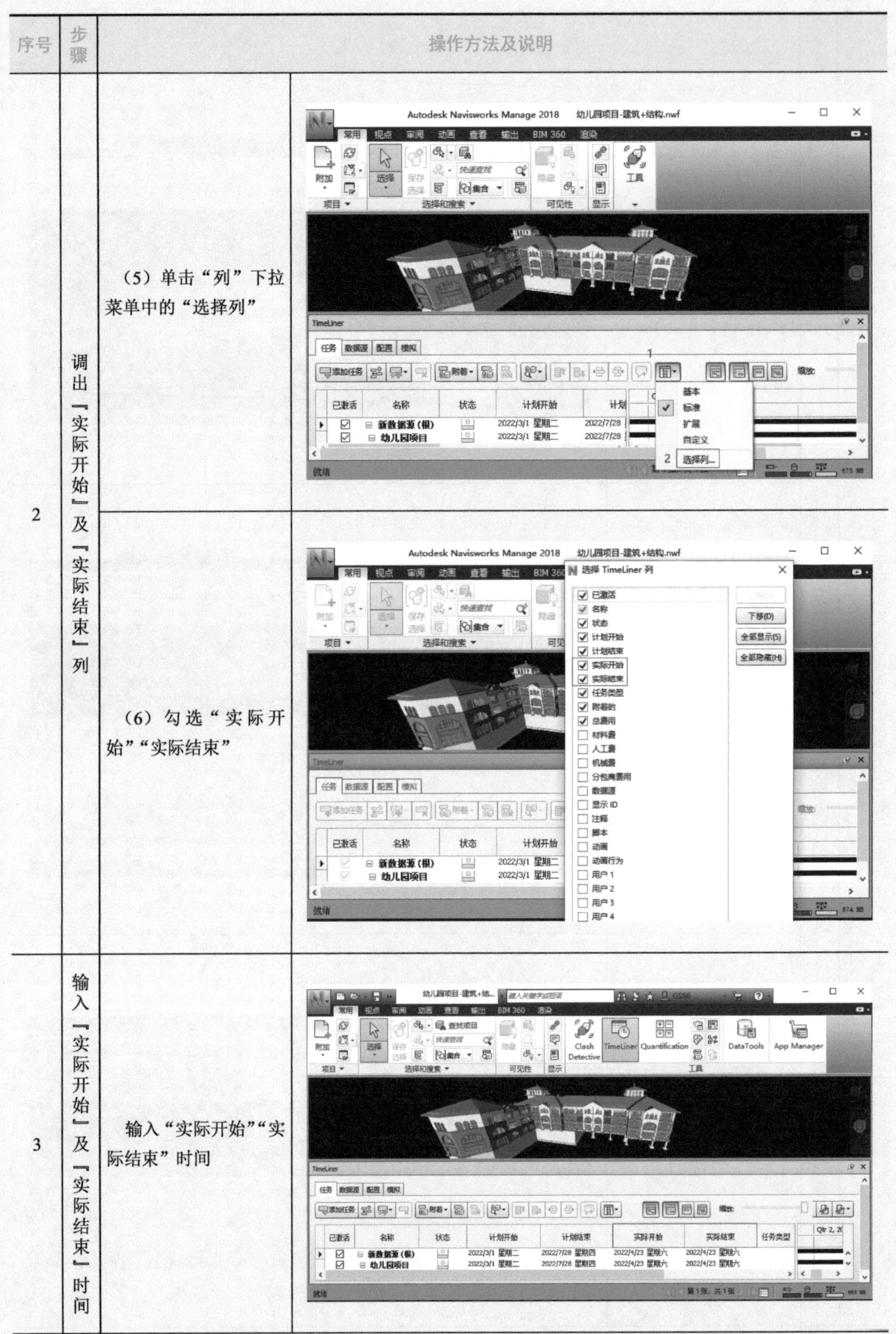

序号	步骤	操作方法及说明	
2	调出「实际开始」及「实际结束」列	（5）单击“列”下拉菜单中的“选择列”	
		（6）勾选“实际开始”“实际结束”	
3	输入「实际开始」及「实际结束」时间	输入“实际开始”“实际结束”时间	

（续）

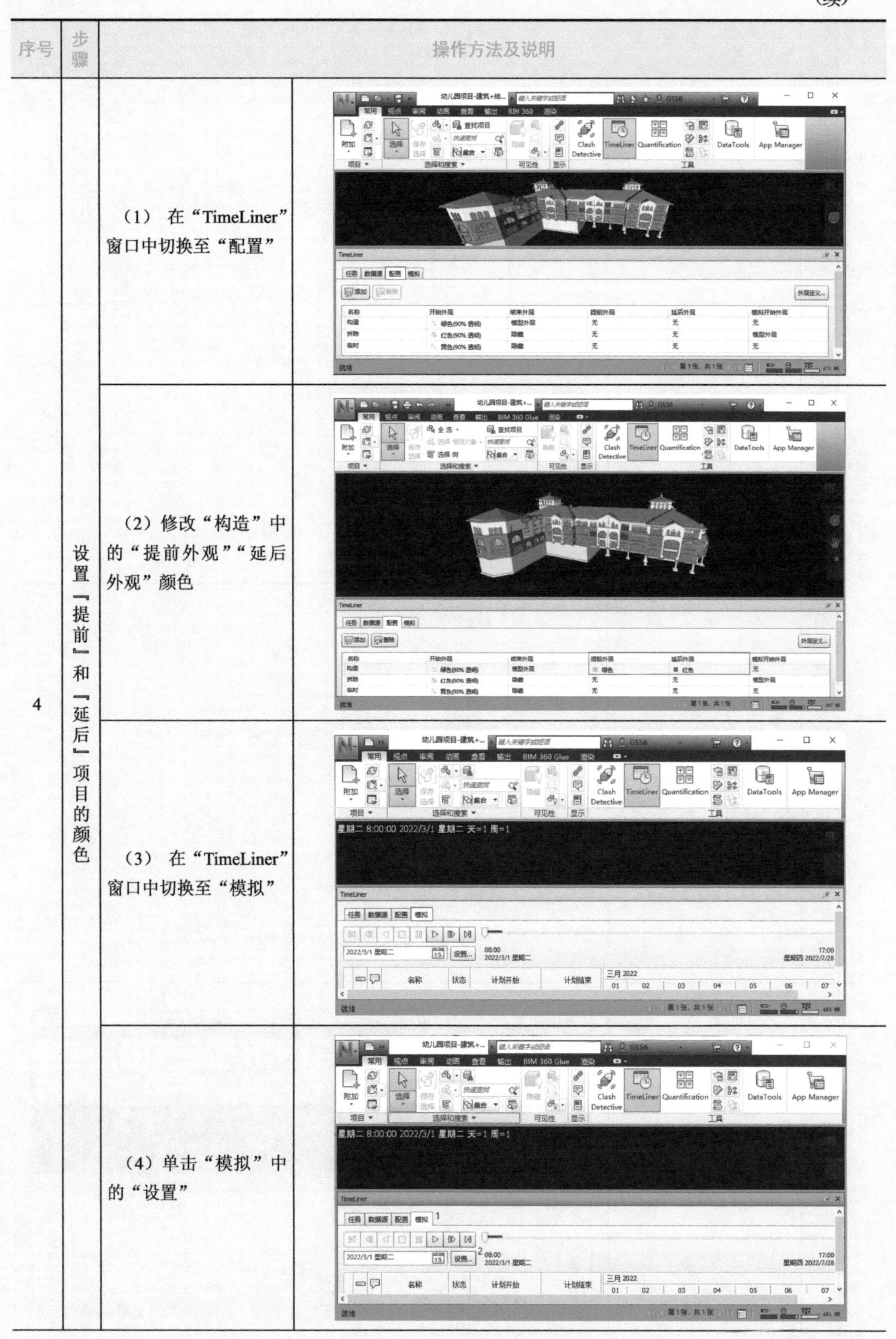

序号	步骤	操作方法及说明	
4	设置「提前」和「延后」项目的颜色	（1）在“TimeLiner”窗口中切换至“配置”	
		（2）修改“构造”中的“提前外观”“延后外观”颜色	
		（3）在“TimeLiner”窗口中切换至“模拟”	
		（4）单击“模拟”中的“设置”	

（续）

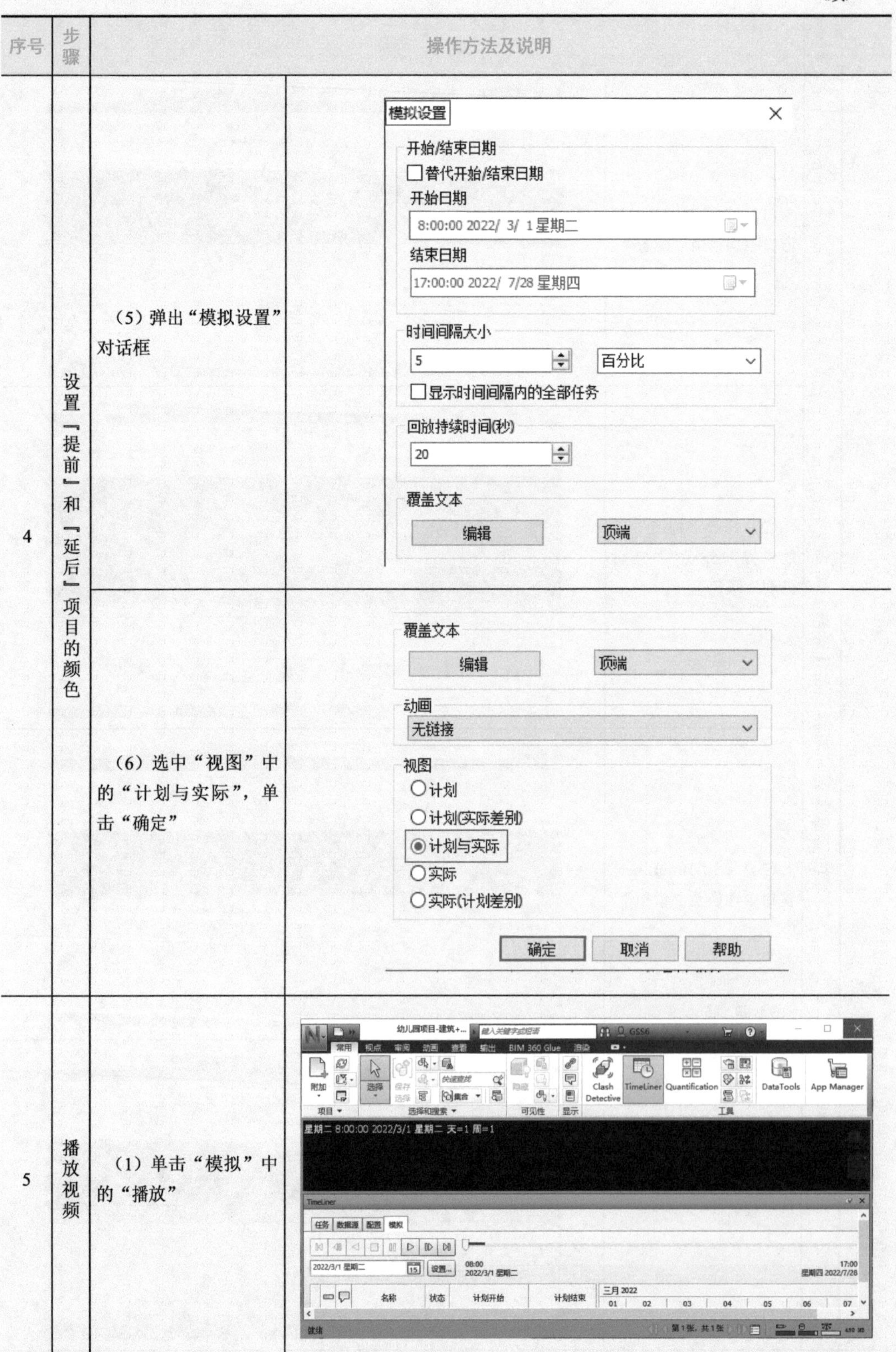

序号	步骤	操作方法及说明	
4	设置「提前」和「延后」项目的颜色	（5）弹出“模拟设置”对话框	
		（6）选中“视图”中的“计划与实际”，单击“确定”	
5	播放视频	（1）单击“模拟”中的“播放”	

（续）

序号	步骤	操作方法及说明	
5	播放视频	（2）提前项目、延后项目将以不同颜色显示	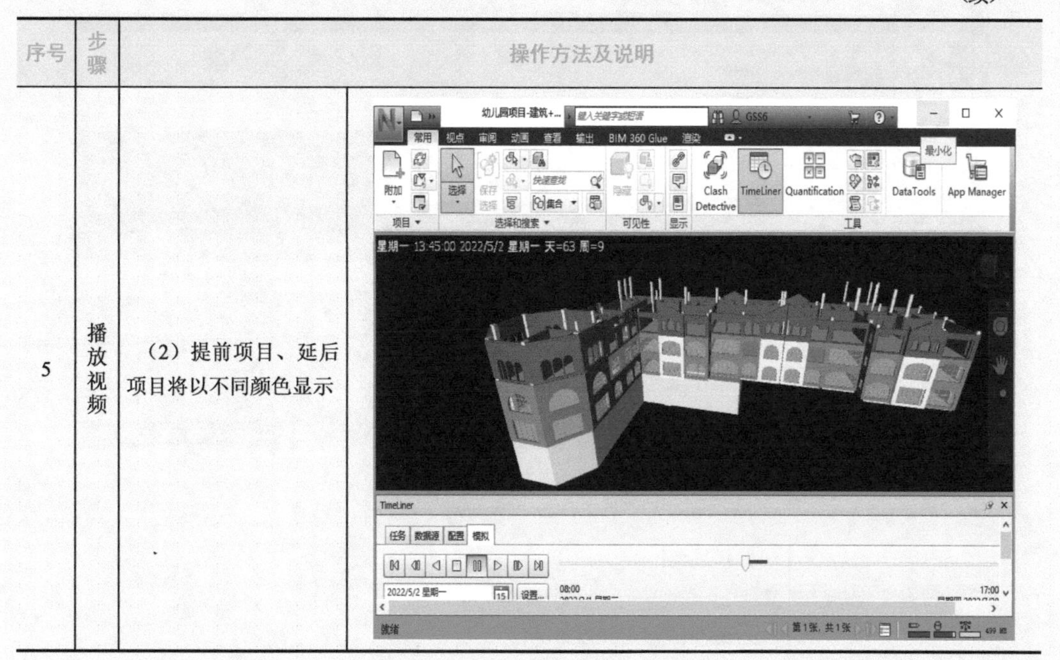

问题情境

在 Navisworks 软件中，应如何修改模拟计划进度与实际进度差异动画的时长？

解答：（1）单击“TimeLiner”窗口中的“模拟”，如图 B-27 所示。

（2）单击“模拟”中的“设置”，如图 B-28 所示。

（3）修改“模拟设置”对话框中的“回放持续时间”，如图 B-29 所示。

图　B-27

图 B-28

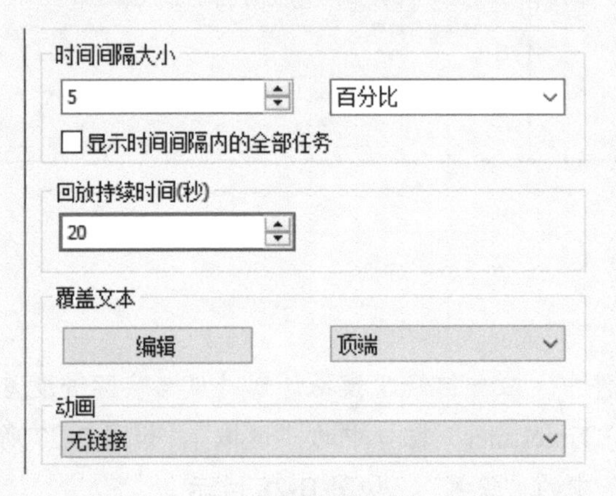

图 B-29

四、学习结果评价

请根据表 B-8，完成学习结果的自我评价。

表 B-8 “能基于 BIM 模型分析进度差异”学习结果自我评价表

评价内容		评价标准	评价结果（是 / 否）
Navisworks	输入“实际开始”“实际结束”时间	能在 Navisworks 正确输入“实际开始”“实际结束”时间	□是□否
	设置“提前外观”“延后外观”颜色	能用 Navisworks 进行“提前外观”“延后外观”颜色设置	□是□否
	导出视频	能用 Navisworks 导出计划进度与实际进度差异的视频	□是□否

课后作业

1. 在 Navisworks 软件中，根据给定的“幼儿园项目 .xls”文件，输入实际工期。
2. 在 Navisworks 软件中，添加新的外观颜色为“黑色”，如图 B-30 所示。

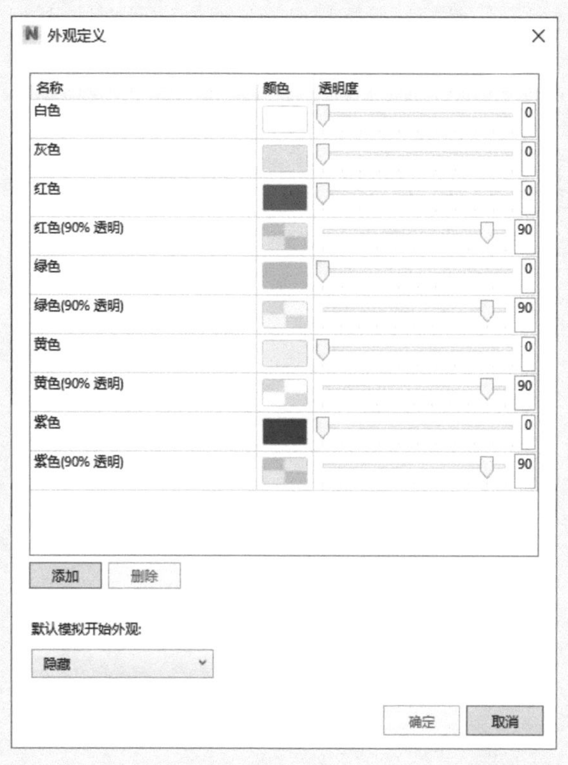

图　B-30

工作领域 C　5D-BIM 模型集成和应用

工作任务 C-1　5D-BIM 模型集成和造价计算

职业能力 C-1-1　能基于 BIM 土建算量模型计价

核心概念

BIM 土建模型组价：是指用算量软件对 BIM 土建模型计算工程造价。先建立 BIM 土建模型，采用算量软件如新点、品茗等计算 BIM 土建模型的建筑、结构、装饰工程量，利用造价软件将该工程量按做法列表或按实物量列表输出造价，计算出基础、柱、梁、板、墙、楼梯、门窗、装饰等构件的工程造价。通过对 BIM 土建模型组价，可以分析成本，比较不同方案的技术经济指标，快捷地找到适合项目的投资方案。

学习目标

1. 能够将新点 BIM 5D 算量软件中土建工程量输出至新点清单造价软件。
2. 能够用新点清单造价软件查看土建工程的工程造价。
3. 能够用新点清单造价软件调整土建工程的工程造价。

课前阅读

北宋时期的《营造法式》是一部记录中国古代建筑营造规范的书，它诞生的初衷是为了防止工程中的各种弊端，规范用材、制度、操作规程，及构件的形制、加工方法。大到建筑占地面积，小到构件尺寸，典籍里都有明确规定，其记载的设计标准、规范、材料标准、施工定额、指标等，对后世产生了深远的影响。在实际工作中，我们要严格执行限额领料，规范施工，不断优化施工中存在的弊端。

基本知识

一、工程造价

工程造价是指工程的建设价格，是为完成一个工程的建设，预期或实际所需的全部费用的总和。从业主角度来定义，工程造价是指工程的建设成本，即为建设一项工程预期支付或实际支付的全部固定资产投资费用。这些费用主要包括设备及工器具购置费、建筑安装工程费、工程建设其他费用、预备费、建设期利息等。从承发包角度来定义，工程造价是指工程价格，即为建成一项工程，预计或实际在土地、设备、技术劳务以及承包等市场上，通过招投标等交易方式所形成的建筑安装工程的价格和建设工程总价格。

二、工程计价的基本原理

工程计价的基本原理是项目的分解与组合。先计算好各构件的工程量，再确定其单价，最后计算其总价。工程造价的基本原理见表 C-1。

表 C-1　工程造价的基本原理

序号	流程	具体内容
1	工程计量	工程计量包括工程项目的划分和工程量计算
2	确定工程单价	工程单价又分为工料单价与综合单价，综合单价又可分为全费用综合单价和清单综合单价
3	计算工程总价	总价的计算可分为单价法和实物量法两种

三、建筑工程计价模式

建筑工程计价模式有定额计价模式和工程量清单计价模式。

1. 定额计价模式。定额是在合理的劳动组织和合理地使用材料、机械的条件下，完成单位合格产品所需消耗的资源数量的标准。定额按生产要素分为劳动定额（人工定额）、材料消耗定额、机械台班使用定额。

2. 工程量清单计价模式。工程量清单是表现拟建工程的分部分项工程项目、措施项目、其他项目名称和相应数量的明细清单。

四、工程计价的基本程序

1. 工程概预算编制的基本程序。如果用工料单价法进行概预算编制，则应按概算定额或预算定额规定的定额子目，逐项计算工程量，套用概预算定额单价确定直接费，然后按规定的取费标准确定间接费（包括企业管理费、规费），再计算利润和税金，经汇总后即为工程概预算价格。

2. 工程量清单计价的基本程序。工程量清单计价的基本程序是先确定工程项目的综合单价，乘以相应项目的清单工程量，经过汇总得到分部分项工程费（包括措施项目费），再按相应的规定计算其他项目费、规费、税金，各项费用汇总得到相应的工程造价。

能力训练

一、操作条件

1. 计算机、新点 BIM 5D 算量软件及密码锁、新点清单造价软件及密码锁。

2. 1 ～ 2 个实践项目的建筑、结构专业的 Revit 模型文件、新点 BIM 5D 算量 bimc 文件。

二、注意事项

1. 检查并确认实践项目各专业文件是否齐全，是否能有效打开。

2. 检查并确认计算机配置是否符合要求：至少要求 Windows 7 系统、8GB 内存。

三、操作过程

1. 用新点 BIM 5D 算量软件计算工程造价，见表 C-2。

表 C-2 用新点 BIM 5D 算量软件计算工程造价

序号	步骤	操作方法及说明	
1	用新点BIM 5D算量软件打开土建模型文件	（1）双击计算机桌面上的“新点 BIM 5D 算量正式版 2020”图标	新点BIM5D算量正式版 2020
		（2）双击桌面“新点清单造价江苏版 10.3”图标	新点清单造价江苏版 10.3

（续）

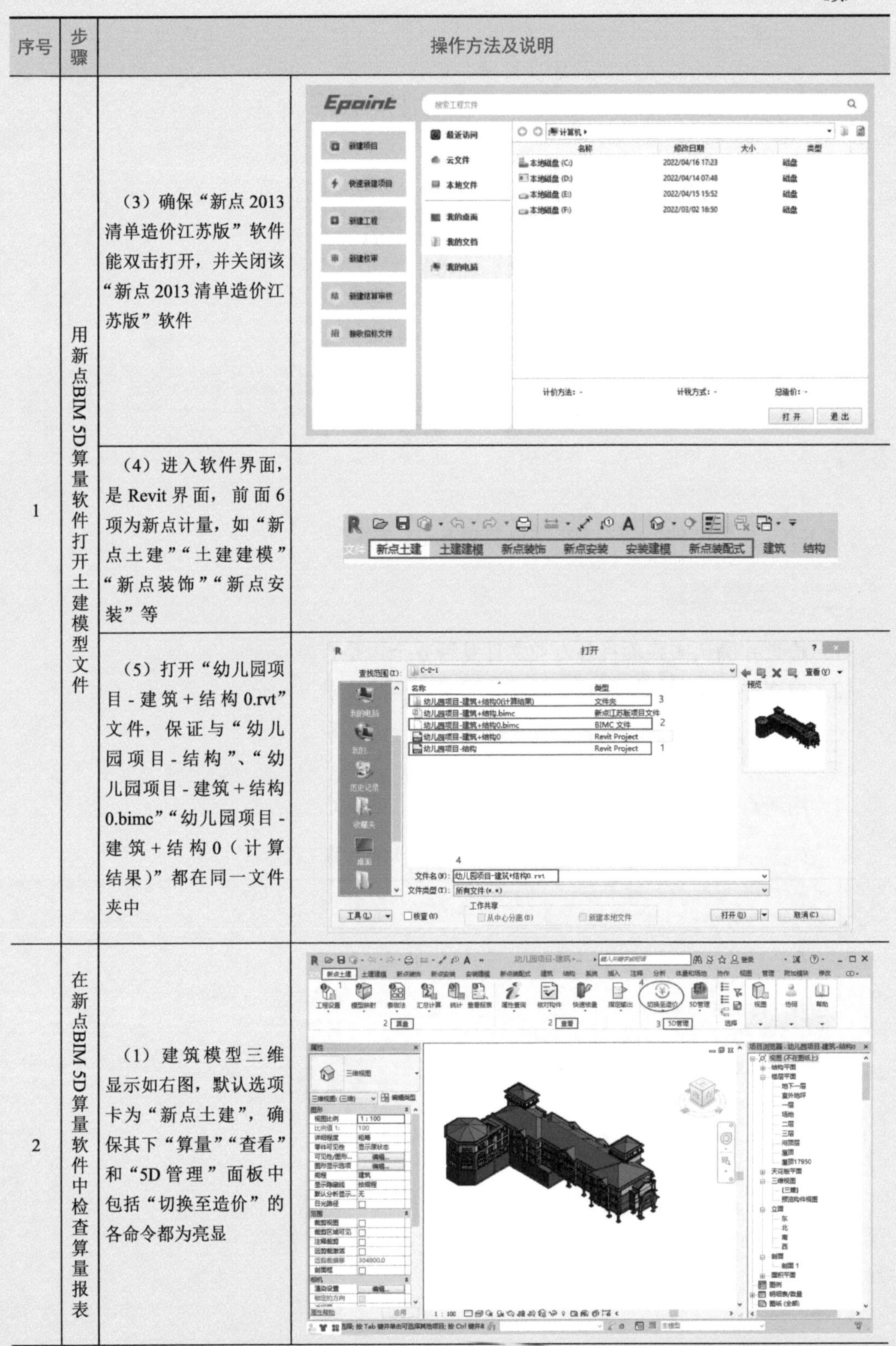

序号	步骤	操作方法及说明
1	用新点BIM 5D算量软件打开土建模型文件	（3）确保“新点 2013 清单造价江苏版”软件能双击打开，并关闭该“新点 2013 清单造价江苏版”软件
		（4）进入软件界面，是 Revit 界面，前面 6 项为新点计量，如“新点土建”“土建建模”“新点装饰”“新点安装”等
		（5）打开“幼儿园项目 - 建筑 + 结构 0.rvt”文件，保证与“幼儿园项目 - 结构”、“幼儿园项目 - 建筑 + 结构 0.bimc”“幼儿园项目 - 建筑 + 结构 0（计算结果）”都在同一文件夹中
2	在新点BIM 5D算量软件中检查算量报表	（1）建筑模型三维显示如右图，默认选项卡为“新点土建”，确保其下“算量”“查看”和“5D 管理”面板中包括“切换至造价”的各命令都为亮显

（续）

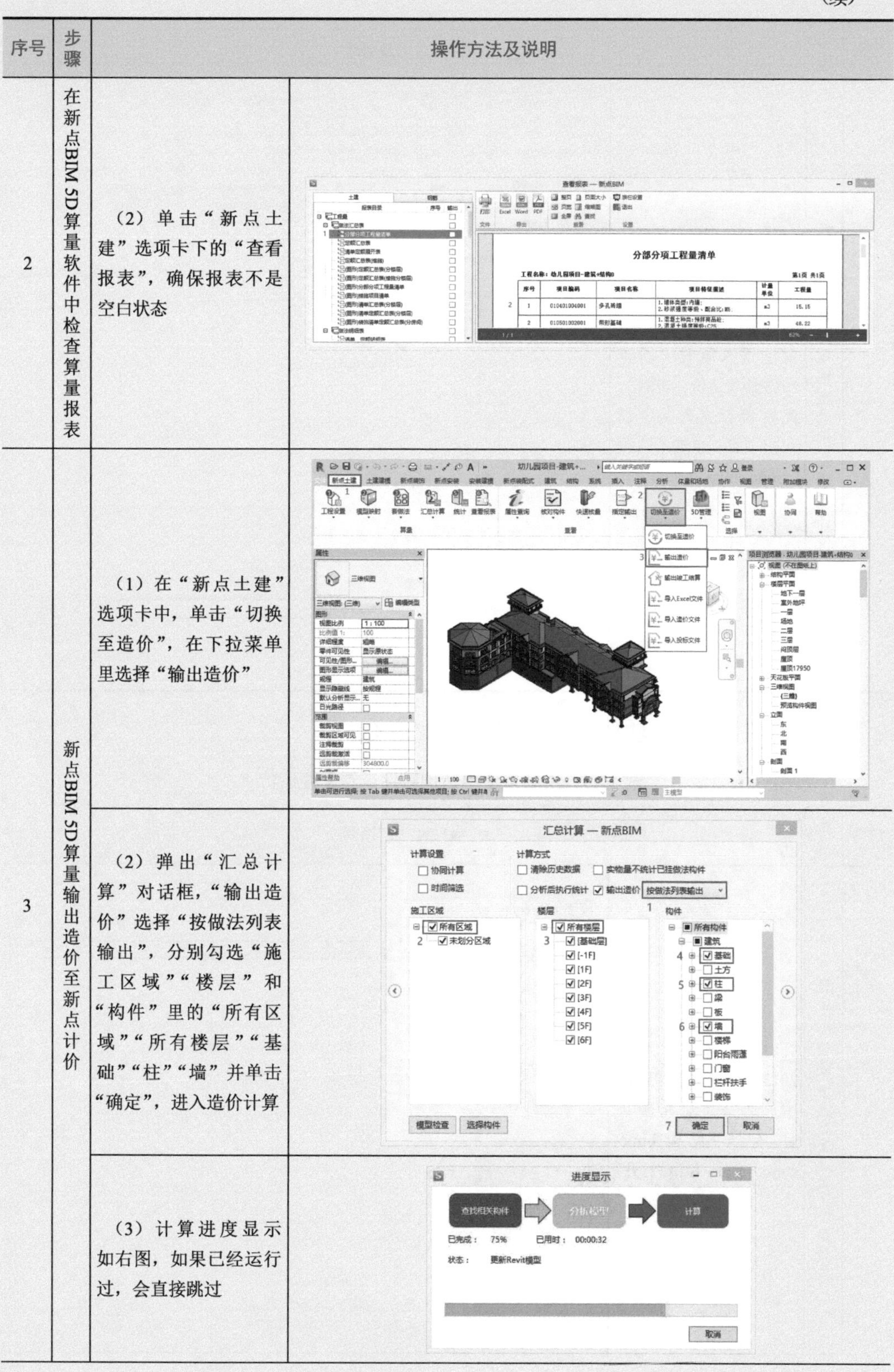

序号	步骤	操作方法及说明	
2	在新点BIM 5D算量软件中检查算量报表	（2）单击“新点土建”选项卡下的“查看报表”，确保报表不是空白状态	
3	新点BIM 5D算量输出造价至新点计价	（1）在“新点土建”选项卡中，单击“切换至造价”，在下拉菜单里选择“输出造价”	
		（2）弹出“汇总计算”对话框，“输出造价”选择“按做法列表输出”，分别勾选“施工区域”“楼层”和“构件”里的“所有区域”“所有楼层”“基础”“柱”“墙”并单击“确定”，进入造价计算	
		（3）计算进度显示如右图，如果已经运行过，会直接跳过	

（续）

<table>
<tr><th>序号</th><th>步骤</th><th colspan="2">操作方法及说明</th></tr>
<tr><td>3</td><td>新点BIM 5D算量输出造价至新点计价</td><td>（4）首次计算可能时间较长，计算完成后，自动进入软件“新点2013清单造价江苏版”，此时保存文件为“幼儿园项目 - 建筑 + 结构0.bimc.emjsx”</td><td>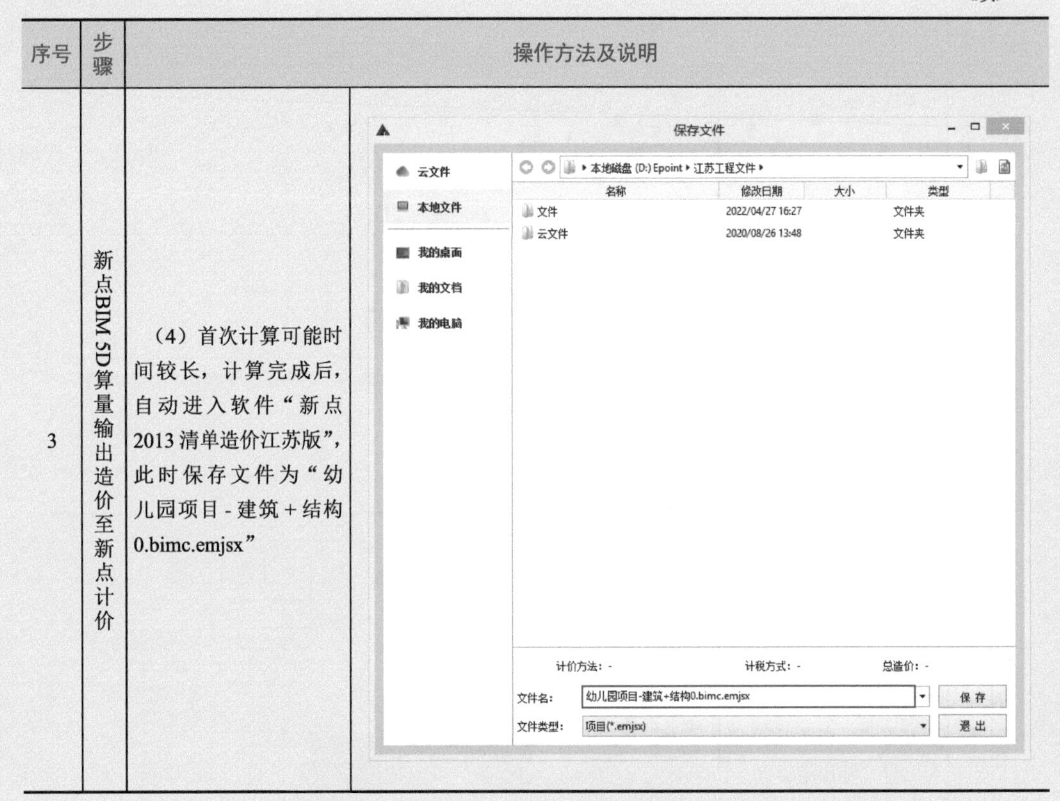
</td></tr>
</table>

2．用新点清单造价软件查看工程造价，见表 C-3。

表 C-3　用新点清单造价软件查看工程造价

<table>
<tr><th>序号</th><th>步骤</th><th colspan="2">操作方法及说明</th></tr>
<tr><td>1</td><td>计算完毕后自动进入新点清单造价软件</td><td>（1）在软件“新点2013清单造价江苏版”中，选择“幼儿园项目 - 建筑 + 结构 .bimc.emjsx”文件，单击“打开”</td><td>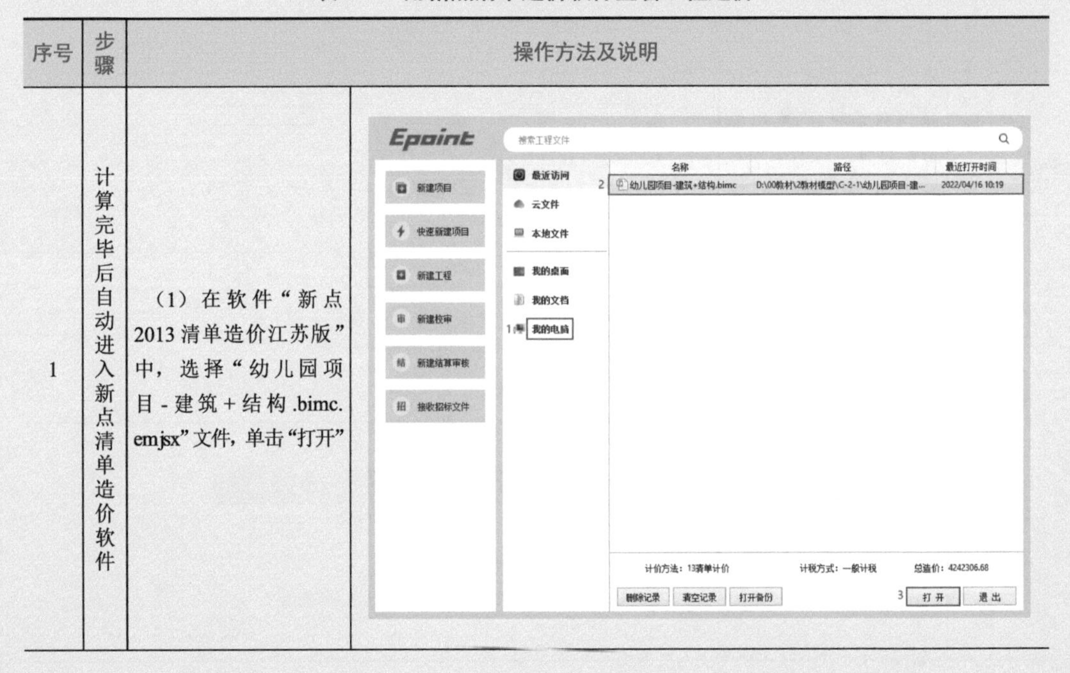
</td></tr>
</table>

（续）

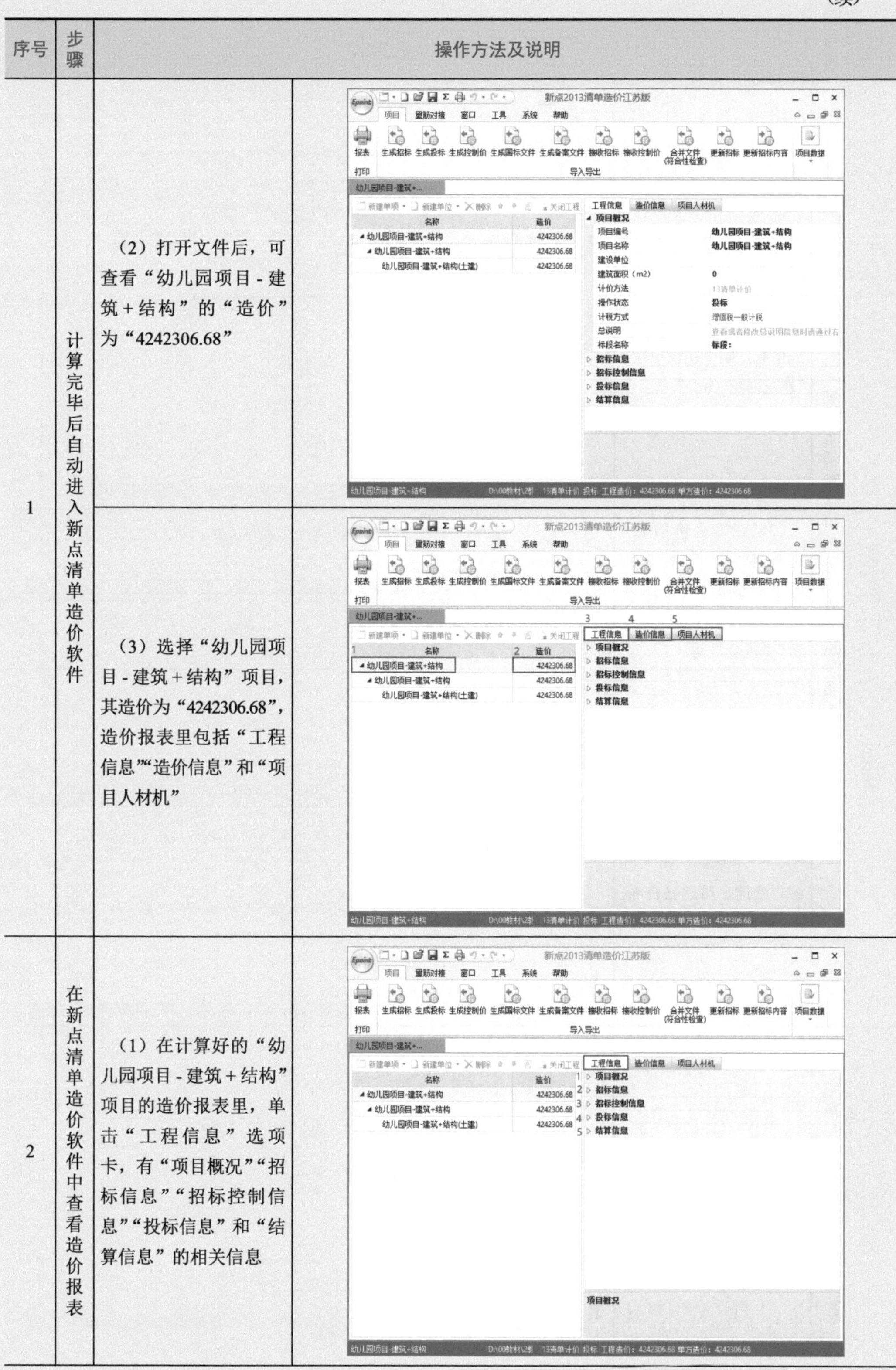

序号	步骤	操作方法及说明	
1	计算完毕后自动进入新点清单造价软件	（2）打开文件后，可查看“幼儿园项目 - 建筑 + 结构”的“造价”为“4242306.68”	
		（3）选择“幼儿园项目 - 建筑 + 结构”项目，其造价为“4242306.68”，造价报表里包括“工程信息”“造价信息”和“项目人材机”	
2	在新点清单造价软件中查看造价报表	（1）在计算好的“幼儿园项目 - 建筑 + 结构”项目的造价报表里，单击“工程信息”选项卡，有“项目概况”“招标信息”“招标控制信息”“投标信息”和“结算信息”的相关信息	

（续）

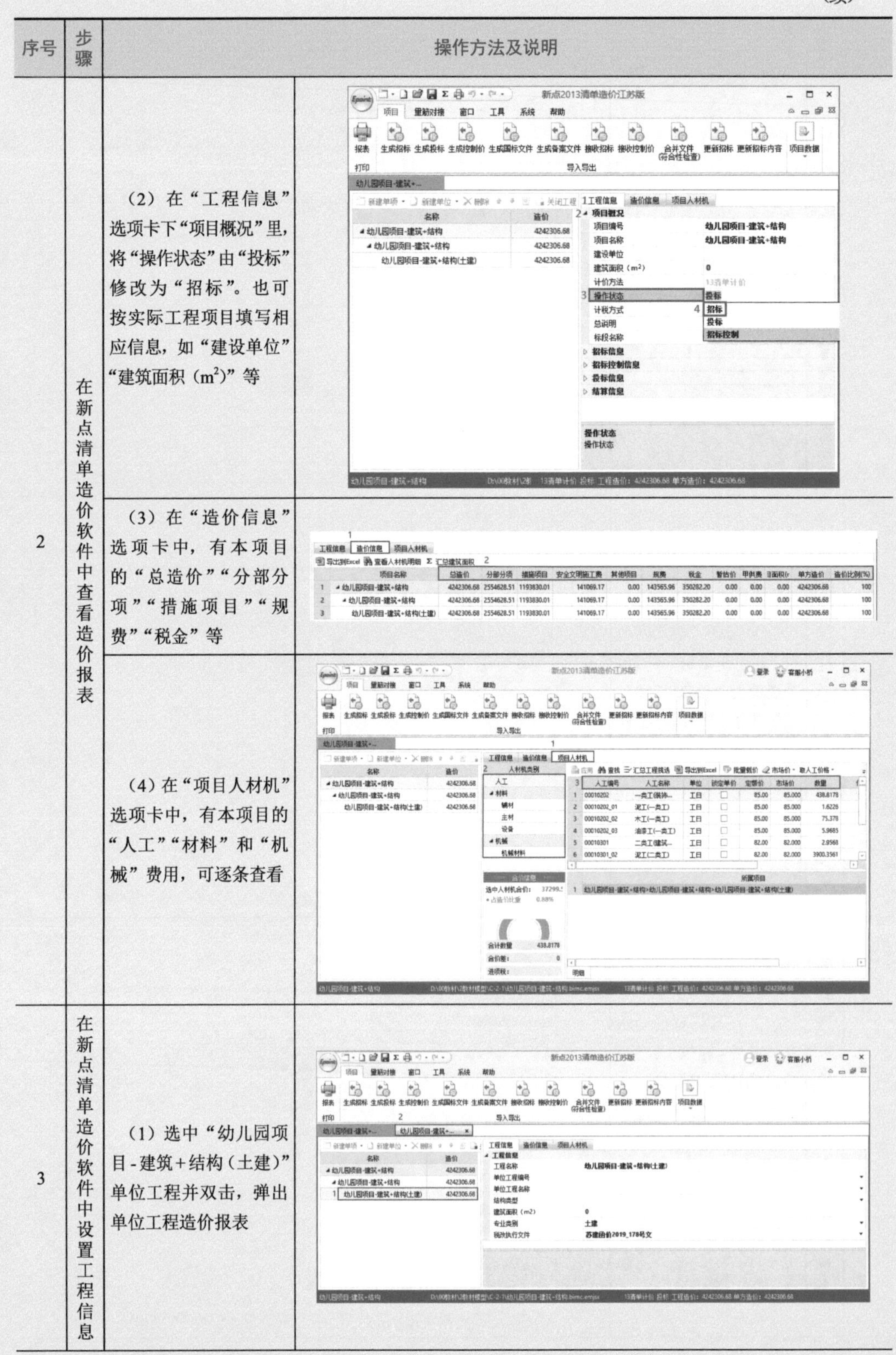

序号	步骤	操作方法及说明	
2	在新点清单造价软件中查看造价报表	（2）在“工程信息”选项卡下“项目概况”里，将“操作状态”由“投标”修改为“招标”。也可按实际工程项目填写相应信息，如“建设单位”“建筑面积（m^2）”等	
		（3）在“造价信息”选项卡中，有本项目的“总造价”“分部分项”“措施项目”“规费”“税金”等	
		（4）在“项目人材机”选项卡中，有本项目的“人工”“材料”和“机械”费用，可逐条查看	
3	在新点清单造价软件中设置工程信息	（1）选中“幼儿园项目-建筑+结构（土建）”单位工程并双击，弹出单位工程造价报表	

（续）

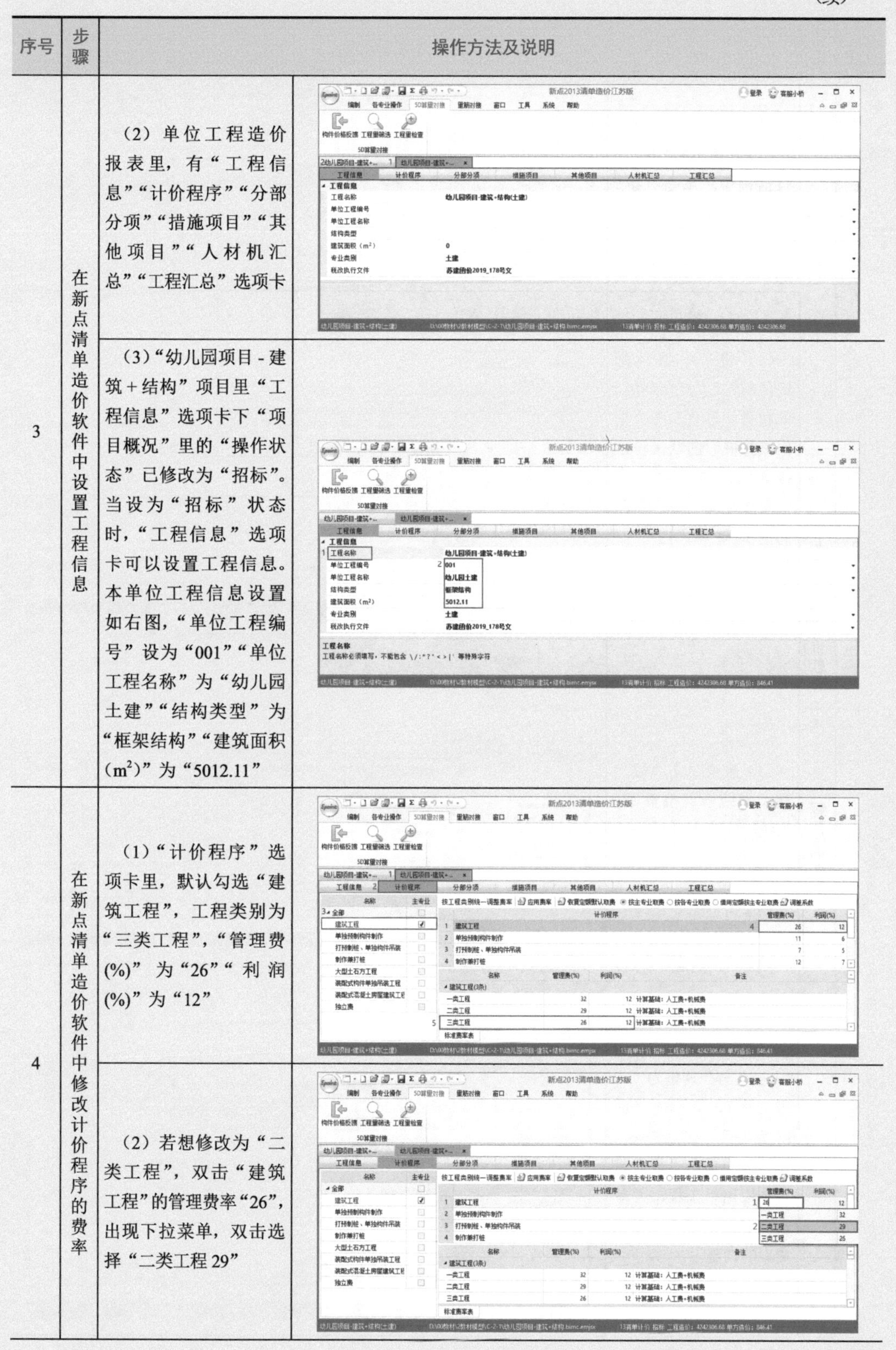

序号	步骤	操作方法及说明	
3	在新点清单造价软件中设置工程信息	（2）单位工程造价报表里，有“工程信息”“计价程序”“分部分项”“措施项目”“其他项目”“人材机汇总”“工程汇总”选项卡	
		（3）“幼儿园项目 - 建筑 + 结构”项目里“工程信息”选项卡下“项目概况”里的“操作状态”已修改为“招标”。当设为“招标”状态时，“工程信息”选项卡可以设置工程信息。本单位工程信息设置如右图，“单位工程编号”设为“001”“单位工程名称”为“幼儿园土建”“结构类型”为“框架结构”“建筑面积（m^2）”为“5012.11”	
4	在新点清单造价软件中修改计价程序的费率	（1）“计价程序”选项卡里，默认勾选“建筑工程”，工程类别为“三类工程”，“管理费（%）”为“26”“利润（%）”为“12”	
		（2）若想修改为“二类工程”，双击“建筑工程”的管理费率“26”，出现下拉菜单，双击选择“二类工程 29”	

（续）

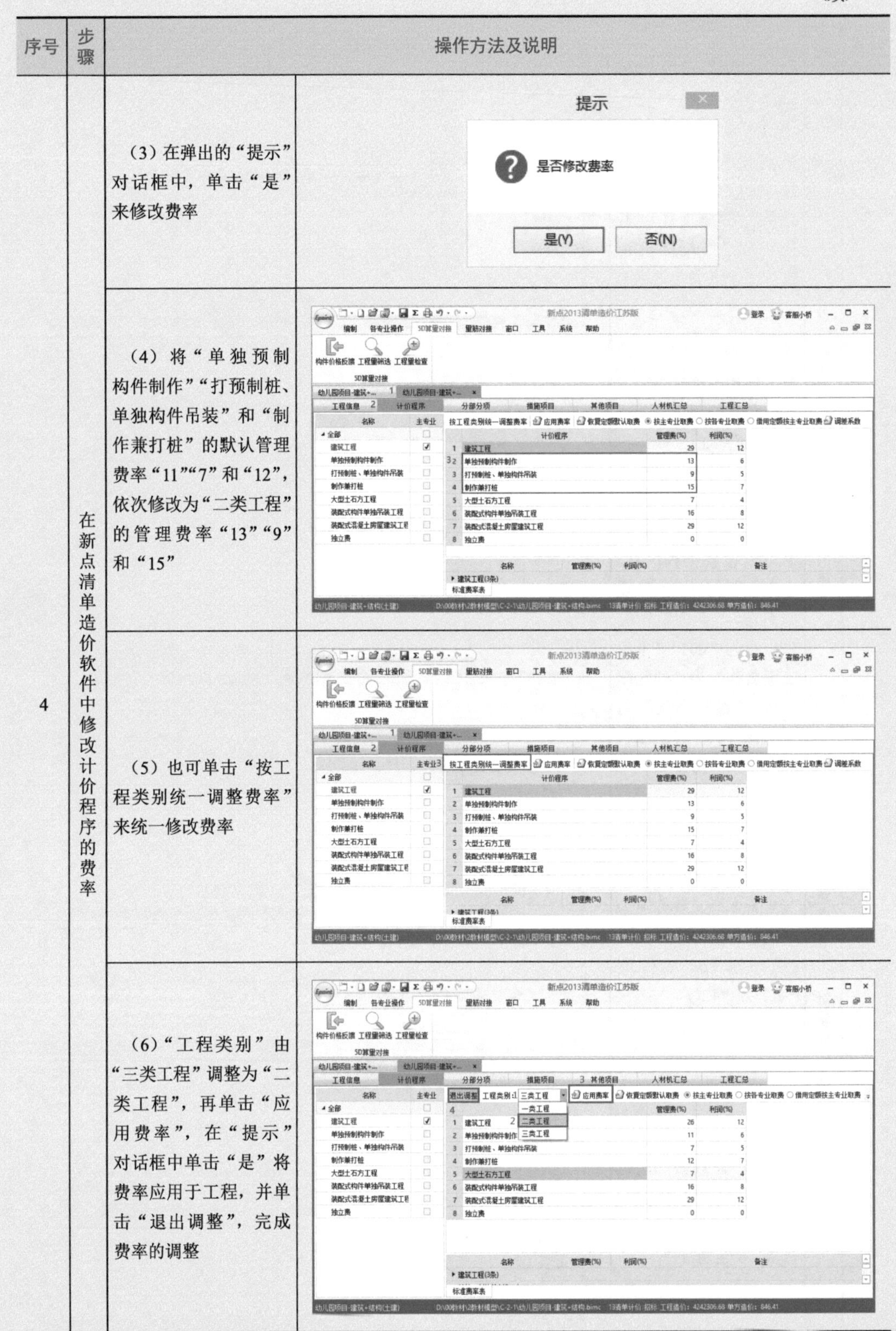

序号	步骤	操作方法及说明
4	在新点清单造价软件中修改计价程序的费率	（3）在弹出的“提示”对话框中，单击“是”来修改费率
		（4）将“单独预制构件制作”“打预制桩、单独构件吊装”和“制作兼打桩”的默认管理费率“11”“7”和“12”，依次修改为“二类工程”的管理费率“13”“9”和“15”
		（5）也可单击“按工程类别统一调整费率”来统一修改费率
		（6）“工程类别”由“三类工程”调整为“二类工程”，再单击“应用费率”，在“提示”对话框中单击“是”将费率应用于工程，并单击“退出调整”，完成费率的调整

（续）

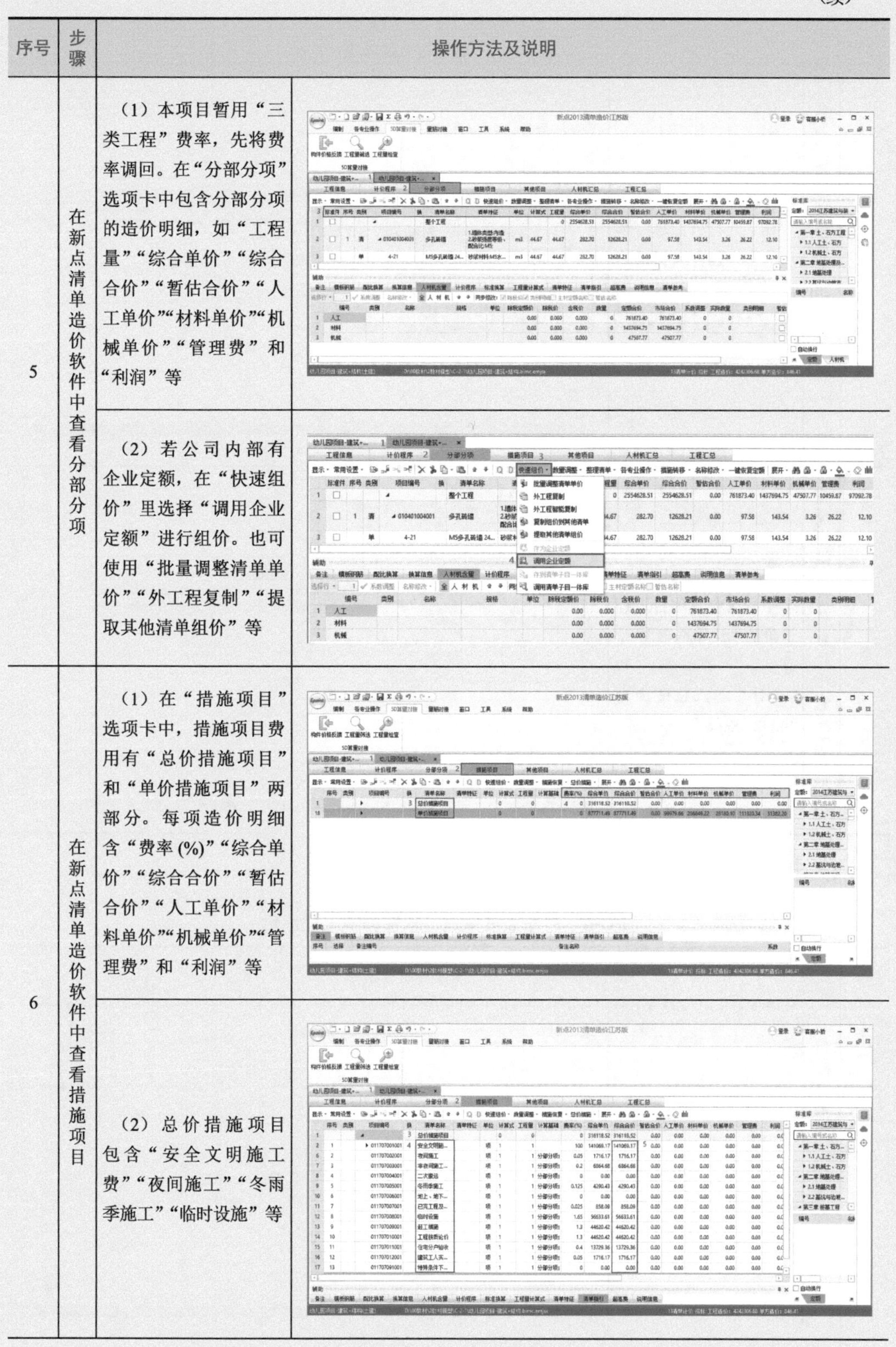

序号	步骤	操作方法及说明	
5	在新点清单造价软件中查看分部分项	（1）本项目暂用“三类工程”费率，先将费率调回。在“分部分项”选项卡中包含分部分项的造价明细，如“工程量”“综合单价”“综合合价”“暂估合价”“人工单价”“材料单价”“机械单价”“管理费”和“利润”等	
		（2）若公司内部有企业定额，在“快速组价”里选择“调用企业定额”进行组价。也可使用“批量调整清单单价”“外工程复制”“提取其他清单组价”等	
6	在新点清单造价软件中查看措施项目	（1）在“措施项目”选项卡中，措施项目费用有“总价措施项目”和“单价措施项目”两部分。每项造价明细含“费率(%)”“综合单价”“综合合价”“暂估合价”“人工单价”“材料单价”“机械单价”“管理费”和“利润”等	
		（2）总价措施项目包含“安全文明施工费”“夜间施工”“冬雨季施工”“临时设施”等	

（续）

序号	步骤	操作方法及说明	
7	在新点清单造价软件中查看人材机汇总	在“人材机汇总”选项卡中，包含人材机的造价明细，分为“人工”“材料”和“机械”	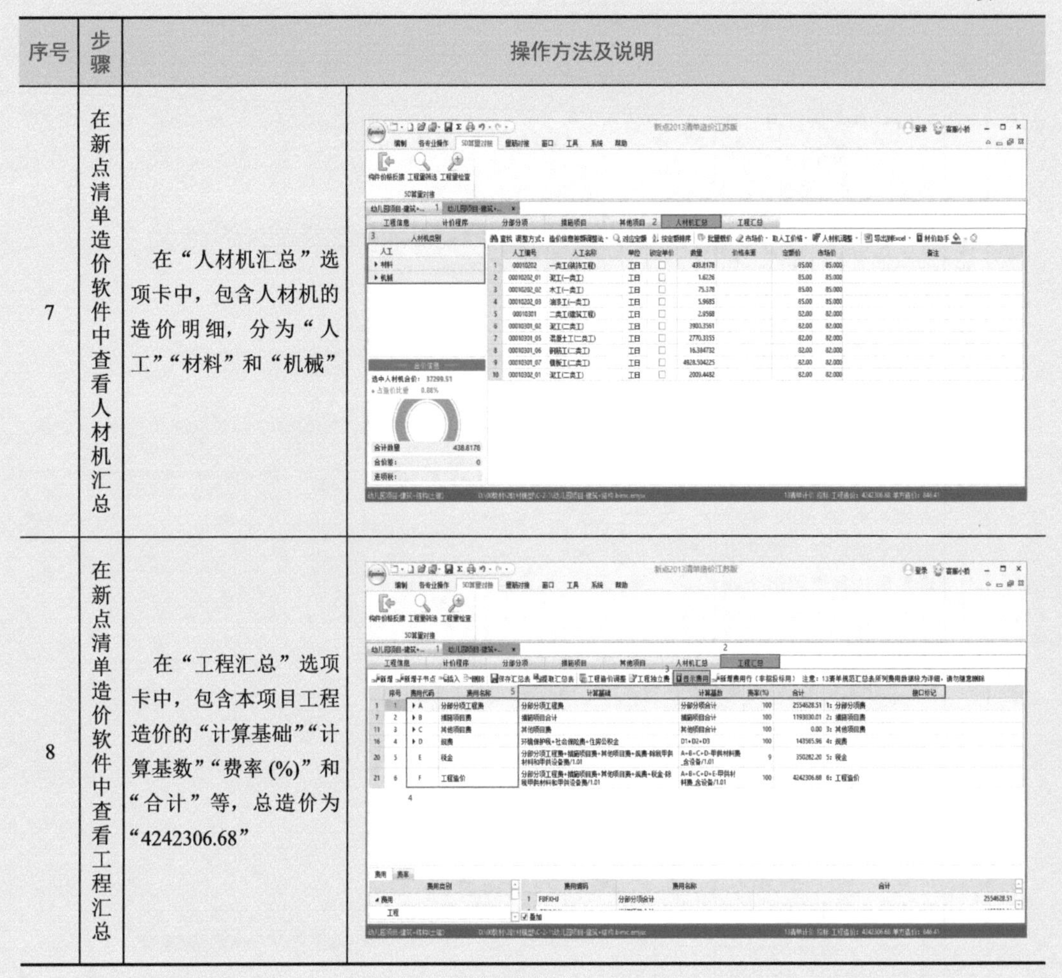
8	在新点清单造价软件中查看工程汇总	在“工程汇总”选项卡中，包含本项目工程造价的“计算基础”“计算基数”“费率 (%)”和“合计”等，总造价为“4242306.68”	

3．用新点清单造价软件调整工程造价，见表 C-4。

表 C-4　用新点清单造价软件调整工程造价

序号	步骤	操作方法及说明	
1	用新点清单造价软件调整费率	（1）在“工程汇总”选项卡中，本单位工程总造价为“4242306.68”	

（续）

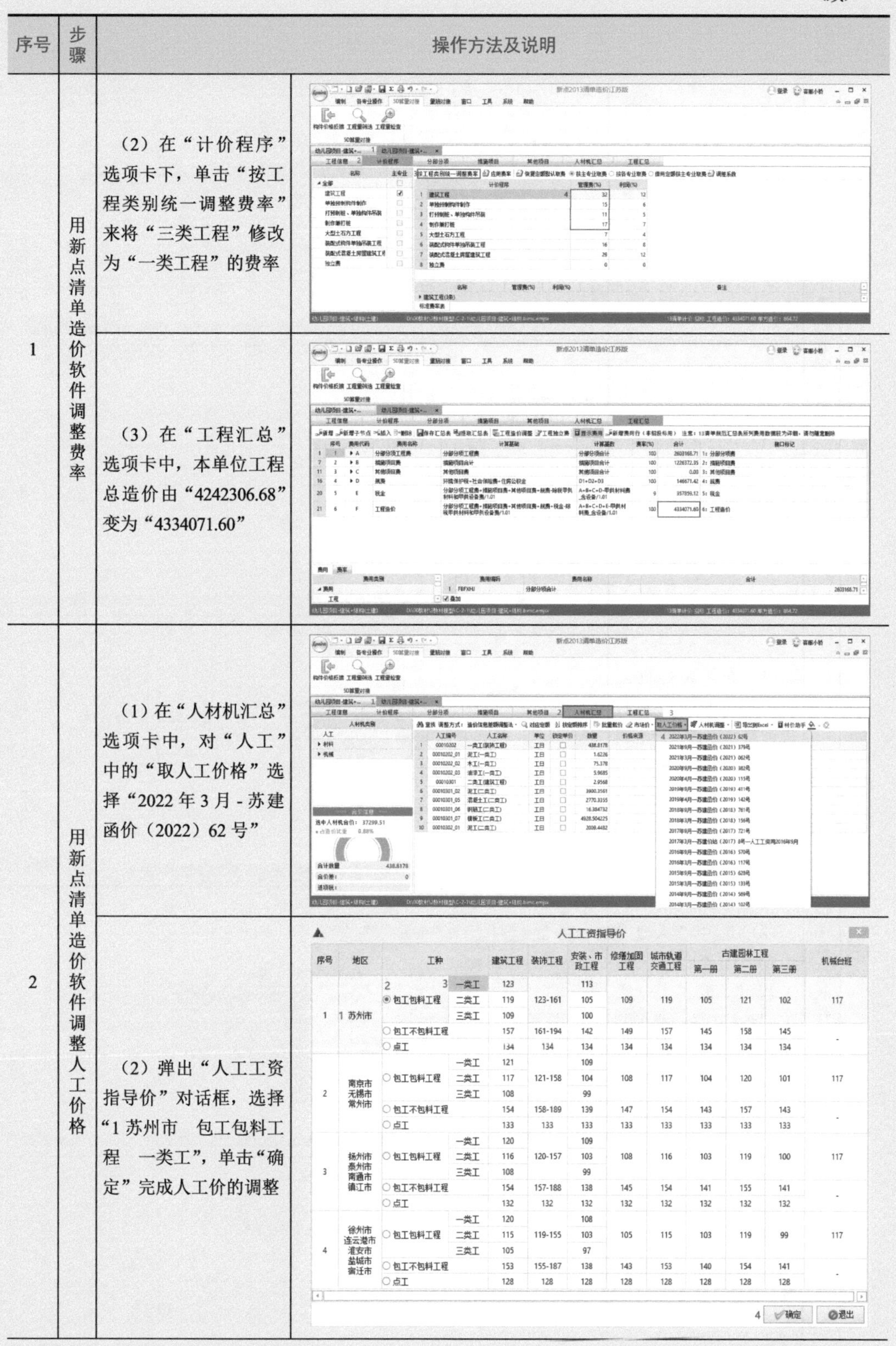

序号	步骤	操作方法及说明	
1	用新点清单造价软件调整费率	（2）在“计价程序”选项卡下，单击“按工程类别统一调整费率”来将“三类工程”修改为“一类工程”的费率	
		（3）在“工程汇总”选项卡中，本单位工程总造价由“4242306.68”变为“4334071.60”	
2	用新点清单造价软件调整人工价格	（1）在“人材机汇总”选项卡中，对“人工”中的“取人工价格”选择“2022 年 3 月 - 苏建函价（2022）62 号”	
		（2）弹出“人工工资指导价”对话框，选择“1 苏州市　包工包料工程　一类工”，单击“确定”完成人工价的调整	

人工工资指导价

序号	地区	工种		建筑工程	装饰工程	安装、市政工程	修缮加固工程	城市轨道交通工程	古建园林工程 第一册	第二册	第三册	机械台班
1	苏州市	包工包料工程	一类工	123	123-161	113	109	119	105	121	102	117
			二类工	119		105						
			三类工	109		100						
		包工不包料工程		157	161-194	142	149	157	145	158	145	-
		点工		134	134	134	134	134	134	134	134	
2	南京市 无锡市 常州市	包工包料工程	一类工	121	121-158	109	108	117	104	120	101	117
			二类工	117		104						
			三类工	108		99						
		包工不包料工程		154	158-189	139	147	154	143	157	143	-
		点工		133	133	133	133	133	133	133	133	
3	扬州市 泰州市 南通市 镇江市	包工包料工程	一类工	120	120-157	109	108	116	103	119	100	117
			二类工	116		103						
			三类工	108		99						
		包工不包料工程		154	157-188	138	145	154	141	155	141	-
		点工		132	132	132	132	132	132	132	132	
4	徐州市 连云港市 淮安市 盐城市 宿迁市	包工包料工程	一类工	120	119-155	108	105	115	103	119	99	117
			二类工	115		103						
			三类工	105		97						
		包工不包料工程		153	155-187	138	143	153	140	154	141	-
		点工		128	128	128	128	128	128	128	128	

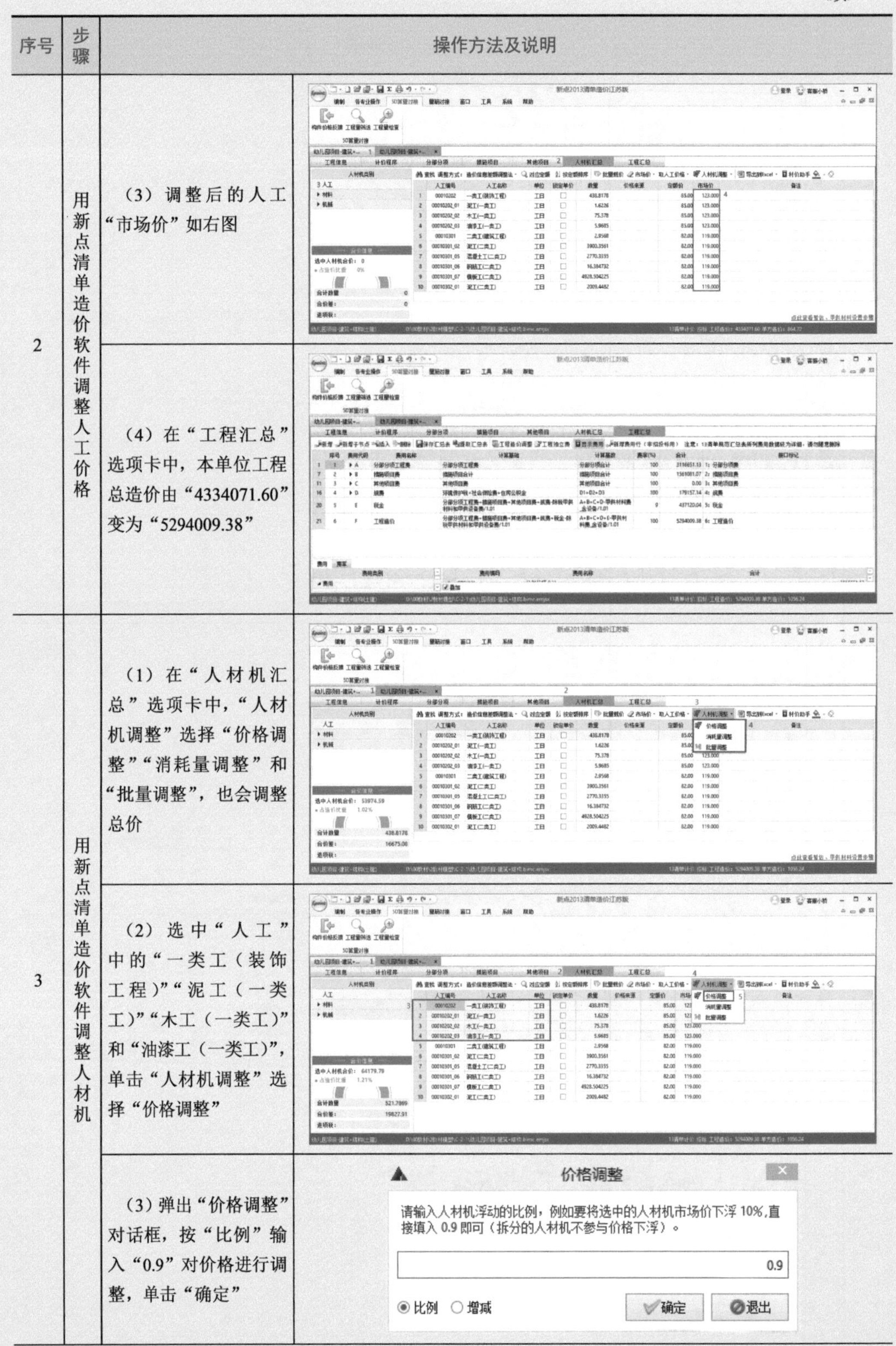

（续）

序号	步骤	操作方法及说明	
2	用新点清单造价软件调整人工价格	（3）调整后的人工“市场价”如右图	
		（4）在“工程汇总”选项卡中，本单位工程总造价由“4334071.60”变为“5294009.38”	
3	用新点清单造价软件调整人材机	（1）在“人材机汇总”选项卡中，“人材机调整”选择“价格调整”“消耗量调整”和“批量调整”，也会调整总价	
		（2）选中“人工”中的“一类工（装饰工程）”“泥工（一类工）”“木工（一类工）”和“油漆工（一类工）”，单击“人材机调整”选择“价格调整”	
		（3）弹出“价格调整”对话框，按“比例”输入“0.9”对价格进行调整，单击“确定”	价格调整 请输入人材机浮动的比例，例如要将选中的人材机市场价下浮 10%，直接填入 0.9 即可（拆分的人材机不参与价格下浮）。 0.9 比例 增减 确定 退出

（续）

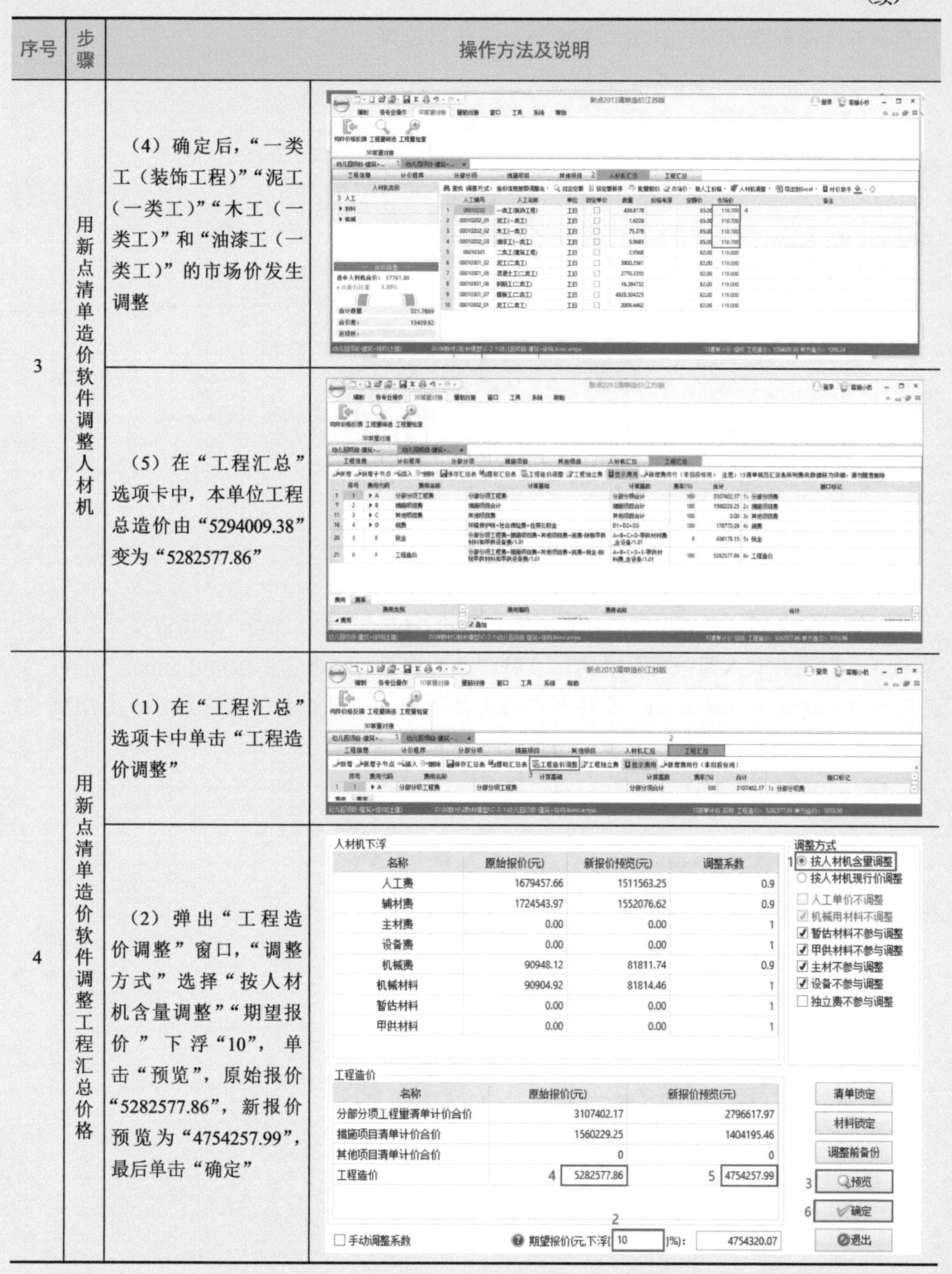

序号	步骤	操作方法及说明
3	用新点清单造价软件调整人材机	（4）确定后，“一类工（装饰工程）”“泥工（一类工）”“木工（一类工）”和“油漆工（一类工）”的市场价发生调整
		（5）在“工程汇总”选项卡中，本单位工程总造价由“5294009.38”变为“5282577.86”
4	用新点清单造价软件调整工程汇总价格	（1）在“工程汇总”选项卡中单击“工程造价调整”
		（2）弹出“工程造价调整”窗口，“调整方式”选择“按人材机含量调整”“期望报价”下浮“10”，单击“预览”，原始报价“5282577.86”，新报价预览为“4754257.99”，最后单击“确定”

问题情境一

若新点 BIM 5D 算量软件中，打开“问题情境”文件夹中已完成算量的“幼儿园

项目 - 建筑 + 结构 0.rvt”文件，发现在“新点土建”选项卡中，只有“工程设置”是亮显，其余全部是暗显，如图 C-1 所示，是什么原因？

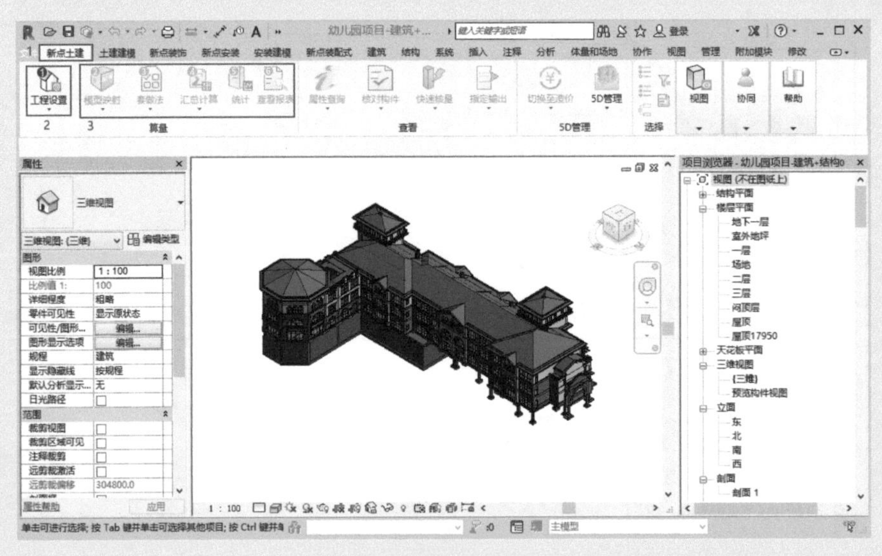

图 C-1

解答：这是因为“幼儿园项目 - 建筑 + 结构 0.bimc”文件未与“幼儿园项目 - 建筑 + 结构 0.rvt”文件放入同一文件夹内。当将“幼儿园项目 - 建筑 + 结构 0.bimc”放入“幼儿园项目 - 建筑 + 结构 0.rvt”文件所在的文件夹后，如图 C-2 所示，关闭新点 BIM 5D 算量软件并重新打开，则“算量”面板均可亮显。

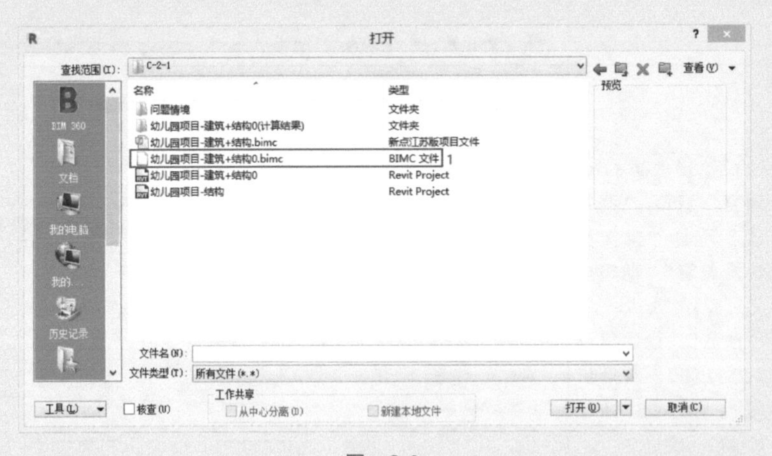

图 C-2

问题情境二

若新点 BIM 5D 算量软件中，打开已完成算量的“幼儿园项目 - 建筑 + 结构 .rvt”文件，单击“新点土建”选项卡下的“查看报表”，如图 C-3 所示，发现“分部分项工程量清单”报表全部是空白，如图 C-4 所示，是什么原因？

图　C-3

图　C-4

解答：因为“幼儿园项目 - 建筑 + 结构 0（计算结果）”文件夹未与“幼儿园项目 - 建筑 + 结构 0”的“.rvt”和“.bimc”文件放在同一个文件夹内，所以报表内容为空。在“幼儿园项目 - 建筑 + 结构 0（计算结果）”文件夹中，有一个计算结果库文件为“幼儿园项目 - 建筑 + 结构 0.bc-jgk”文件，如图 C-5 所示。当“幼儿园项目 - 建筑 + 结构 0（计算结果）”文件夹放入“幼儿园项目 - 建筑 + 结构 0”的“.rvt”和“.bimc”文件所在的文件夹时，如图 C-6 所示。关闭新点 BIM5D 算量软件并重新打开，则报表内容可显示。

名称	修改日期	类型	大小
幼儿园项目-建筑+结构0.bc-jgk	2022/4/16 19:09	BC-JGK 文件	9,669 KB

图　C-5

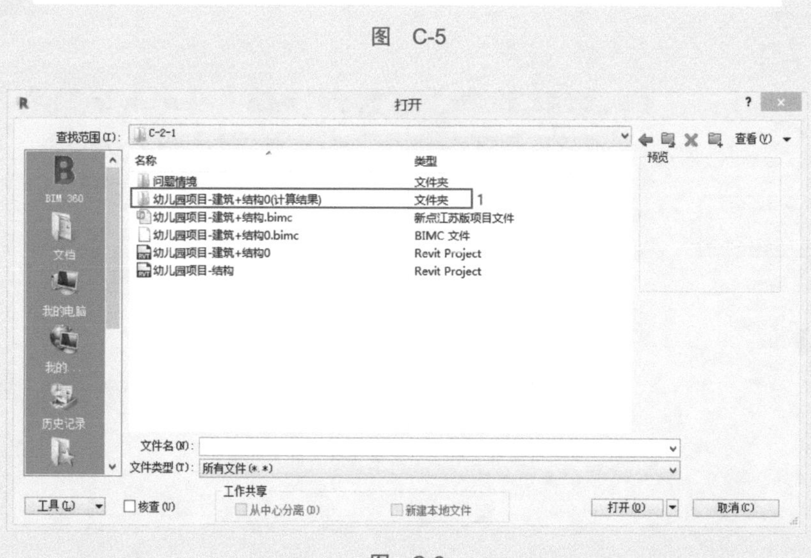

图　C-6

四、学习结果评价

请根据表 C-5，完成学习结果的自我评价。

表 C-5 “能基于 BIM 土建算量模型计价”学习结果自我评价表

序号	评价内容		评价标准	评价结果（是 / 否）
1	新点 BIM 5D 算量软件	用新点 BIM 5D 算量软件打开土建模型文件	能打开土建模型文件，并查看报表不是空白状态	□是□否
2	新点清单造价软件	新点 BIM 5D 算量输出造价至新点计价	能将新点算量软件切换至造价软件，在造价软件里进行计算并得到总造价	□是□否
		用新点清单造价软件组价	能修改费率，对分部分项、措施项目、人材机等进行组价	□是□否
		用新点清单造价软件调价	能对人材机的价格进行调整，对工程总造价进行下浮调整	□是□否

课后作业

1. 针对“幼儿园项目 - 建筑 + 结构 0.rvt”模型文件，对“栏杆扶手”→“栏杆”→“1100mm”套做法，如图 C-7 所示；计算工程量，如图 C-8 所示；并输出造价，将造价文件另存为“幼儿园项目 - 建筑 + 结构 0（栏杆扶手）.bimc.emjsx”。

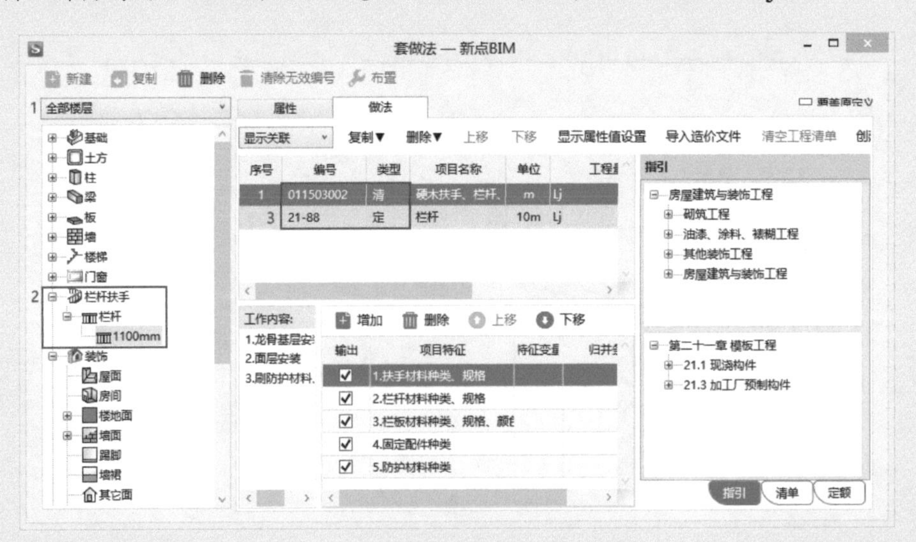

图 C-7

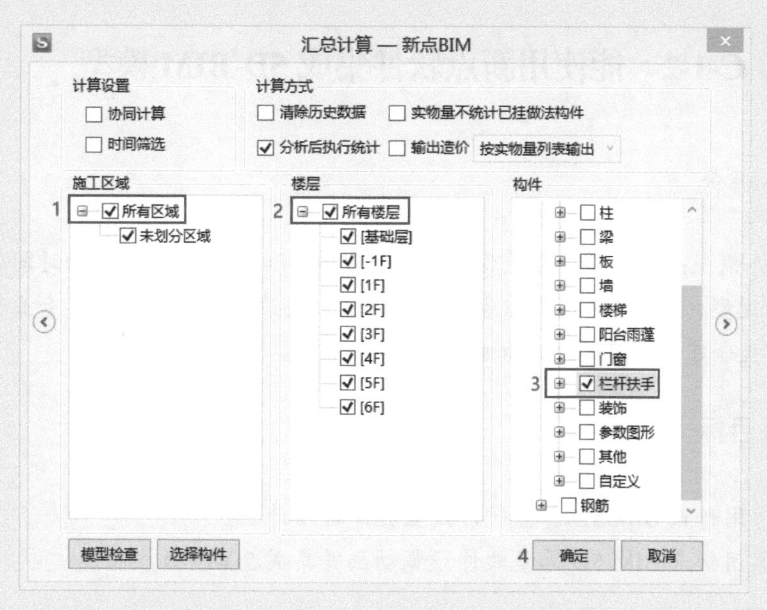

图　C-8

2. 打开上题中的文件“幼儿园项目 - 建筑 + 结构 0（栏杆扶手）.bimc.emjsx”，如图 C-9 所示，调整“取人工价格”为“2022 年 3 月 - 苏建函价（2022）62 号”中“苏州市　包工包料　一类工”，在“工程汇总”选项卡里查看调整后的工程造价，将该文件命名为“栏杆扶手调整后造价 .bimc.emjsx”。

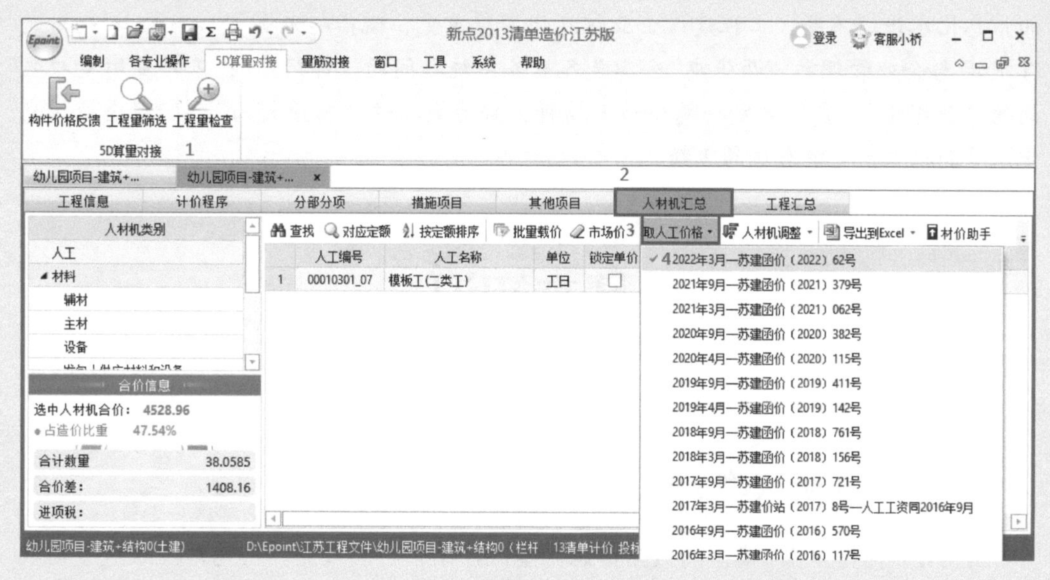

图　C-9

职业能力 C-1-2　能使用新点软件集成 5D-BIM 模型

核心概念

5D-BIM 模型：是指五维建筑信息模型，是在 3D-BIM 模型上增加时间轴和成本轴之后的动态模型。5D-BIM 模型作为建筑、结构、安装（包含水暖电）专业协同作业的载体，有效控制建设项目的进度和成本。

学习目标

1. 能够用新点 BIM 5D 算量软件设置施工进度计划。
2. 能够用新点 BIM 5D 算量软件预览动画并集成 5D-BIM 模型。

课前阅读

习近平总书记指出，信息化为中华民族带来了千载难逢的历史机遇。信息互联技术作为人类进入工业革命以来一次重大的、革命性的技术，已经深深地影响着当今社会的各个方面，推动着社会生产力的大幅提升。但客观地说，目前整个工程建设行业的信息化水平还不高。工程建设企业信息化困难重重，概括起来有“三座大山”：一是 IT 产品与企业管理的“两张皮”；二是各业务系统之间的“部门墙”；三是业财资税之间的“数据篱”。我们要发扬愚公移山精神，努力搬掉这“三座大山”，实现企业信息化水平的根本性突破和质的飞跃。

基本知识

一、5D-BIM 模型的意义

5D-BIM 模型以 3D 模型的数据信息为基础，结合时间数据，快速地反映进度与成本，帮助决策者在不同方案中做分析抉择。5D-BIM 模型有助于成本计算的精确，能提高投标前或工程进行中的现金流量预测精准度。

工程师利用 BIM 模型的形象直观、可计算分析的特性，为施工过程的施工模拟、进度管理、现场协调、合同成本管理、材料管理等及时提供准确的构件几何位置、工程量、资源量和计划时间等，从而有效决策和精细管理，减少施工变更，缩短项目工期，控制项目成本等。

二、施工进度计划

施工进度计划是为了保证施工项目能够按照目标按时完成而设计的任务、时间、资源投入的计划。应用较广的有横道图和双代号网络图，见表 C-6。

表 C-6　常见施工进度计划表现形式

序号	进度计划图	优点	缺点
1	横道图	简单直观，编制方便，便于理解	不能直观表达逻辑关系及时差、关键路径
2	双代号网络图	清楚反映工作间的逻辑关系，对复杂的工程可有序安排	不能对进度情况一目了然

三、新点 BIM 5D 算量软件

新点 BIM 5D 算量软件可以通过 Revit 模型集成进度、预算、资源、施工组织等关键信息，对施工过程进行模拟，及时为施工过程中的技术、生产、商务等环节提供准确的形象进度、物资消耗、过程计量、成本核算等核心数据，提升沟通和决策效率，能对施工过程进行数字化管理，从而达到节约时间和成本，提升项目管理效率的目的。

四、5D-BIM 模型的主要特点

1．可实现施工过程的可视化，即利用施工计划及设计单位提供的图纸对整个工程进行虚拟施工，同时可以将计划施工与实际施工的进度及成本进行比较，为后续优化提供依据。

2．可实现综合信息查询功能，工程项目成本部门能实时监控及动态查询成本情况，为成本动态控制提供技术支持。

3．可利用 5D-BIM 模型提供的施工时间、流水段、工程量等信息，为成本管理工作提供数据基础，提高管理效率。

能力训练

一、操作条件

1. 计算机、新点 BIM 5D 算量软件及密码锁、新点清单造价软件及密码锁。

2. 1～2 个实践项目的建筑、结构专业的 Revit 模型文件、新点 BIM 5D 算量 bimc 文件。

二、注意事项

1. 检查并确认实践项目各专业文件是否齐全，是否能有效打开。

2. 检查并确认计算机配置是否符合要求：至少要求 Windows 7 系统、8GB 内存。

三、操作过程

1. 使用新点 BIM 5D 算量软件设置施工进度计划，见表 C-7。

表 C-7　使用新点 BIM 5D 算量软件设置施工进度计划

序号	步骤	操作方法及说明	
1	用新点 BIM 5D 算量软件打开模型文件	（1）双击计算机桌面上的“新点 BIM 5D 算量正式版 2020”图标，进入软件界面	新点BIM5D算量正式版 2020
		（2）打开“幼儿园项目 - 建筑＋结构（5D）”文件，保证其与“幼儿园项目 - 结构”文件、“幼儿园项目 - 建筑＋结构（5D）.bimc”文件、“幼儿园项目 - 建筑＋结构（5D）（计算结果）”文件夹都在同一文件夹中	
		（3）打开土建模型进入软件界面，“新点土建”选项卡下的“算量”“查看”“5D 管理”面板都是亮显	

（续）

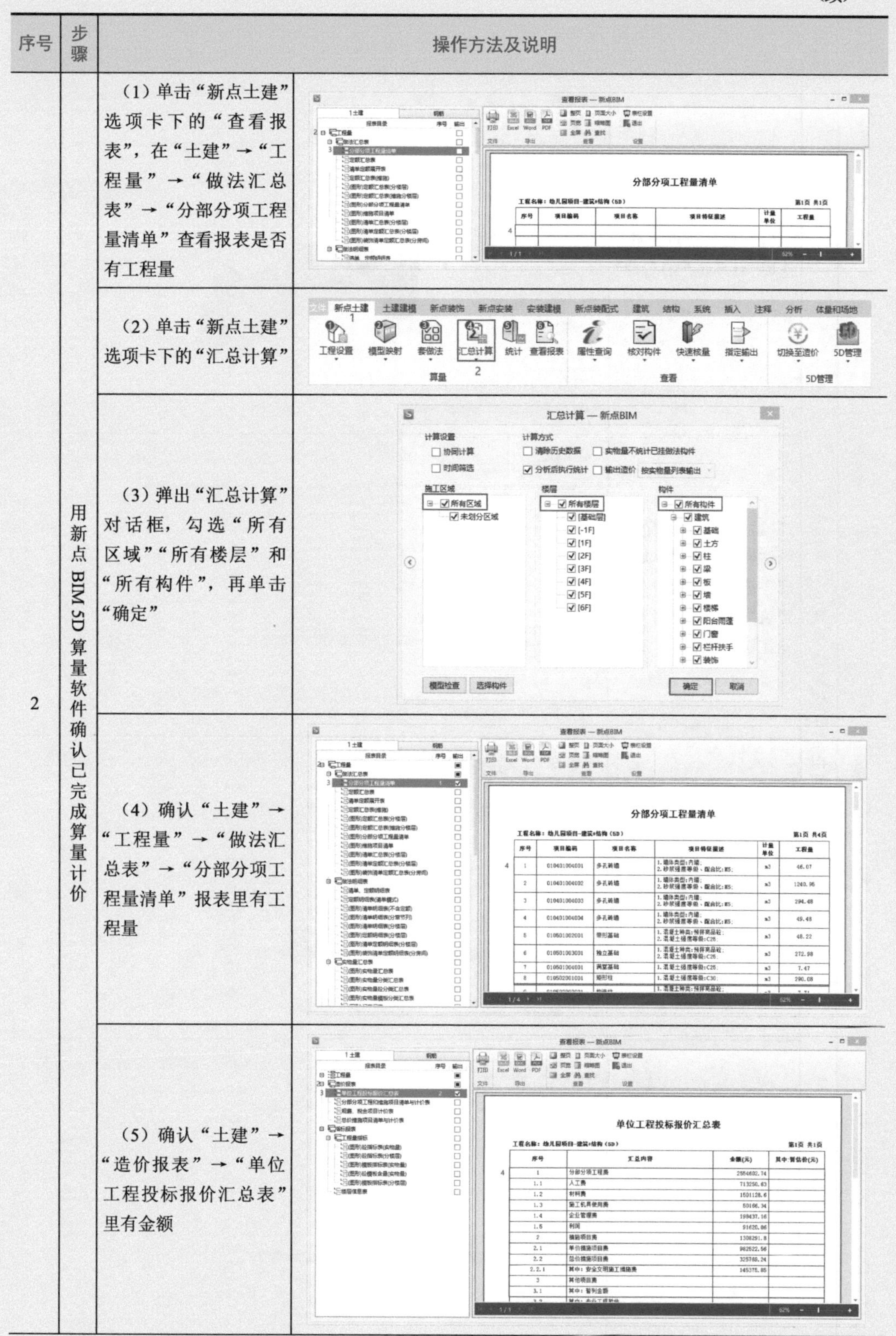

序号	步骤	操作方法及说明
2	用新点BIM 5D算量软件确认已完成算量计价	（1）单击“新点土建”选项卡下的“查看报表”，在“土建”→“工程量”→“做法汇总表”→“分部分项工程量清单”查看报表是否有工程量
		（2）单击“新点土建”选项卡下的“汇总计算”
		（3）弹出“汇总计算”对话框，勾选“所有区域”“所有楼层”和“所有构件”，再单击“确定”
		（4）确认“土建”→“工程量”→“做法汇总表”→“分部分项工程量清单”报表里有工程量
		（5）确认“土建”→“造价报表”→“单位工程投标报价汇总表”里有金额

（续）

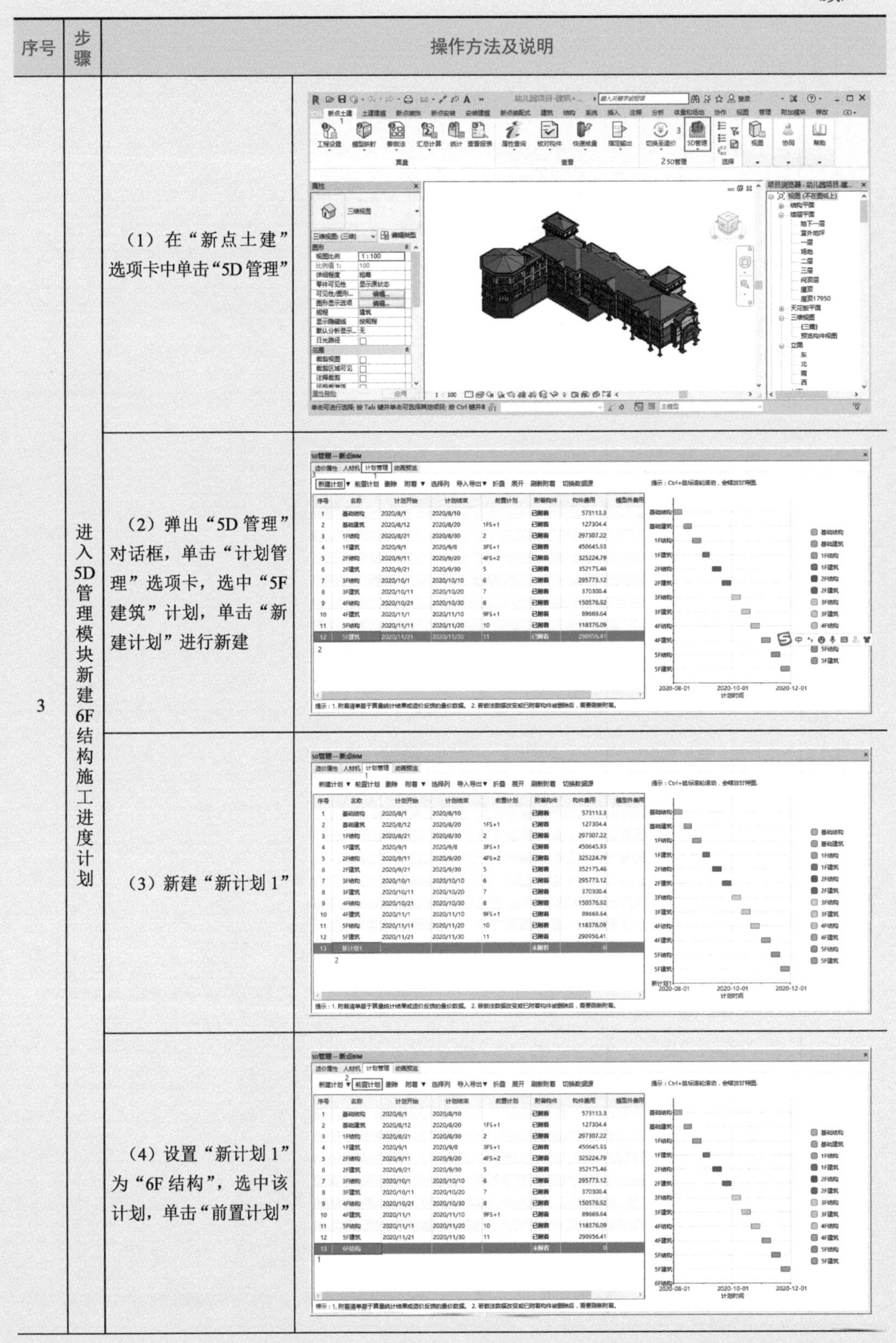

序号	步骤	操作方法及说明	
3	进入5D管理模块新建6F结构施工进度计划	（1）在“新点土建”选项卡中单击“5D 管理”	
		（2）弹出“5D 管理”对话框，单击“计划管理”选项卡，选中“5F 建筑”计划，单击“新建计划”进行新建	
		（3）新建“新计划 1”	
		（4）设置“新计划 1”为“6F 结构”，选中该计划，单击“前置计划”	

（续）

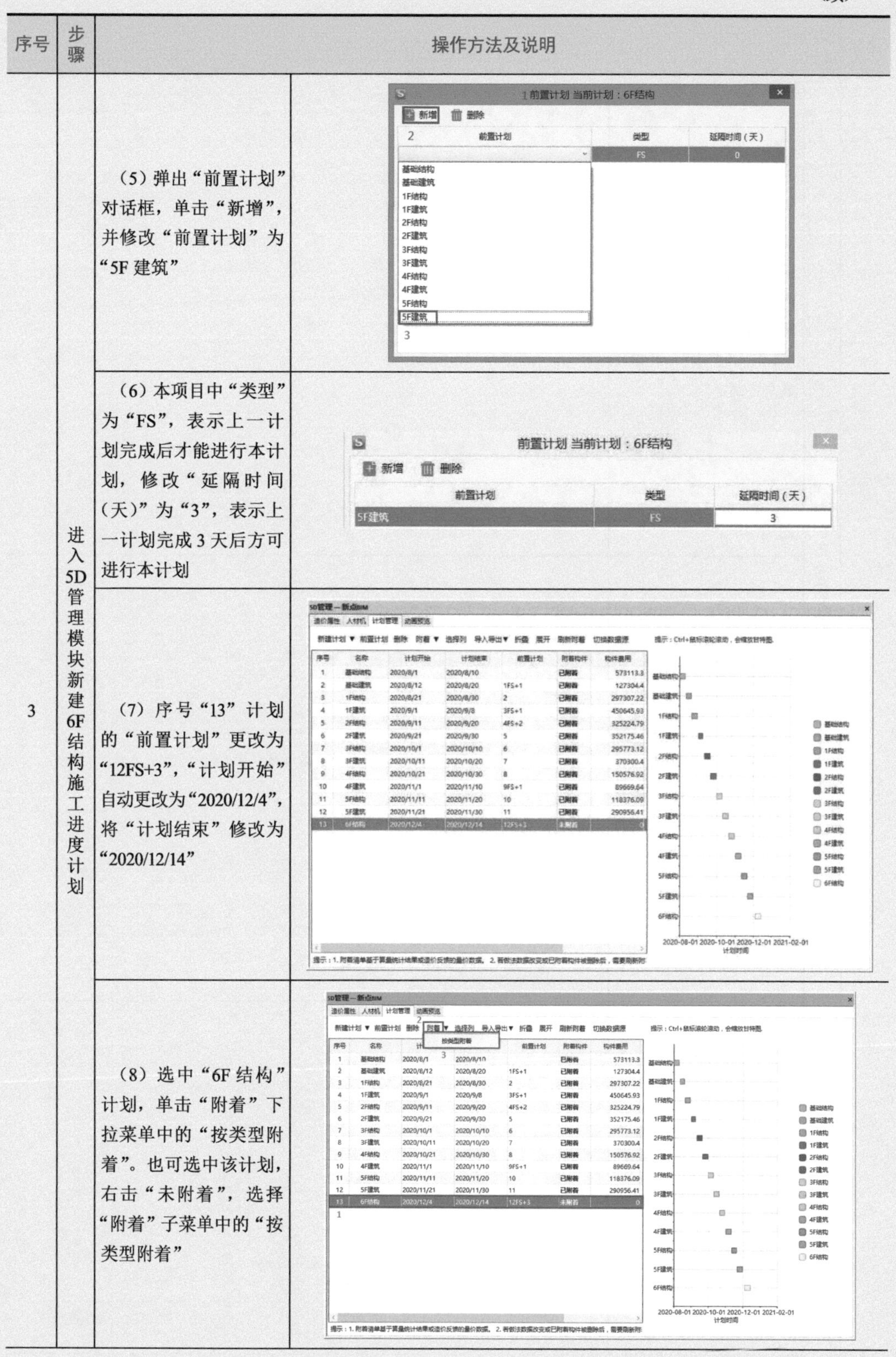

序号	步骤	操作方法及说明	
3	进入5D管理模块新建6F结构施工进度计划	（5）弹出“前置计划”对话框，单击“新增”，并修改“前置计划”为“5F建筑”	
		（6）本项目中“类型”为“FS”，表示上一计划完成后才能进行本计划，修改“延隔时间（天）”为“3”，表示上一计划完成3天后方可进行本计划	
		（7）序号“13”计划的“前置计划”更改为“12FS+3”，“计划开始”自动更改为“2020/12/4”，将“计划结束”修改为“2020/12/14”	
		（8）选中“6F结构”计划，单击“附着”下拉菜单中的“按类型附着”。也可选中该计划，右击“未附着”，选择“附着”子菜单中的“按类型附着”	

（续）

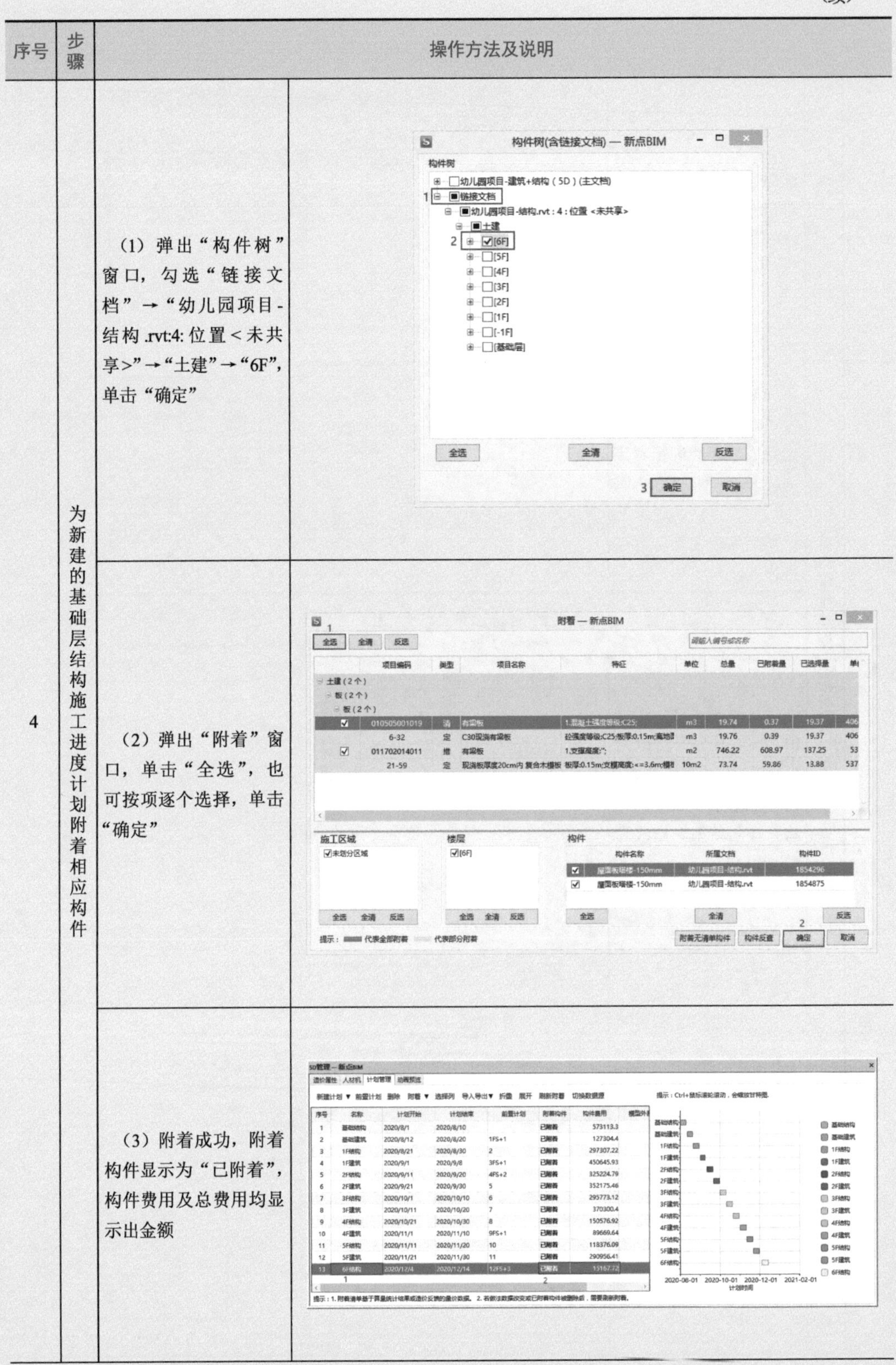

序号	步骤	操作方法及说明	
4	为新建的基础层结构施工进度计划附着相应构件	（1）弹出“构件树”窗口，勾选“链接文档”→“幼儿园项目-结构.rvt:4:位置<未共享>”→“土建”→“6F”，单击“确定”	
		（2）弹出“附着”窗口，单击“全选”，也可按项逐个选择，单击“确定”	
		（3）附着成功，附着构件显示为“已附着”，构件费用及总费用均显示出金额	

（续）

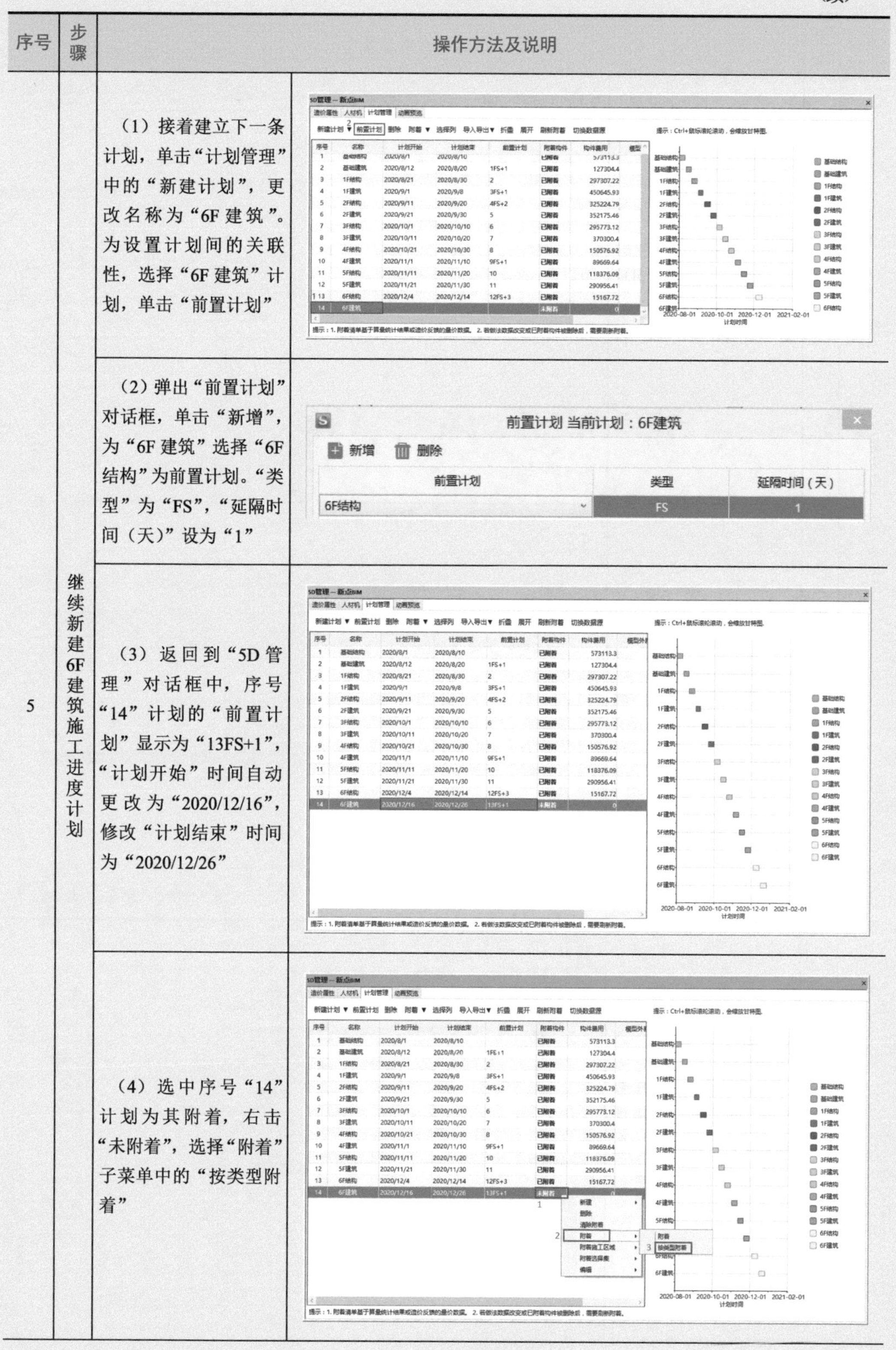

序号	步骤	操作方法及说明	
5	继续新建6F建筑施工进度计划	（1）接着建立下一条计划，单击“计划管理”中的“新建计划”，更改名称为“6F 建筑”。为设置计划间的关联性，选择“6F 建筑”计划，单击“前置计划”	
		（2）弹出“前置计划”对话框，单击“新增”，为“6F 建筑”选择“6F 结构”为前置计划。“类型”为“FS”，“延隔时间（天）”设为“1”	
		（3）返回到“5D 管理”对话框中，序号“14”计划的“前置计划”显示为“13FS+1”，“计划开始”时间自动更改为“2020/12/16”，修改“计划结束”时间为“2020/12/26”	
		（4）选中序号“14”计划为其附着，右击“未附着”，选择“附着”子菜单中的“按类型附着”	

（续）

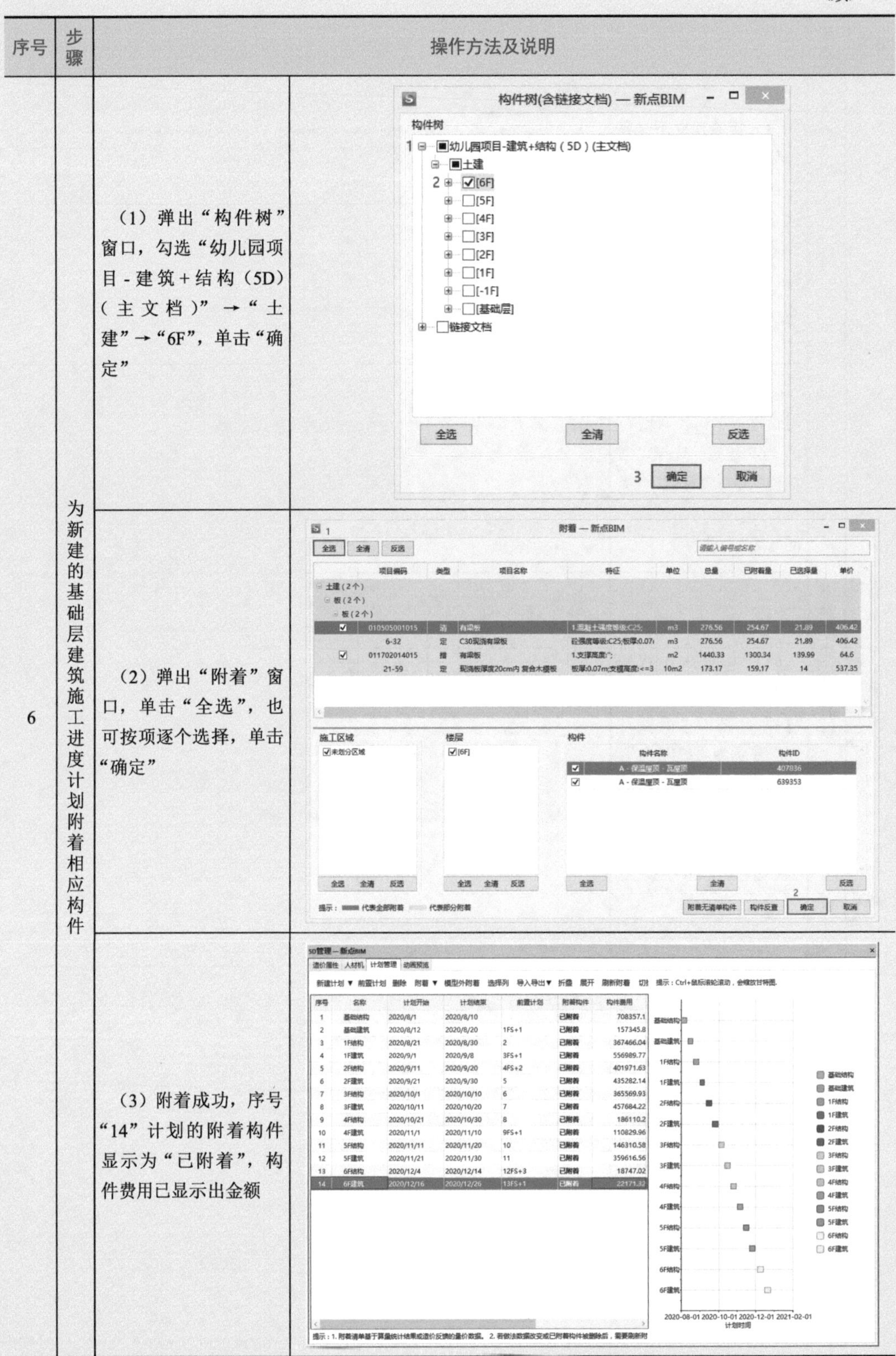

序号	步骤	操作方法及说明	
6	为新建的基础层建筑施工进度计划附着相应构件	（1）弹出“构件树”窗口，勾选“幼儿园项目-建筑+结构（5D）（主文档）”→“土建”→“6F”，单击“确定”	
		（2）弹出“附着”窗口，单击“全选”，也可按项逐个选择，单击“确定”	
		（3）附着成功，序号“14”计划的附着构件显示为“已附着”，构件费用已显示出金额	

2. 使用新点 BIM 5D 算量软件预览动画并集成 5D 模型，见表 C-8。

表 C-8　使用新点 BIM 5D 算量软件预览动画并集成 5D 模型

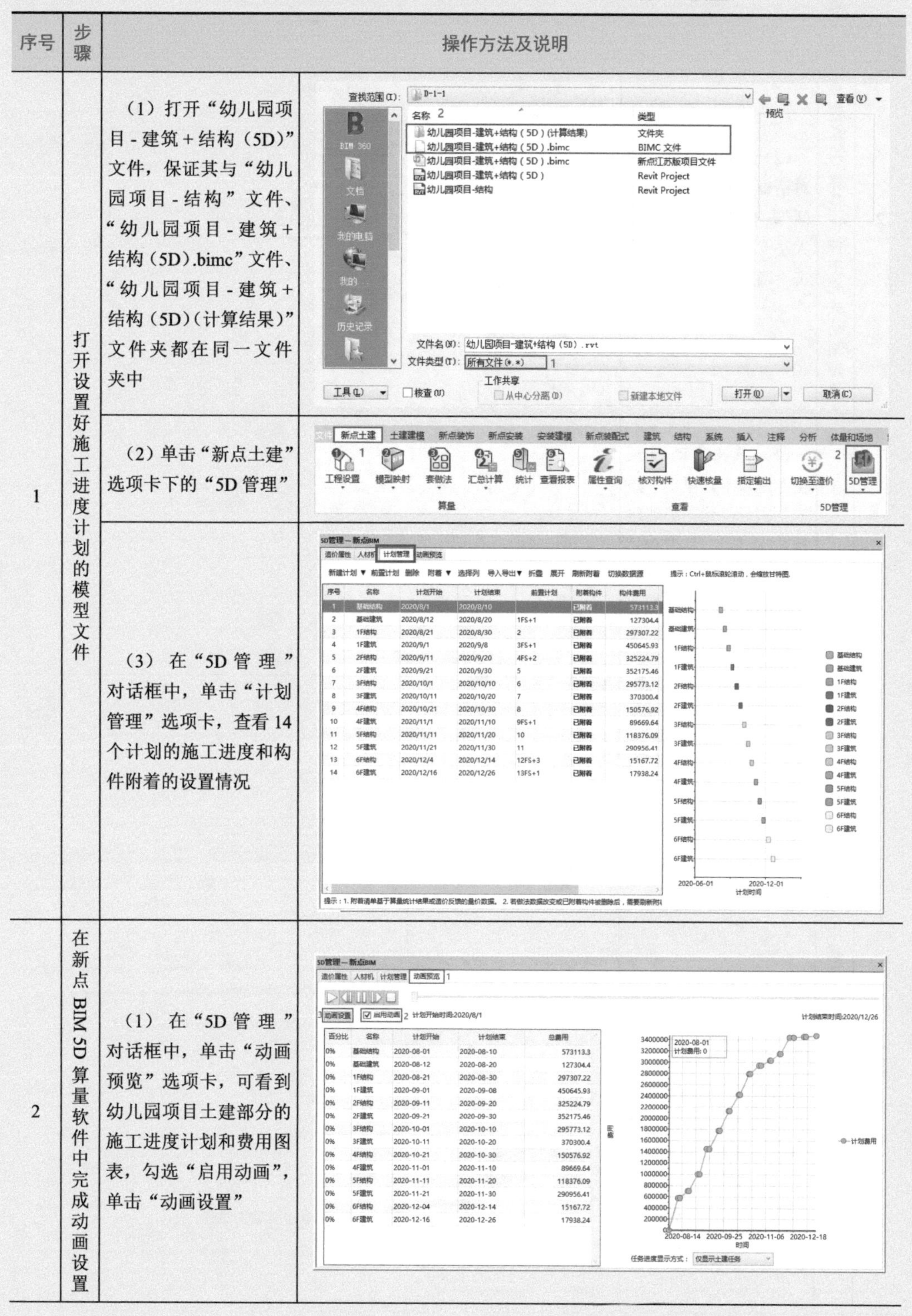

序号	步骤	操作方法及说明
1	打开设置好施工进度计划的模型文件	（1）打开“幼儿园项目 - 建筑 + 结构（5D）”文件，保证其与“幼儿园项目 - 结构”文件、“幼儿园项目 - 建筑 + 结构（5D）.bimc”文件、“幼儿园项目 - 建筑 + 结构（5D）（计算结果）”文件夹都在同一文件夹中
		（2）单击“新点土建”选项卡下的“5D 管理”
		（3）在“5D 管理”对话框中，单击“计划管理”选项卡，查看 14 个计划的施工进度和构件附着的设置情况
2	在新点 BIM 5D 算量软件中完成动画设置	（1）在“5D 管理”对话框中，单击“动画预览”选项卡，可看到幼儿园项目土建部分的施工进度计划和费用图表，勾选“启用动画”，单击“动画设置”

（续）

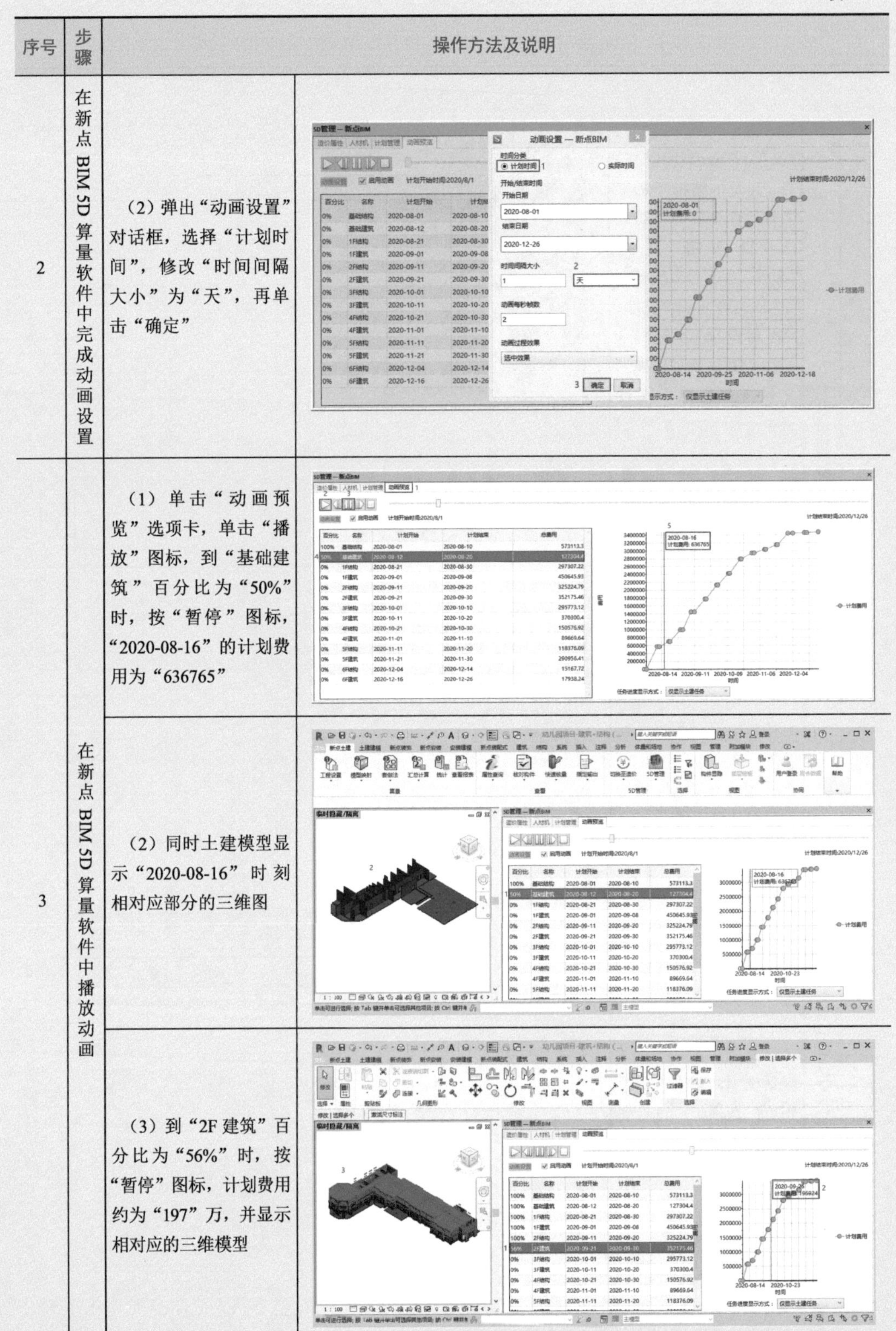

序号	步骤	操作方法及说明	
2	在新点 BIM 5D 算量软件中完成动画设置	（2）弹出“动画设置”对话框，选择“计划时间”，修改“时间间隔大小”为“天”，再单击“确定”	
3	在新点 BIM 5D 算量软件中播放动画	（1）单击“动画预览”选项卡，单击“播放”图标，到“基础建筑”百分比为“50%”时，按“暂停”图标，“2020-08-16”的计划费用为“636765”	
		（2）同时土建模型显示“2020-08-16”时刻相对应部分的三维图	
		（3）到“2F 建筑”百分比为“56%”时，按“暂停”图标，计划费用约为“197”万，并显示相对应的三维模型	

（续）

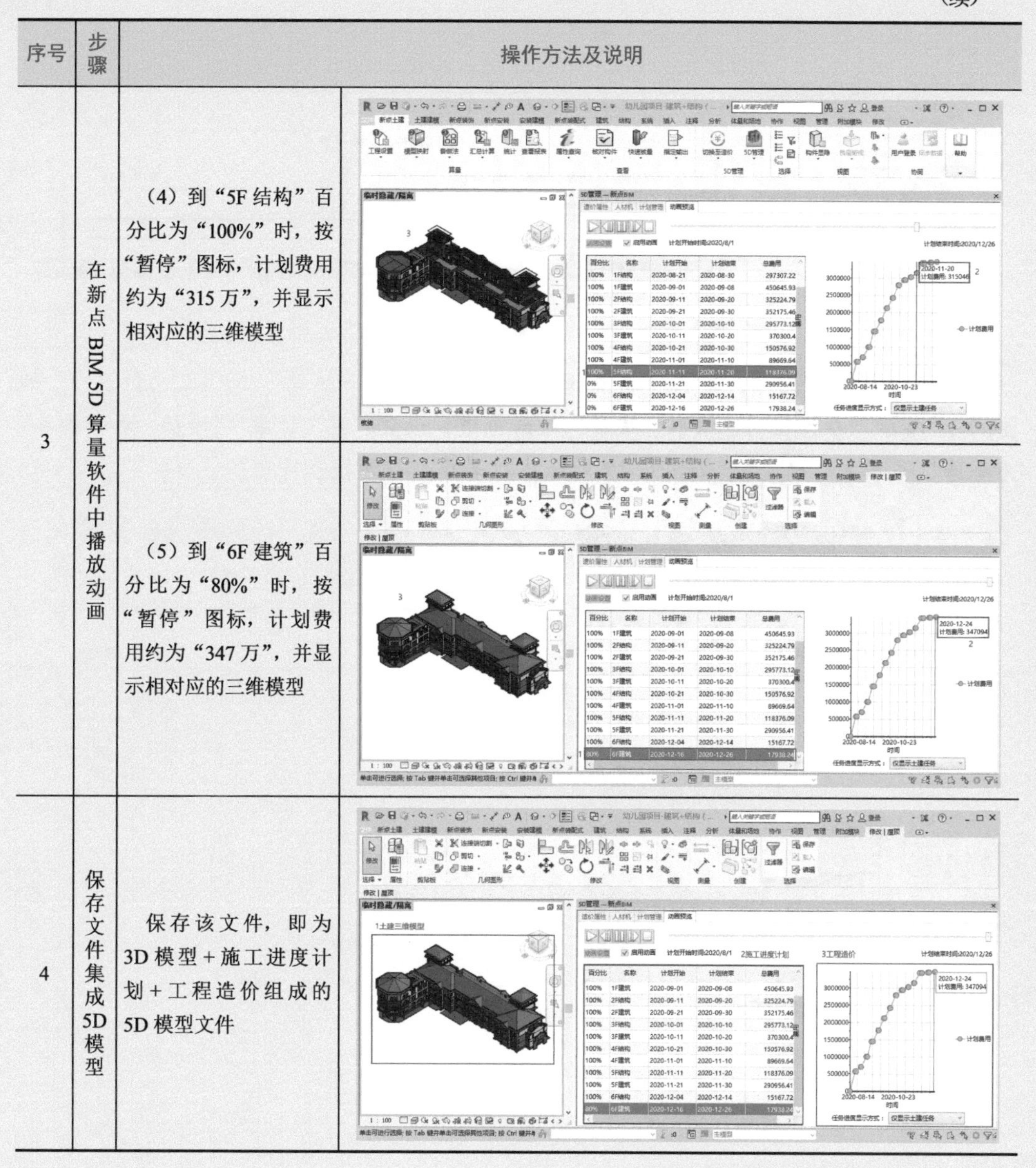

序号	步骤	操作方法及说明	
3	在新点 BIM 5D 算量软件中播放动画	（4）到“5F 结构”百分比为“100%”时，按“暂停”图标，计划费用约为“315 万”，并显示相对应的三维模型	
		（5）到“6F 建筑”百分比为“80%”时，按“暂停”图标，计划费用约为“347 万”，并显示相对应的三维模型	
4	保存文件集成 5D 模型	保存该文件，即为 3D 模型 + 施工进度计划 + 工程造价组成的 5D 模型文件	

问题情境一

若新点 BIM 5D 算量软件中，打开已完成计价的“幼儿园项目 - 建筑 + 结构（5D）.rvt”文件，此文件和“幼儿园项目 - 结构 .rvt”文件、“幼儿园项目 - 建筑 + 结构（5D）.bimc”文件、“幼儿园项目 - 建筑 + 结构（5D）（计算结果）”文件夹都在同一文件夹中，“新点土建”选项卡中“算量”“查看”“5D 管理”面板都是亮显，但报表为空白状态，如图 C-10 所示，该如何调出报表？

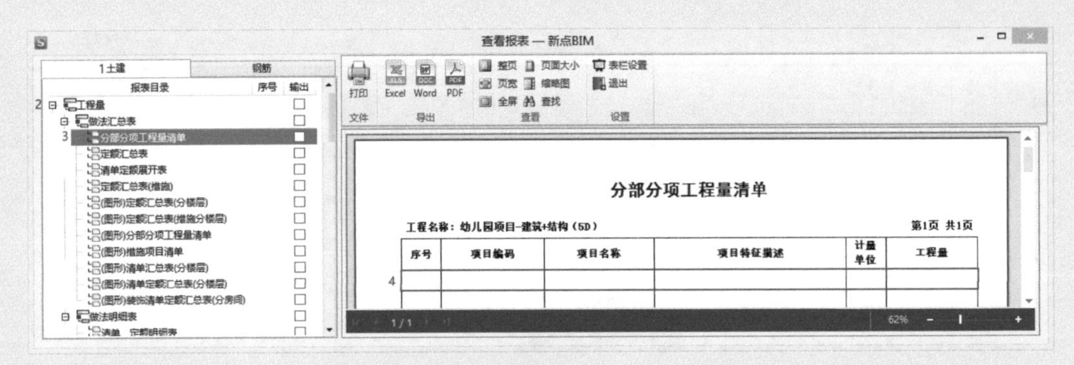

图 C-10

解答：需重新统计，单击“新点土建”选项卡下的“统计”或“汇总计算”，如图 C-11 所示。在弹出的“工程量统计”对话框中，设置“施工区域”“楼层”和“构件”为全选，并单击“确定”，如图 C-12 所示，接着重新查看报表即可。

图 C-11

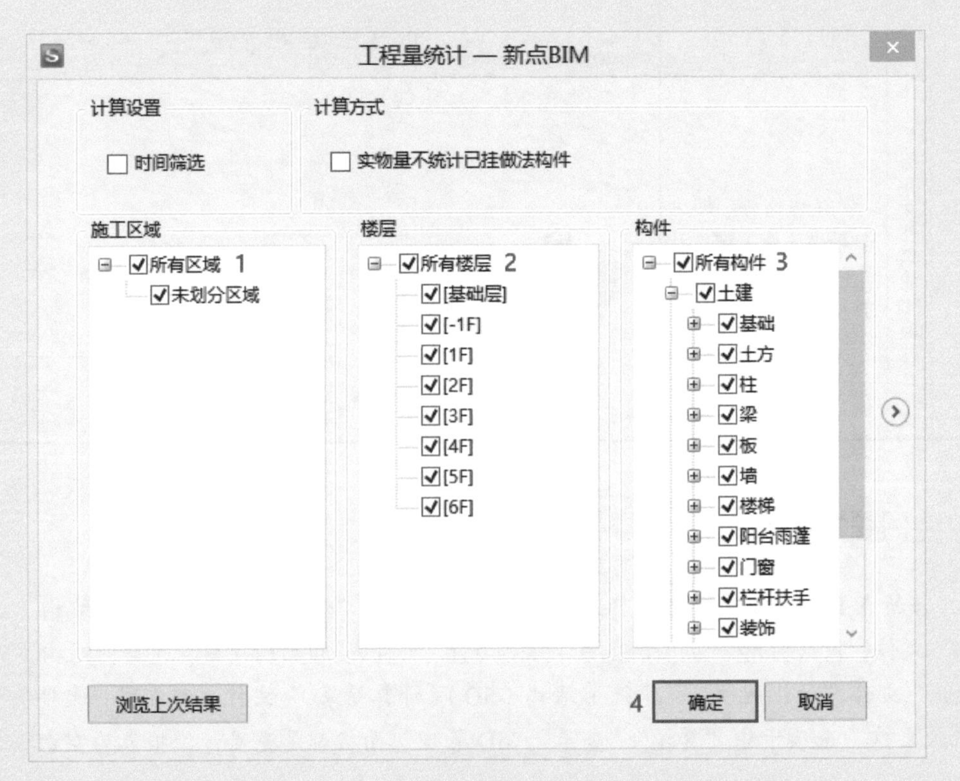

图 C-12

问题情境二

若新点 BIM 5D 算量软件中，“6F 建筑”附着构件时，不小心附着了“5F 建筑”的构件，导致附着错误，如图 C-13、图 C-14 所示，该如何修改？

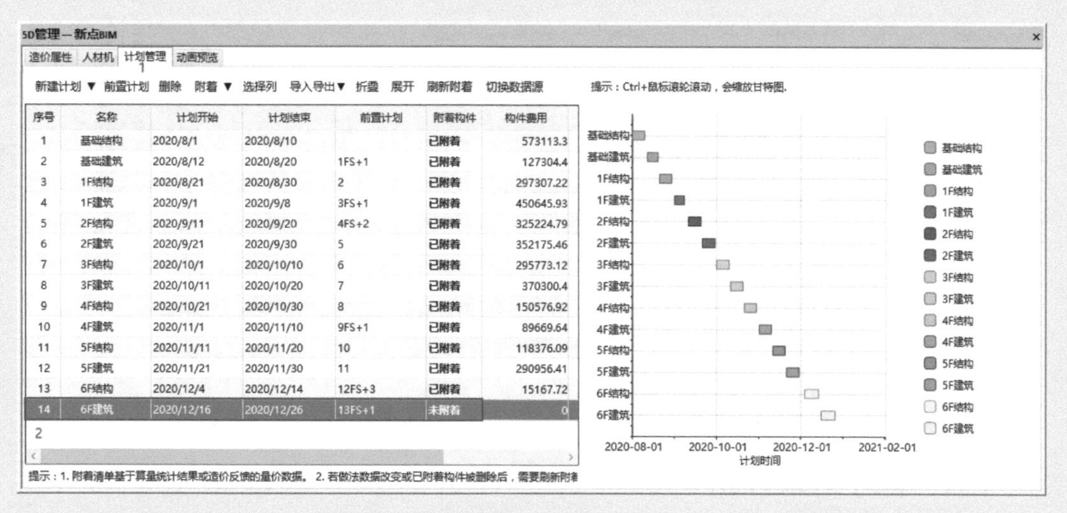

图　C-13

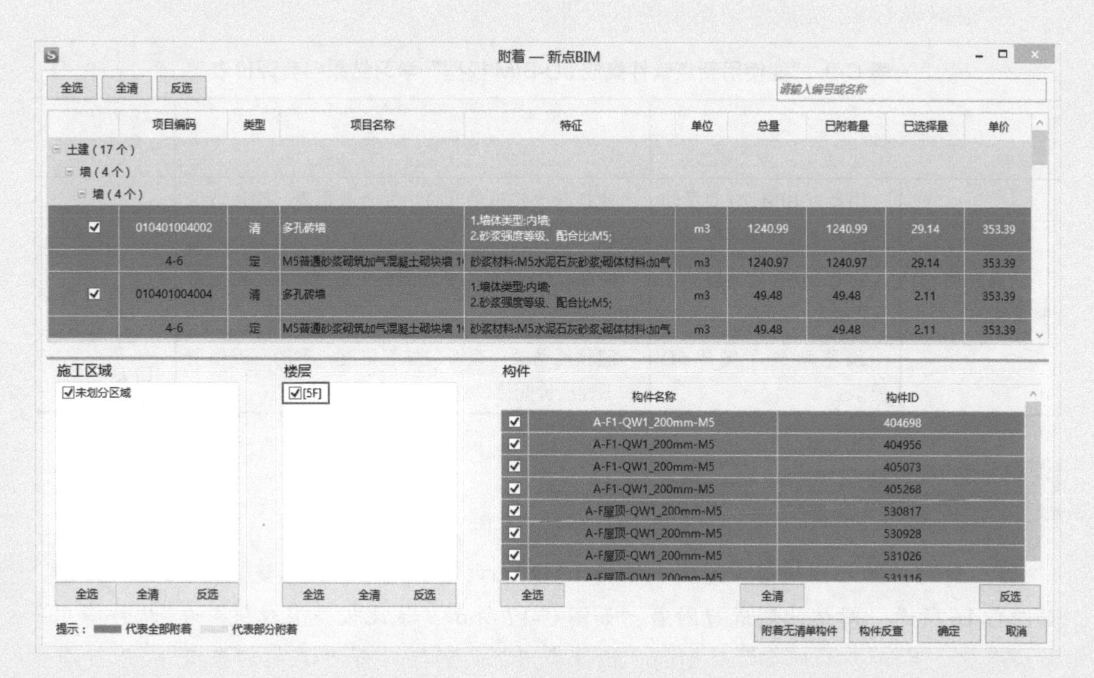

图　C-14

解答： 选择“6F 建筑”行，右击“已附着”，选择“清除附着”，再重新附着即可，如图 C-15 所示。

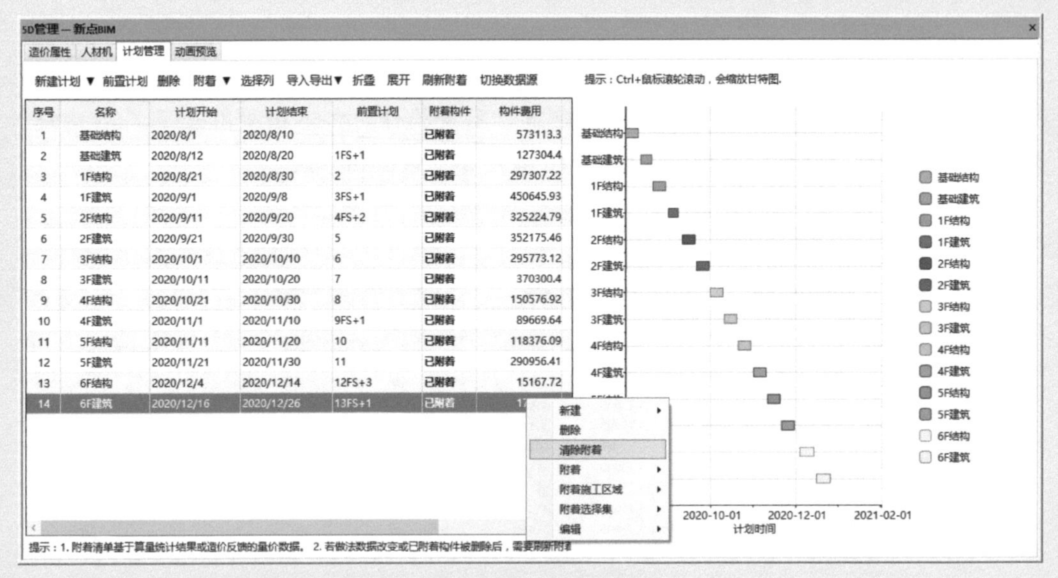

图 C-15

四、学习结果评价

请根据表 C-9，完成学习结果的自我评价。

表 C-9 “能使用新点软件集成 5D-BIM 模型”学习结果自我评价表

评价内容		评价标准	评价结果（是 / 否）
新点 BIM 5D 算量软件	用新点 BIM 5D 算量软件打开土建模型文件	能打开土建模型文件，并查看报表，确认造价不是空白状态	□是□否
	新点 5D 管理设置施工进度计划	能在“5D 管理”中输入施工进度计划，并附着相应构件	□是□否
	预览动画，集成 5D 模型	能预览动画，查看与施工进度一致的三维模型和工程造价变化	□是□否

课后作业

1. 针对“幼儿园项目 - 建筑 + 结构（5D）.rvt”模型文件，新建“3F 门窗”计划，如图 C-16 所示。对该计划进行附着，如图 C-17 所示，试比较“3F 建筑”的“构件费用”前后变化，并将“3F 门窗”计划的“构件费用”截图保存为“3F 门窗费用 .jpg”文件。

2. 在上题“幼儿园项目 - 建筑 + 结构（5D）.rvt”模型文件中，对“3F 建筑”计划重新附着，如图 C-18 所示，完成后，发现“3F 门窗”此时为“未附着”，试说说其原因。

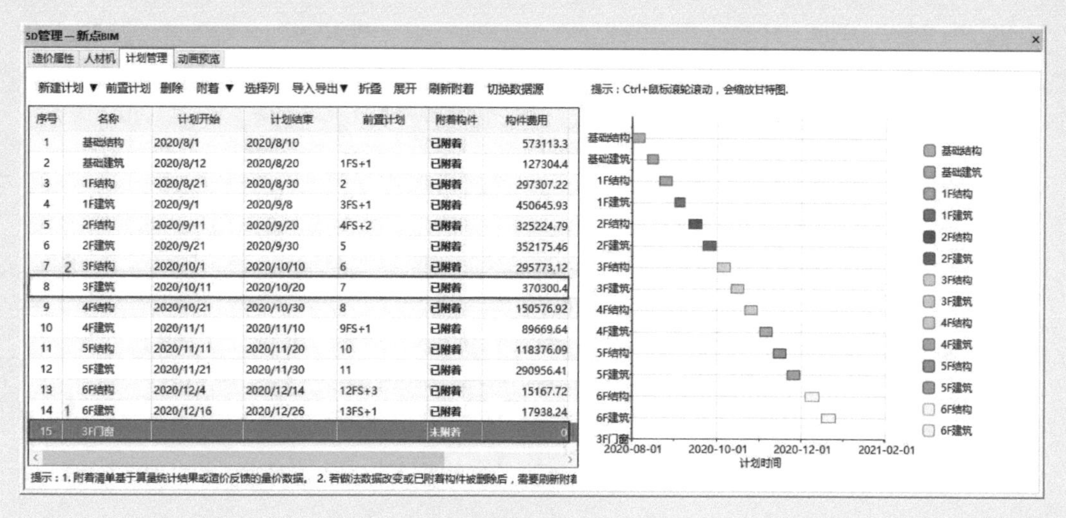

图　C-16

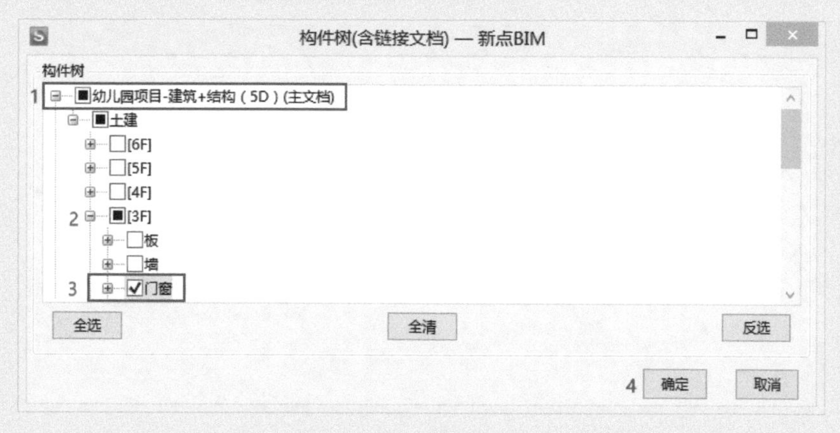

图　C-17

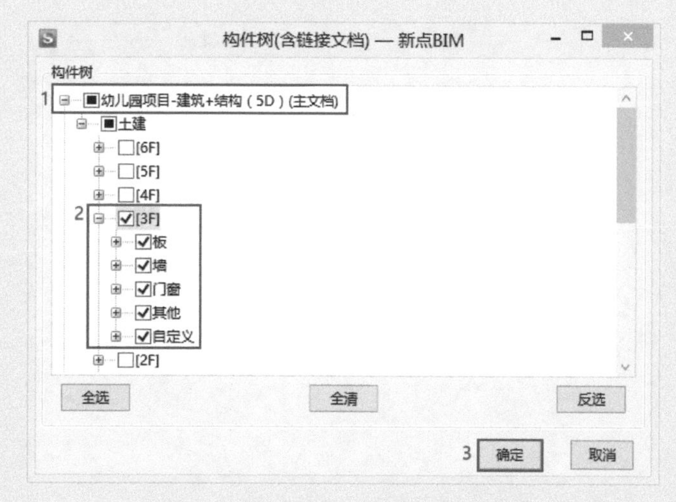

图　C-18

工作任务C-2　基于BIM技术管理造价

职业能力C-2-1　能基于BIM模型制订成本计划

核心概念

施工成本计划：是指以货币形式编制，包含施工项目计划期内的生产费用，以及应实现的计划成本降低率与降低额的主要措施方案。它是降低项目成本的指导性文件，也是设定目标成本的依据。

学习目标

1. 能够用新点BIM 5D算量软件编制土建模型某分部的工程造价。
2. 能够用新点BIM 5D算量软件编制土建模型某分部的人材机需求计划。

课前阅读

某项目有装配式建筑施工的要求，一期内墙板使用的是传统的空心墙板，但由于现场施工把控不到位，造成大量的开裂、破损。在该项目二期实施时，为了避免出现同样的问题，修改施工方案“内墙板由空心板变更为ALC内墙板”，导致成本增加130余万元。此案例告诉我们，当需要调整工艺做法时，一定要把好成本关。搞清楚是原工艺无法达到要求，还是管理不到位？如果是因为管理不到位而花的钱，每一分成本都要争一争。我们任何时候都要有节约意识和全局观念。

基本知识

一、施工成本

1．建设工程项目施工成本。建设工程项目施工成本是指在建设工程项目的施工过程中所发生的全部生产费用的总和，由直接成本和间接成本组成。直接成本是指施工过程中耗费的构成工程实体或有助于工程实体形成的各项费用支出。它是可以直接计入工程对象的费用，包括人工费、材料费、施工机械使用费和施工措施费等。间接成本是指为施工准备、组织和管理施工生产的全部费用的支出。它是无法直接用于或计入工程对象但又必须发生的用于进行施工的费用，包括管理人员工资、办公费、差旅交通费等。

2．单位工程成本汇总表。根据工程清单项目的造价分析，分别对人工费、材料费、机械费、措施费、企业管理费和税费进行汇总，形成单位工程成本计划表。在新点 BIM 5D 算量软件中，施工计划造价由分部分项工程费、单价措施项目费、总价措施项目费、规费和税金组成。人材机需求计划里包含人工、材料和机械的编码、名称、规格、单位、数量、单价和合价等内容。

二、施工成本管理

施工成本管理是指通过控制手段，在达到建筑物预定功能和工期要求的前提下，优化成本开支，将施工总成本控制在施工合同或设计规定的预算范围内。成本控制通过成本计划、成本监督、成本跟踪、成本诊断等措施来实现。

施工成本管理是从工程投标报价开始，直至项目竣工结算，保修金返还为止，贯穿于项目实施的全过程。

施工材料、人工、机械设备的资源投入是工程成本的主要构成，加强施工资源人材机管理，优化施工资源配置，实行动态管理，对于保证正常施工生产、降低工程成本、增强项目竞争力，具有重要作用。

三、成本计划的作用

成本计划将预算总成本分解到各个分项分部工程甚至工序，明确工程各组成部分的费用限额，作为成本审核监督的依据。

四、制订施工成本计划的过程

制订施工成本计划的过程是成本管理的决策过程，也是选定技术上可行且经济上合理的最优成本方案的过程。项目管理者通过成本计划把目标成本层层分解，落实到施工过程的每个环节，便于将成本控制在合理低价范围内。

能力训练

一、操作条件

1．计算机、新点 BIM 5D 算量软件及密码锁、新点清单造价软件及密码锁。

2. 1～2 个实践项目的建筑、结构专业的 Revit 模型文件、新点 BIM 5D 算量 bimc 文件。

二、注意事项

1. 检查并确认实践项目各专业文件是否齐全，是否能有效打开。
2. 检查并确认计算机配置是否符合要求：至少要求 Windows 7 系统、8GB 内存。

三、操作过程

1. 使用新点 BIM 5D 算量软件编制模型某分部的工程造价，见表 C-10。

表 C-10　使用新点 BIM 5D 算量软件编制模型某分部的工程造价

序号	步骤	操作方法及说明	
1	用新点 BIM 5D 算量软件打开模型	（1）双击计算机桌面上的“新点 BIM 5D 算量正式版 2020”图标，进入软件界面	
		（2）打开“幼儿园项目 - 建筑 + 结构 .rvt”文件，该模型已将建筑和结构模型绑定为一体，保证“幼儿园项目 - 建筑 + 结构 .bimc”文件、“幼儿园项目 - 建筑 + 结构（计算结果）”文件夹都在同一文件夹中	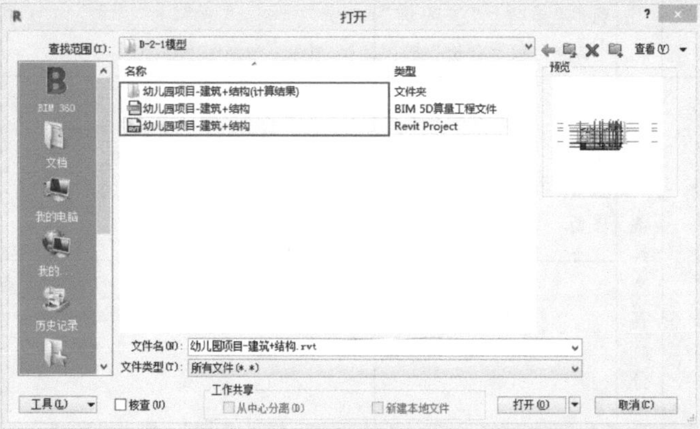
		（3）进入软件界面，“新点土建”选项卡下的“算量”“查看”“5D 管理”面板都是亮显	

（续）

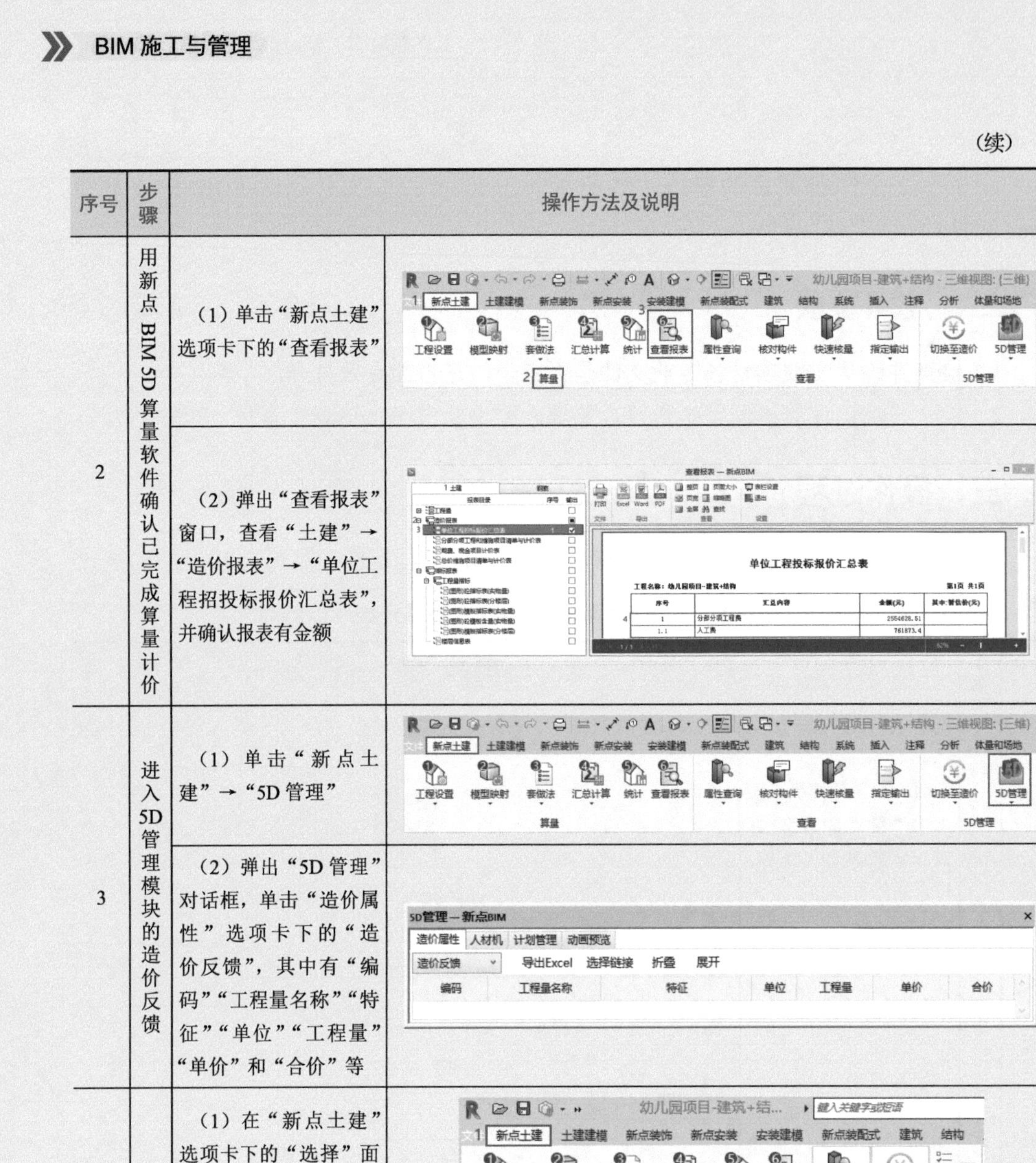

序号	步骤	操作方法及说明	
2	用新点 BIM 5D 算量软件确认已完成算量计价	（1）单击“新点土建”选项卡下的“查看报表”	
		（2）弹出“查看报表”窗口，查看“土建”→“造价报表”→“单位工程招投标报价汇总表”，并确认报表有金额	
3	进入 5D 管理模块的造价反馈	（1）单击“新点土建”→“5D 管理”	
		（2）弹出“5D 管理”对话框，单击“造价属性”选项卡下的“造价反馈”，其中有“编码”“工程量名称”“特征”“单位”“工程量”“单价”和“合价”等	
4	选择模型基础分部查看计划造价	（1）在“新点土建”选项卡下的“选择”面板中，单击“构件树”图标	
		（2）弹出“构件树”对话框，选择“-1F”和“基础层”的“基础”	

（续）

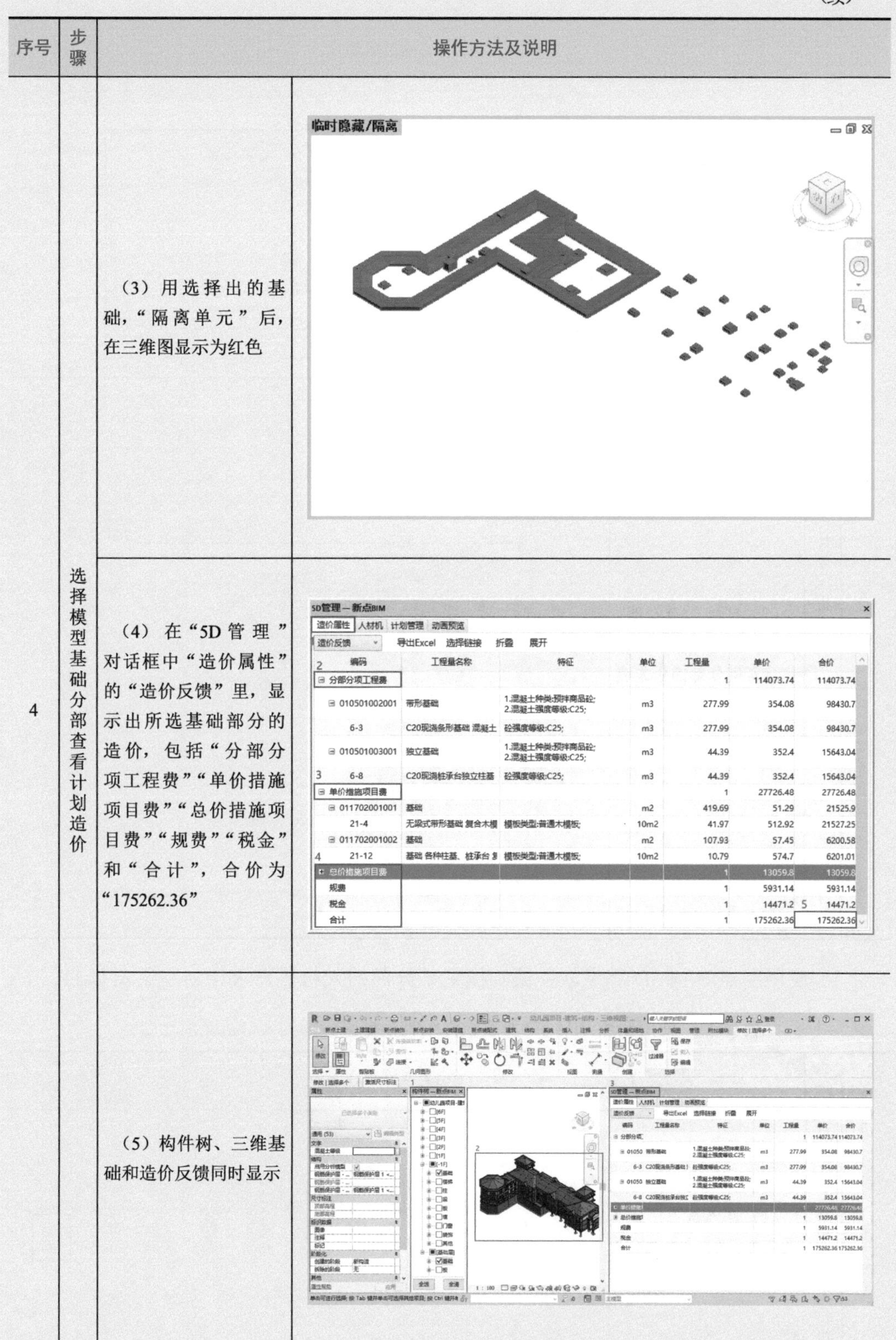

序号	步骤	操作方法及说明	
4	选择模型基础分部查看计划造价	（3）用选择出的基础，“隔离单元”后，在三维图显示为红色	
		（4）在“5D 管理”对话框中“造价属性”的“造价反馈”里，显示出所选基础部分的造价，包括“分部分项工程费”“单价措施项目费”“总价措施项目费”“规费”“税金”和“合计”，合价为“175262.36”	
		（5）构件树、三维基础和造价反馈同时显示	

（续）

序号	步骤	操作方法及说明	
5	导出基础分部计划造价	（1）单击“造价属性”下的“导出 Excel”，弹出“另存为”对话框，将文件存为“5D 管理 - 基础造价”	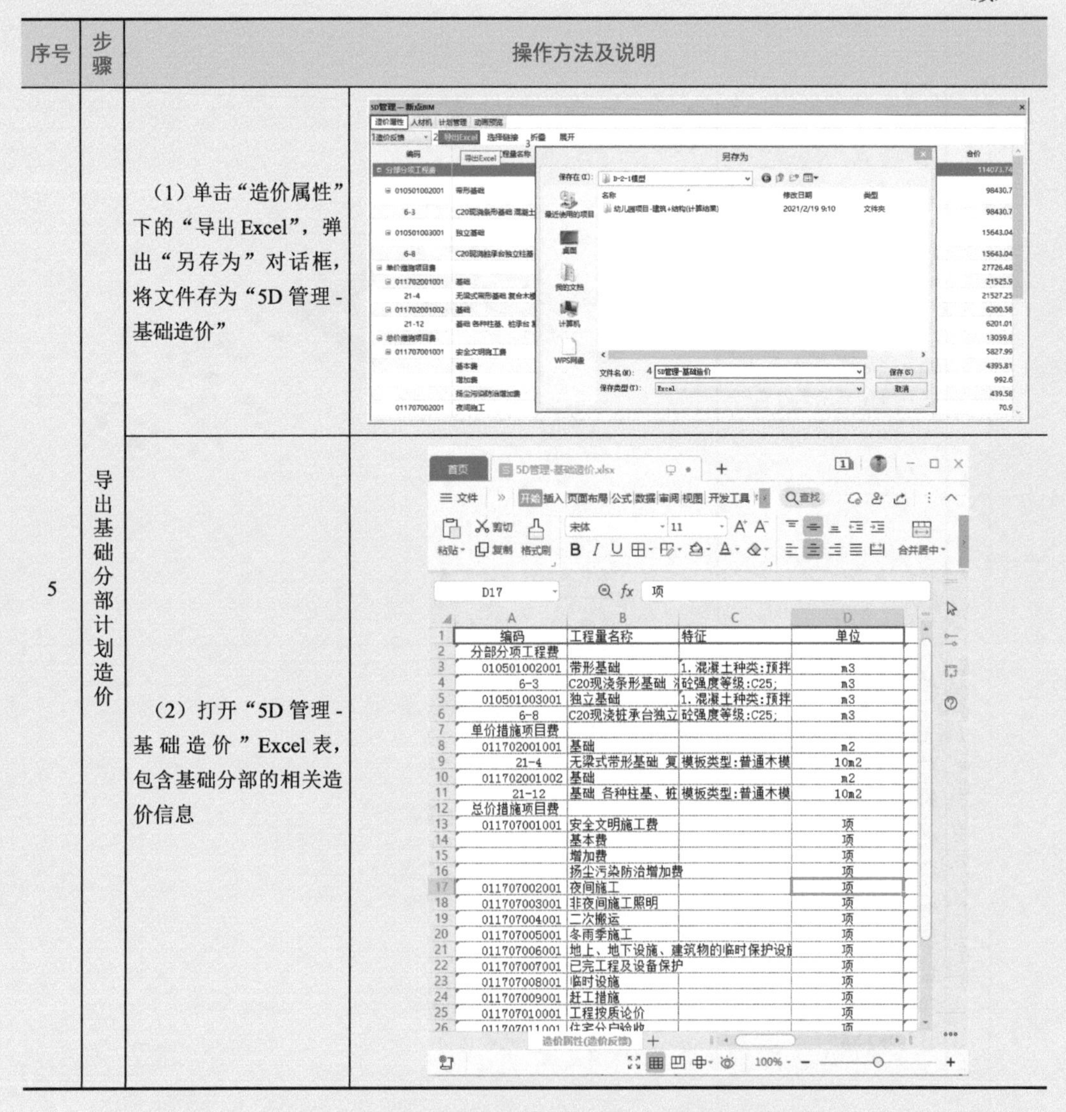
		（2）打开“5D 管理 - 基础造价”Excel 表，包含基础分部的相关造价信息	

2．使用新点 BIM 5D 算量软件编制模型某分部的人材机需求计划，见表 C-11。

表 C-11　使用新点 BIM 5D 算量软件编制模型某分部的人材机需求计划

序号	步骤	操作方法及说明	
1	进入 5D 管理模块的人材机	（1）在“新点土建”选项卡中单击“5D 管理”	

（续）

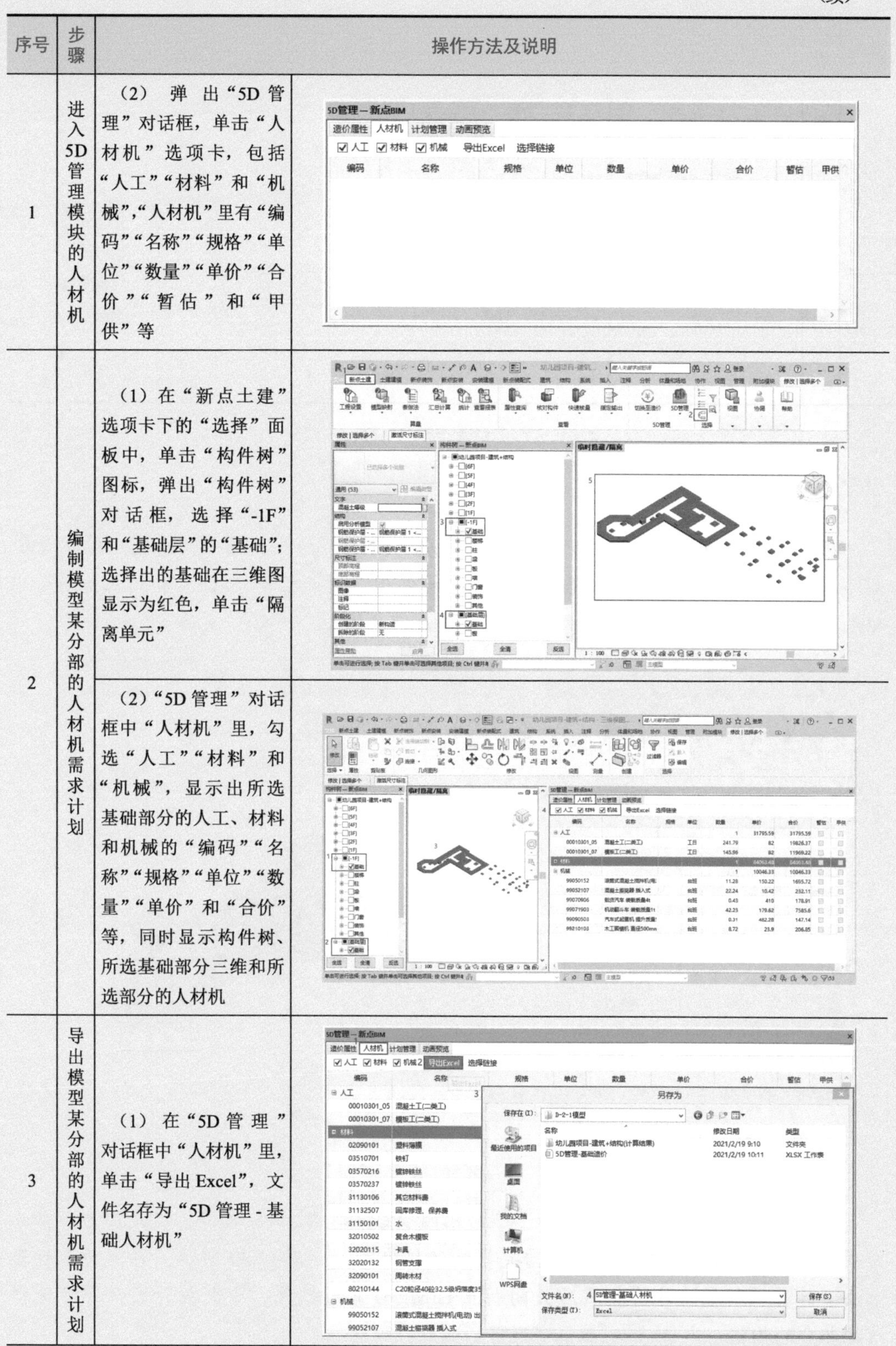

序号	步骤	操作方法及说明
1	进入5D管理模块的人材机	（2）弹出“5D管理”对话框，单击“人材机”选项卡，包括“人工”“材料”和“机械”，“人材机”里有“编码”“名称”“规格”“单位”“数量”“单价”“合价”“暂估”和“甲供”等
2	编制模型某分部的人材机需求计划	（1）在“新点土建”选项卡下的“选择”面板中，单击“构件树”图标，弹出“构件树”对话框，选择“-1F”和“基础层”的“基础”；选择出的基础在三维图显示为红色，单击“隔离单元”
		（2）“5D管理”对话框中“人材机”里，勾选“人工”“材料”和“机械”，显示出所选基础部分的人工、材料和机械的“编码”“名称”“规格”“单位”“数量”“单价”和“合价”等，同时显示构件树、所选基础部分三维和所选部分的人材机
3	导出模型某分部的人材机需求计划	（1）在“5D管理”对话框中“人材机”里，单击“导出Excel”，文件名存为“5D管理-基础人材机”

（续）

序号	步骤	操作方法及说明
3	导出模型某分部的人材机需求计划	（2）打开“5D 管理 - 基础人材机”Excel 表，包含基础分部的人工、材料和机械的数量、单价和合价等

编码	名称	规格	单位	数量	单价	合价	暂估	甲供
人工				1.00	31795.59	31795.59	FALSE	FALSE
00010301_05	混凝土工(二类工)		工日	241.79	82.00	19826.37	FALSE	FALSE
00010301_07	模板工(二类工)		工日	145.96	82.00	11969.22	FALSE	FALSE
材料				1.00	84063.48	84063.48	FALSE	FALSE
02090101	塑料薄膜		m2	516.88	0.69	355.67	FALSE	FALSE
03510701	铁钉		kg	176.45	3.60	636.38	FALSE	FALSE
03570216	镀锌铁丝	8#	kg	6.37	4.20	26.98	FALSE	FALSE
03570237	镀锌铁丝	22#	kg	7.06	4.72	34.77	FALSE	FALSE
31130106	其它材料费		元	263.80	0.86	226.88	FALSE	FALSE
31132507	回库修理、保养费		元	57.02	1.00	59.12	FALSE	FALSE
31150101	水		m3	350.86	4.57	1603.98	FALSE	FALSE
32010502	复合木模板	18mm	m2	116.07	32.59	3783.04	FALSE	FALSE
32020115	卡具		kg	8.68	4.18	37.05	FALSE	FALSE
32020132	钢管支撑		kg	89.83	3.59	320.65	FALSE	FALSE
32090101	周转木材		m3	3.37	1586.47	5352.57	FALSE	FALSE
80210144	C20粒径40砼32.5级坍落度35-50		m3	327.22	218.90	71626.39	FALSE	FALSE
机械				1.00	10046.33	10046.33	FALSE	FALSE
99050152	滚筒式混凝土搅拌机(电动) 出料容量400L		台班	11.28	150.22	1695.72	FALSE	FALSE

问题情境一

在新点 BIM 5D 算量软件中，打开已完成计价的“幼儿园项目 - 建筑 + 结构 .rvt”文件，三维图形中能看到独立基础，但在“构件树”对话框中“-1F”和“基础层”中却无“基础”选项，如图 C-19 所示。试分析是何原因。

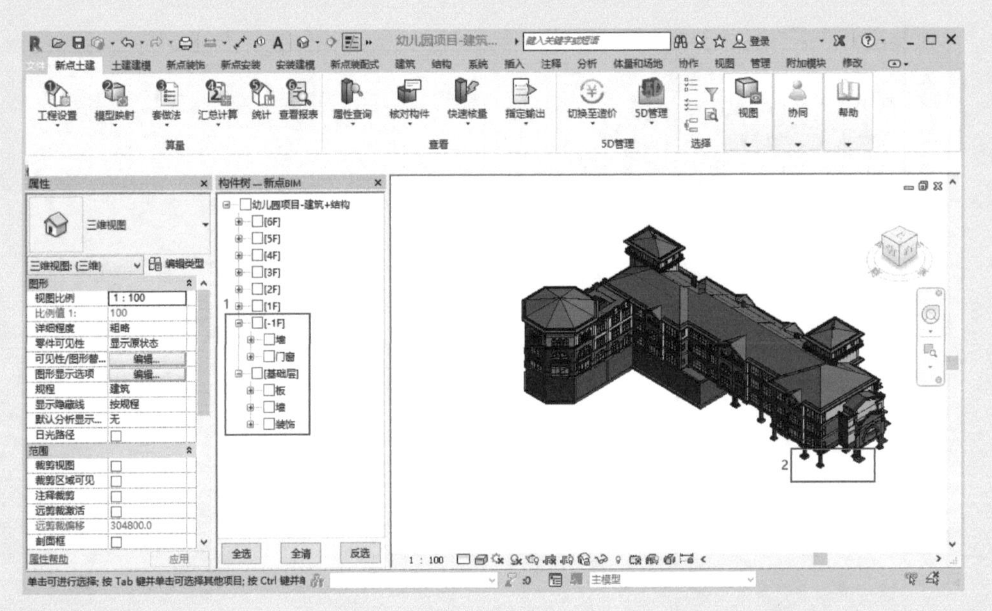

图 C-19

解答：选择基础时，发现选择了“幼儿园项目 - 结构 .rvt”文件，这是因为“幼儿园项目 - 结构 .rvt”是链接文件，需要将此链接绑定，如图 C-20 所示，再重新进行套做法、计算工程量、计价。然后关闭新点 BIM 5D 算量软件，重新打开文件即可选择结构部分的构件。

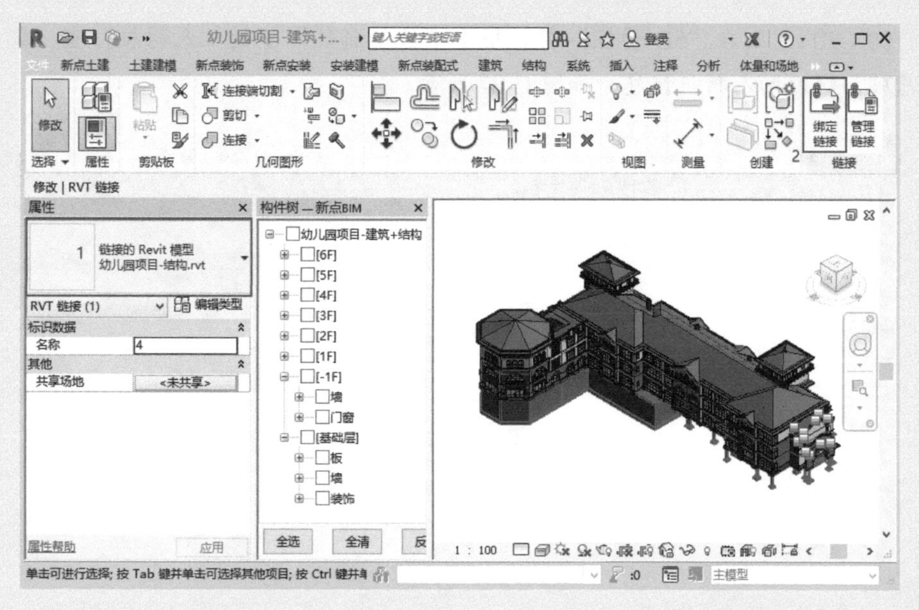

图　C-20

问题情境二

在新点 BIM 5D 算量软件中，如何查看“-1F”中独立基础 DJZJ9 的人材机信息，如图 C-21 所示？

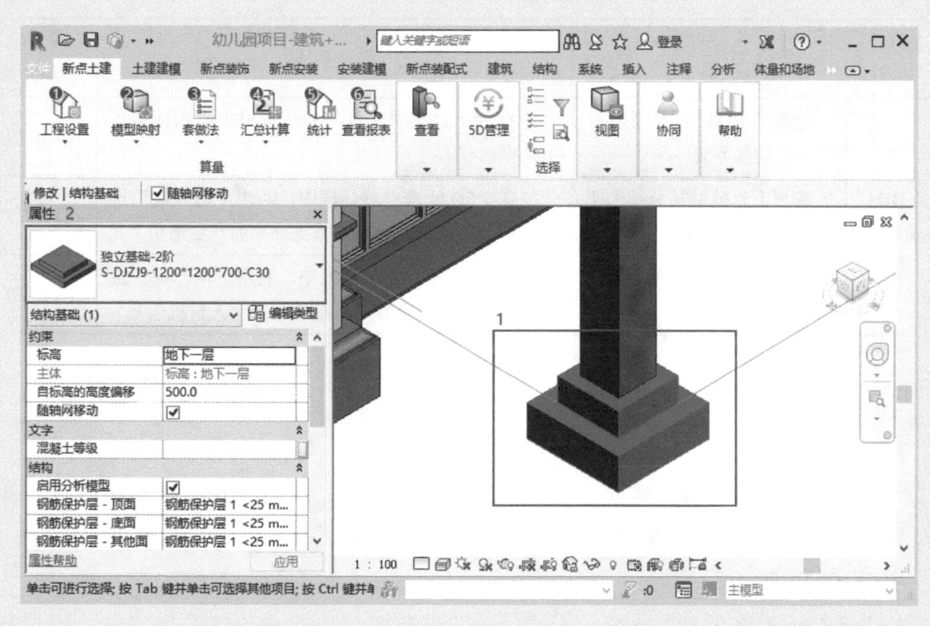

图　C-21

解答：在“构件树”对话框中，选中“-1F”→“基础”→“独基”中的“S-DJZJ9-1200*

1200*700-C30”，则在“5D 管理”对话框中“造价属性”下的“人材机”里，能看到独立基础 DJZJ9 的人材机信息，如图 C-22 所示。

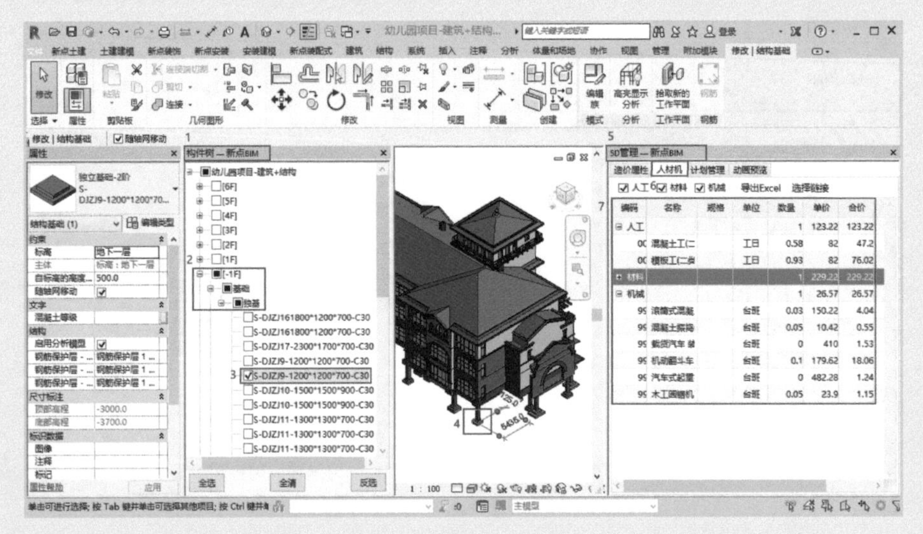

图 C-22

四、学习结果评价

请根据表 C-12，完成学习结果的自我评价。

表 C-12 “能基于 BIM 模型制订成本计划”学习结果自我评价表

评价内容		评价标准	评价结果（是 / 否）
新点 BIM 5D 算量软件	用新点 BIM 5D 算量软件打开土建模型文件	能打开土建模型文件，并查看报表，确认造价不是空白状态	□是□否
	编制土建模型某分部的工程造价	能在“5D 管理”对话框中，利用“构件树”选择基础分部，查看并导出基础分部的计划造价	□是□否
	编制土建模型某分部的人材机需求计划	能在“5D 管理”对话框中，利用“构件树”选择基础分部，查看并导出基础分部的人材机信息	□是□否

课后作业

1. 针对“幼儿园项目 - 建筑 + 结构 .rvt”模型文件，导出“1F”中“柱”的“造价”和“人材机”Excel 表格，保存为“5D 管理 -1F 柱造价 .xls”和“5D 管理 -1F 柱人材机 .xls”文件，如图 C-23 所示。

2. 针对“幼儿园项目 - 建筑 + 结构 .rvt”模型文件，导出“2F”中“梁”的“造价”和“人材机”Excel 表格，保存为“5D 管理 -2F 梁造价 .xls”和“5D 管理 -2F 梁人材机 .xls”文件，如图 C-24 所示。

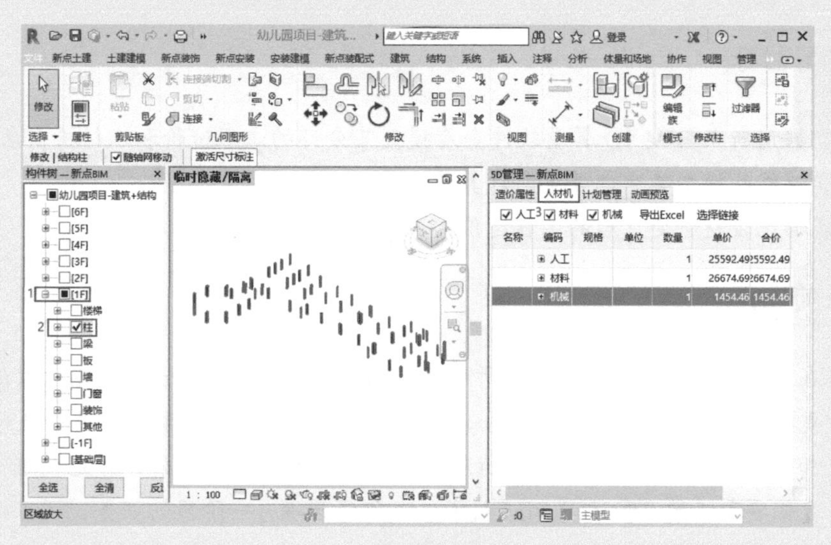

图　C-23

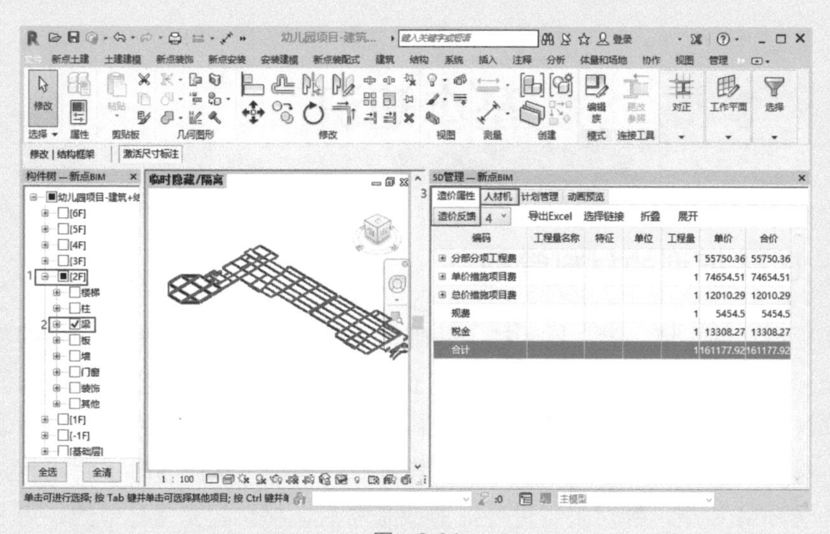

图　C-24

职业能力 C-2-2　能基于 BIM 模型管理材料变更

施工企业材料管理：是指施工企业有关材料的采购、验收、保管、发放使用等方面一切管理工作的总称。建筑工程施工成本中，建筑材料成本所占比例大，是施工项目管理的重要组成部分。施工企业加强对材料的管理，能避免浪费、降低成本，从而获得更多利润。随着计算机水平的发展，利用 BIM 技术，建立含有真实建筑信息的三维模型，对施工过程中的建筑材料进行有效管理。

学习目标

1. 能够用新点 BIM 5D 算量软件查看模型某分部的工程造价和人材机需求计划。
2. 能够修改模型某分部并重新计算其变更后的造价。
3. 能够比较材料变更后的工程造价和人材机需求计划。

课前阅读

目前在施工过程中，工程变更在所难免。BIM 技术的应用，虽然可以最大限度地减少工程变更的发生概率，但并不能完全消除。在施工阶段，业主和承包商可通过在 BIM 模型上添加时间进度和成本信息，进行阶段成本费用的统计和分析，并完成施工进度款的支付。我们要积极学习和运用 BIM 技术，不仅能明确每一阶段的任务，还可以准确直观地表达款项信息，减少超付或延付现象，从而大大降低索赔情况的发生。

基本知识

一、BIM 模型的材料管理

BIM 模型存储了墙、梁、板、柱、基础、管道、桥架等不同专业构件的物理属性信息，如标高、尺寸和材料信息等。施工企业按照时间进度设置施工阶段，可查看、控制建筑材料的消耗情况，获取相应的材料统计表，包括已完工程材料汇总表、未完工程所需材料汇总表、计划与实际材料消耗量对比表等，从而随时了解工程进展。施工企业根据 BIM 模型，针对工程进度提前或是滞后、材料超支或是节约，可及时进行调整，避免资金投入或施工工期偏离计划过多，造成损失。

二、BIM 模型的材料管理流程

对 BIM 模型，通过创建模型、管理材料库、设定工程进度计划、变更协调、输出所需材料信息表、实际与计划比较等步骤达成对材料的科学管理，材料管理流程表见表 C-13。

表 C-13 材料管理流程表

序号	流 程 名 称	具体操作内容
1	创建模型	设定楼层信息，绘制如墙、梁、板、柱、基础、管道、桥架等各专业构件，设定各个构件材料类别、尺寸信息

（续）

序号	流 程 名 称	具体操作内容
2	管理材料库	输入材料信息，如材料类别、材料名称等
3	设定工程进度计划	按时间设定工程施工进度计划
4	变更协调	输入变更信息，如工程设计变更等
5	输出所需材料信息表	按需要获取已完工程消耗材料表、下一阶段工程施工所需材料表
6	实际与计划比较	获取工程施工管理中出现的问题，如材料的库存管理问题等，及时调整，避免损失

三、BIM 模型的材料变更

工程设计变更和增加签证，在工程项目中经常发生。施工企业在工程施工时对BIM模型进行动态维护，可及时将变更绘制到BIM模型里，将变更发生的材料、人工、机械等费用及时准确计算出来，既便于办理签证手续，保证工程变更签证的有效性，又能避免材料积压和无端增加材料成本等现象的发生。

四、建筑材料管理

建筑材料是建筑工程实体的重要组成部分。搞好材料管理对加快施工进度、保证工程质量和降低工程成本至关重要。

在 BIM 模型的使用中，当按实际工程要求设置好材质后，因材质发生变更可在模型中修改，还可针对具体的建筑材料，在云平台上收集的各地区各时段的材料市场价格，计算出更为准确的建筑材料造价，从而真正提高经济效益。

能力训练

一、操作条件

1. 计算机、新点 BIM 5D 算量软件及密码锁、新点清单造价软件及密码锁。

2. 1～2 个实践项目的建筑、结构专业的 Revit 模型文件、新点 BIM 5D 算量 bimc 文件。

二、注意事项

1．检查并确认实践项目各专业文件是否齐全，是否能有效打开。

2．检查并确认计算机配置是否符合要求：至少要求 Windows 7 系统、8GB 内存。

三、操作过程

1．使用新点 BIM 5D 算量软件查看模型某分部的工程造价和人材机需求计划，见表 C-14。

表 C-14　查看某分部的工程造价和人材机需求计划

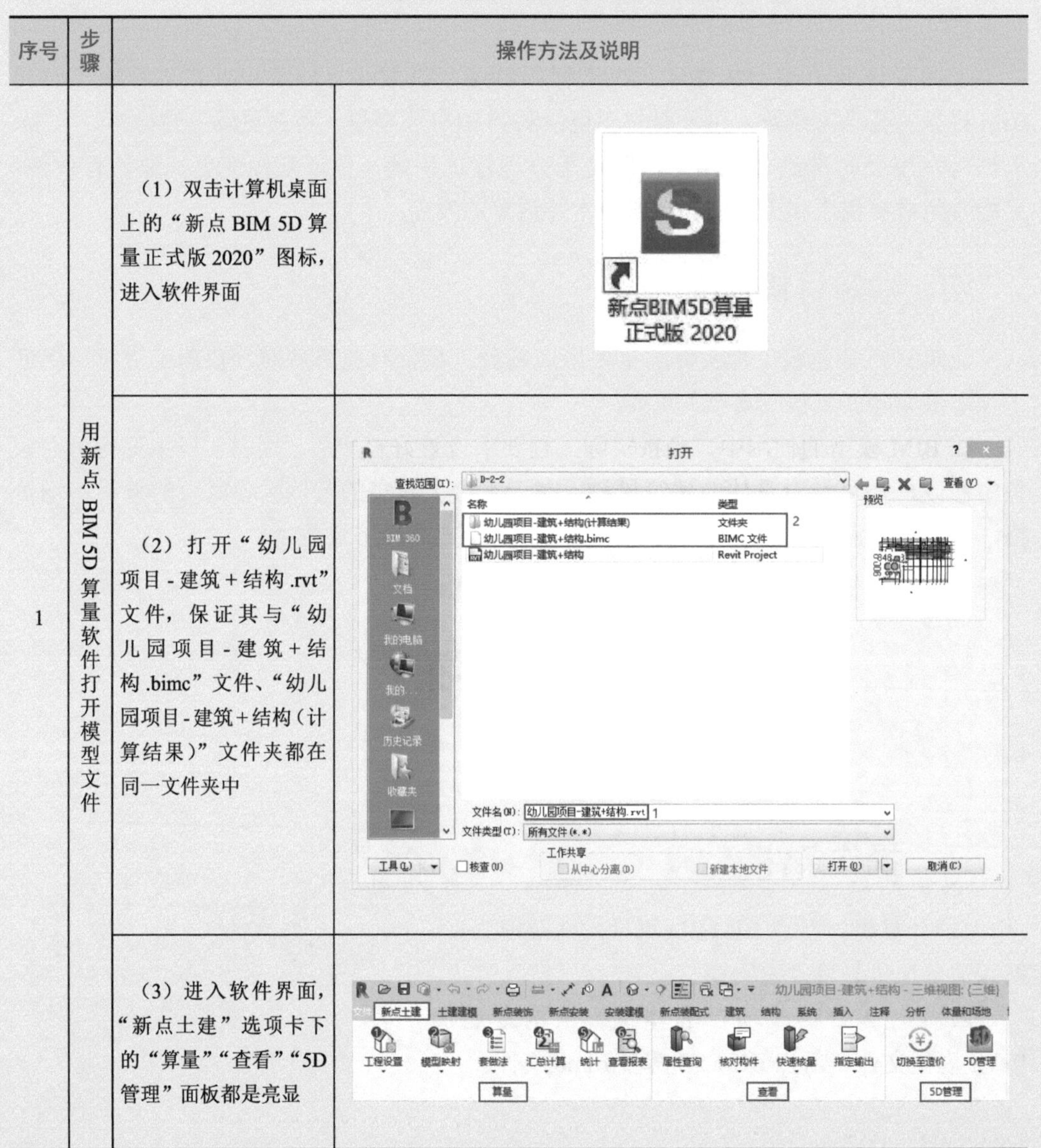

序号	步骤	操作方法及说明	
1	用新点 BIM 5D 算量软件打开模型文件	（1）双击计算机桌面上的“新点 BIM 5D 算量正式版 2020”图标，进入软件界面	
		（2）打开“幼儿园项目 - 建筑 + 结构 .rvt”文件，保证其与“幼儿园项目 - 建筑 + 结构 .bimc”文件、“幼儿园项目 - 建筑 + 结构（计算结果）”文件夹都在同一文件夹中	
		（3）进入软件界面，“新点土建”选项卡下的“算量”“查看”“5D 管理”面板都是亮显	

（续）

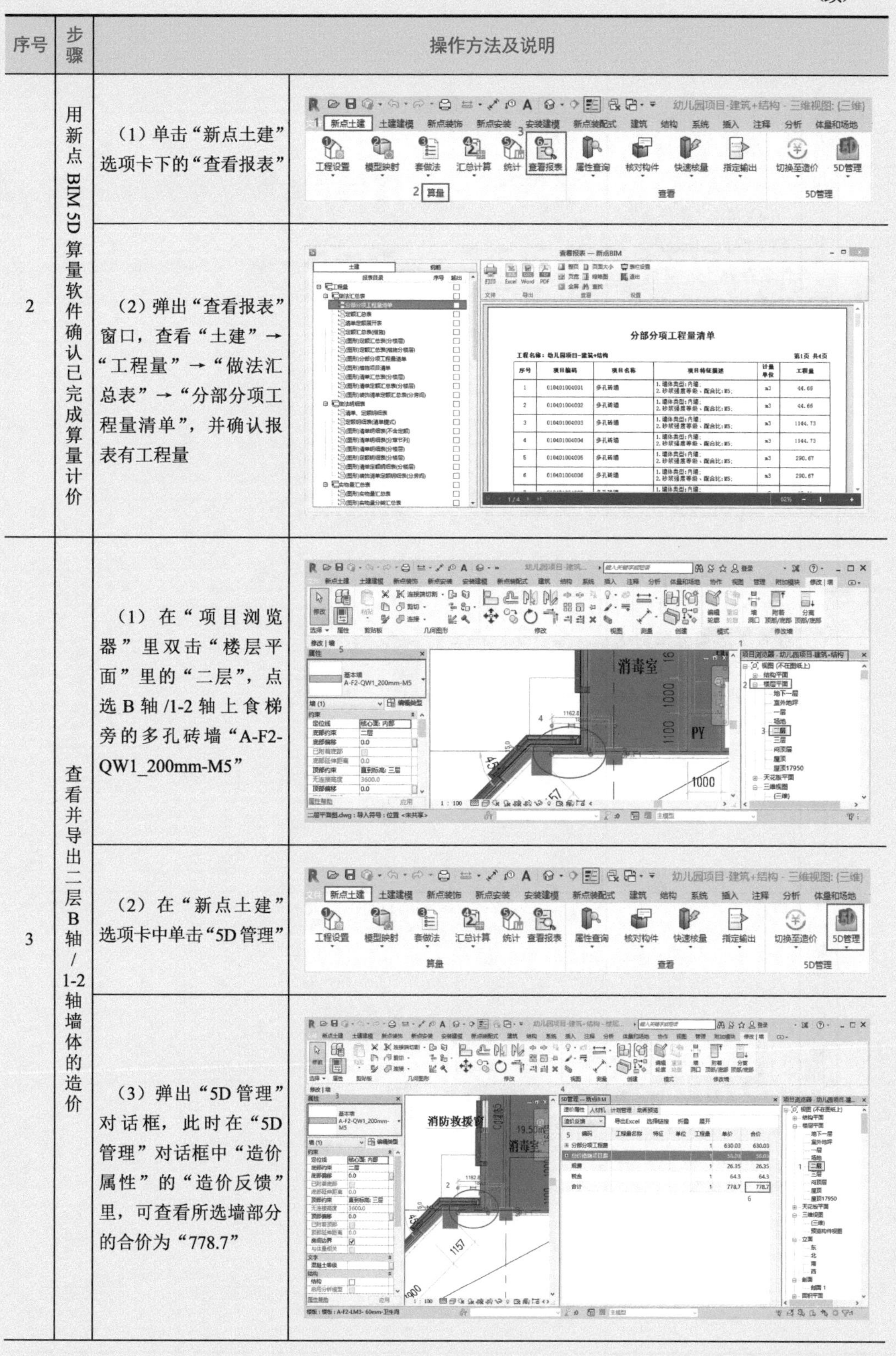

序号	步骤	操作方法及说明	
2	用新点BIM 5D算量软件确认已完成算量计价	（1）单击“新点土建”选项卡下的“查看报表”	
		（2）弹出“查看报表”窗口，查看“土建”→“工程量”→“做法汇总表”→“分部分项工程量清单”，并确认报表有工程量	
3	查看并导出二层B轴/1-2轴墙体的造价	（1）在“项目浏览器”里双击“楼层平面”里的“二层”，点选B轴/1-2轴上食梯旁的多孔砖墙“A-F2-QW1_200mm-M5”	
		（2）在“新点土建”选项卡中单击“5D管理”	
		（3）弹出“5D管理”对话框，此时在“5D管理”对话框中“造价属性”的“造价反馈”里，可查看所选墙部分的合价为“778.7”	

（续）

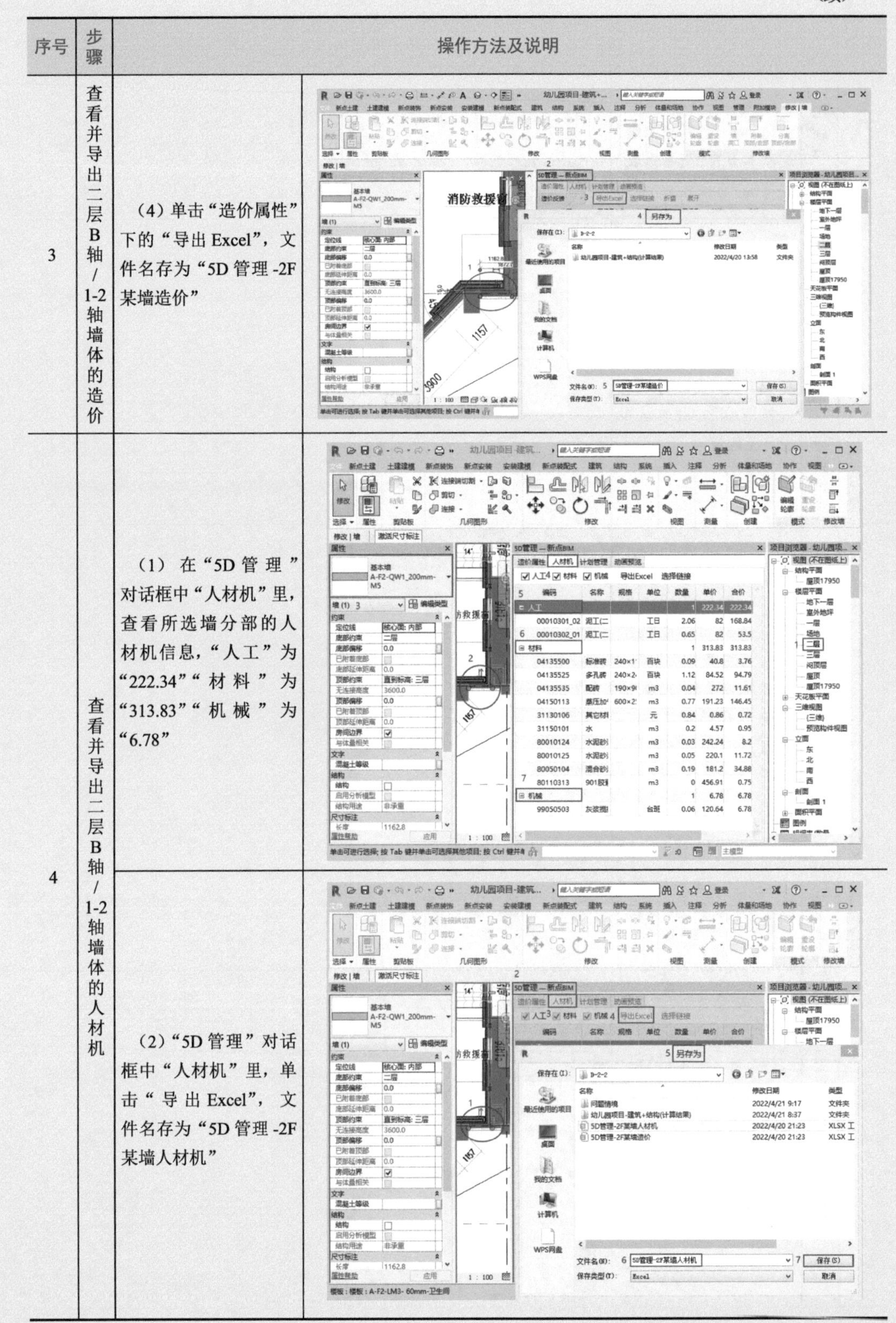

序号	步骤	操作方法及说明	
3	查看并导出二层B轴/1-2轴墙体的造价	（4）单击“造价属性”下的“导出 Excel”，文件名存为“5D 管理 -2F 某墙造价”	
4	查看并导出二层B轴/1-2轴墙体的人材机	（1）在“5D 管理”对话框中“人材机”里，查看所选墙分部的人材机信息，“人工”为“222.34”“材料”为“313.83”“机械”为“6.78”	
		（2）“5D 管理”对话框中“人材机”里，单击“导出 Excel”，文件名存为“5D 管理 -2F 某墙人材机”	

2．使用新点 BIM 5D 算量软件修改模型某分部并重新计算其变更后的造价，见表C-15。

表 C-15　修改模型某分部并重新计算其变更后的造价

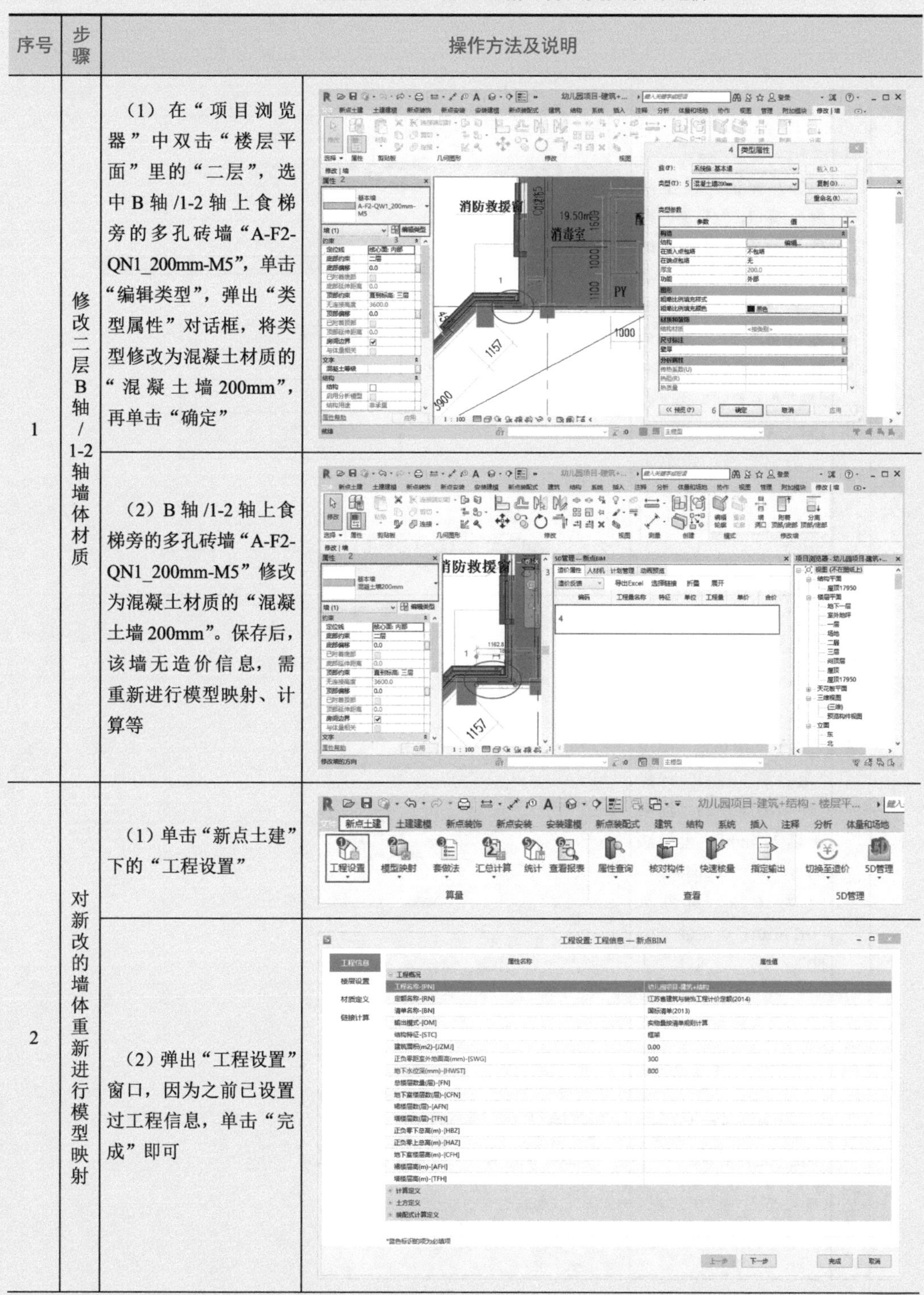

序号	步骤	操作方法及说明	
1	修改二层B轴/1-2轴墙体材质	（1）在“项目浏览器”中双击“楼层平面”里的“二层”，选中B轴/1-2轴上食梯旁的多孔砖墙“A-F2-QN1_200mm-M5”，单击“编辑类型”，弹出“类型属性”对话框，将类型修改为混凝土材质的“混凝土墙200mm”，再单击“确定”	
		（2）B轴/1-2轴上食梯旁的多孔砖墙“A-F2-QN1_200mm-M5”修改为混凝土材质的“混凝土墙200mm”。保存后，该墙无造价信息，需重新进行模型映射、计算等	
2	对新改的墙体重新进行模型映射	（1）单击“新点土建”下的“工程设置”	
		（2）弹出“工程设置”窗口，因为之前已设置过工程信息，单击“完成”即可	

（续）

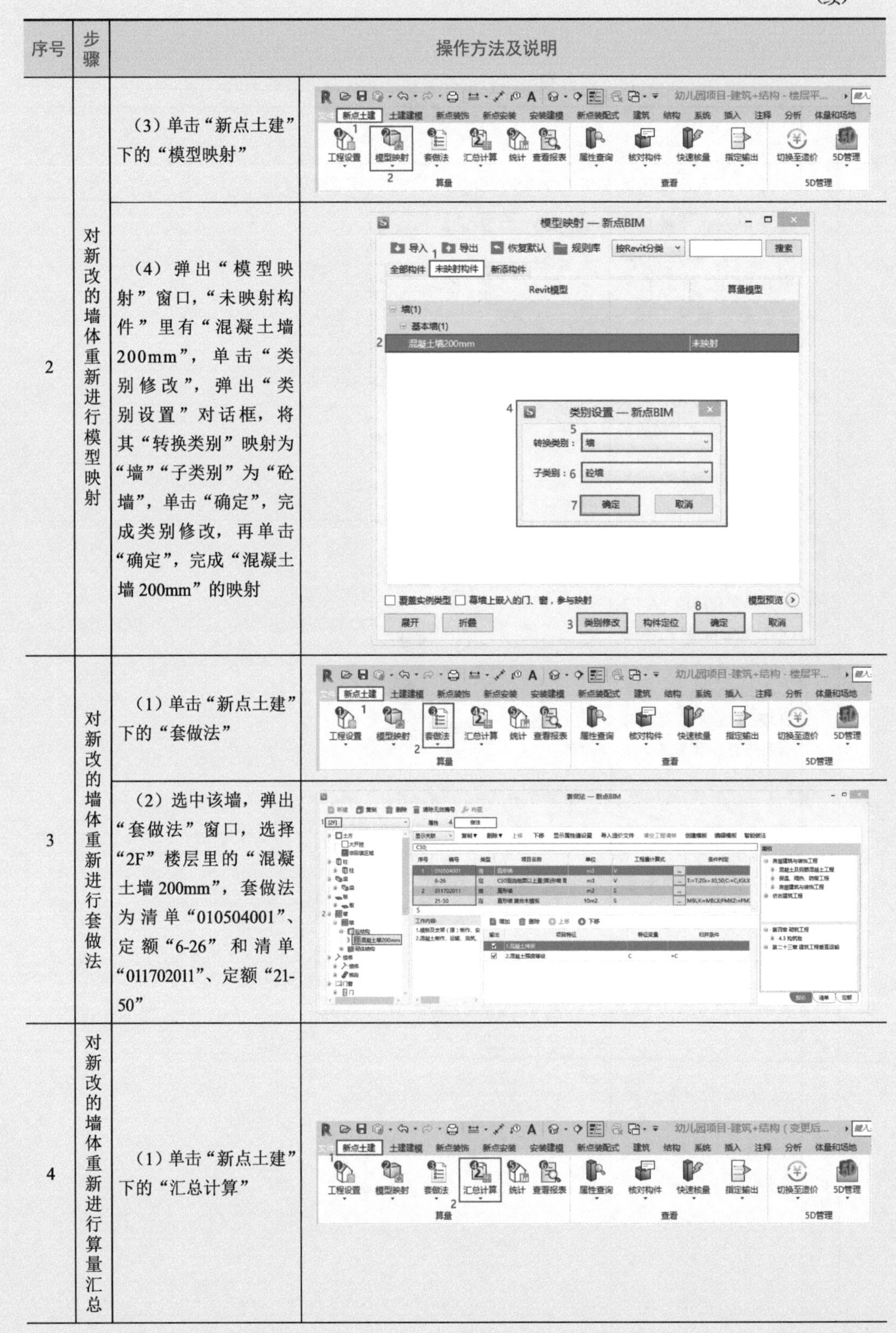

序号	步骤	操作方法及说明	
2	对新改的墙体重新进行模型映射	（3）单击“新点土建”下的“模型映射”	
		（4）弹出“模型映射”窗口，“未映射构件”里有“混凝土墙200mm”，单击“类别修改”，弹出“类别设置”对话框，将其“转换类别”映射为“墙”“子类别”为“砼墙”，单击“确定”，完成类别修改，再单击“确定”，完成“混凝土墙200mm”的映射	
3	对新改的墙体重新进行套做法	（1）单击“新点土建”下的“套做法”	
		（2）选中该墙，弹出“套做法”窗口，选择“2F”楼层里的“混凝土墙200mm”，套做法为清单“010504001”、定额“6-26”和清单“011702011”、定额“21-50”	
4	对新改的墙体重新进行算量汇总	（1）单击“新点土建”下的“汇总计算”	

（续）

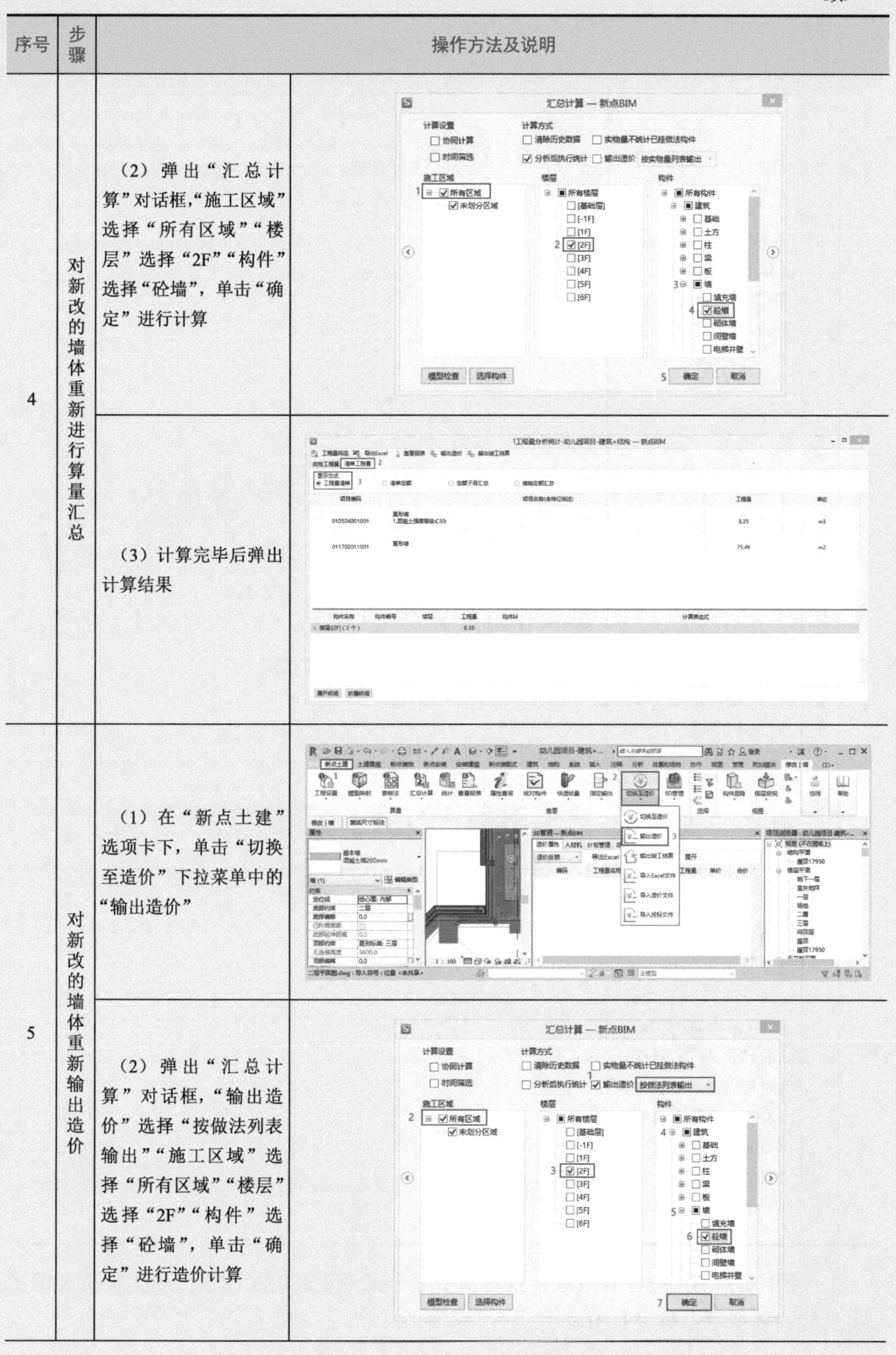

序号	步骤	操作方法及说明	
4	对新改的墙体重新进行算量汇总	（2）弹出“汇总计算”对话框，“施工区域”选择“所有区域”“楼层”选择“2F”“构件”选择“砼墙”，单击“确定”进行计算	
		（3）计算完毕后弹出计算结果	
5	对新改的墙体重新输出造价	（1）在“新点土建”选项卡下，单击“切换至造价”下拉菜单中的“输出造价”	
		（2）弹出“汇总计算”对话框，“输出造价”选择“按做法列表输出”“施工区域”选择“所有区域”“楼层”选择“2F”“构件”选择“砼墙”，单击“确定”进行造价计算	

（续）

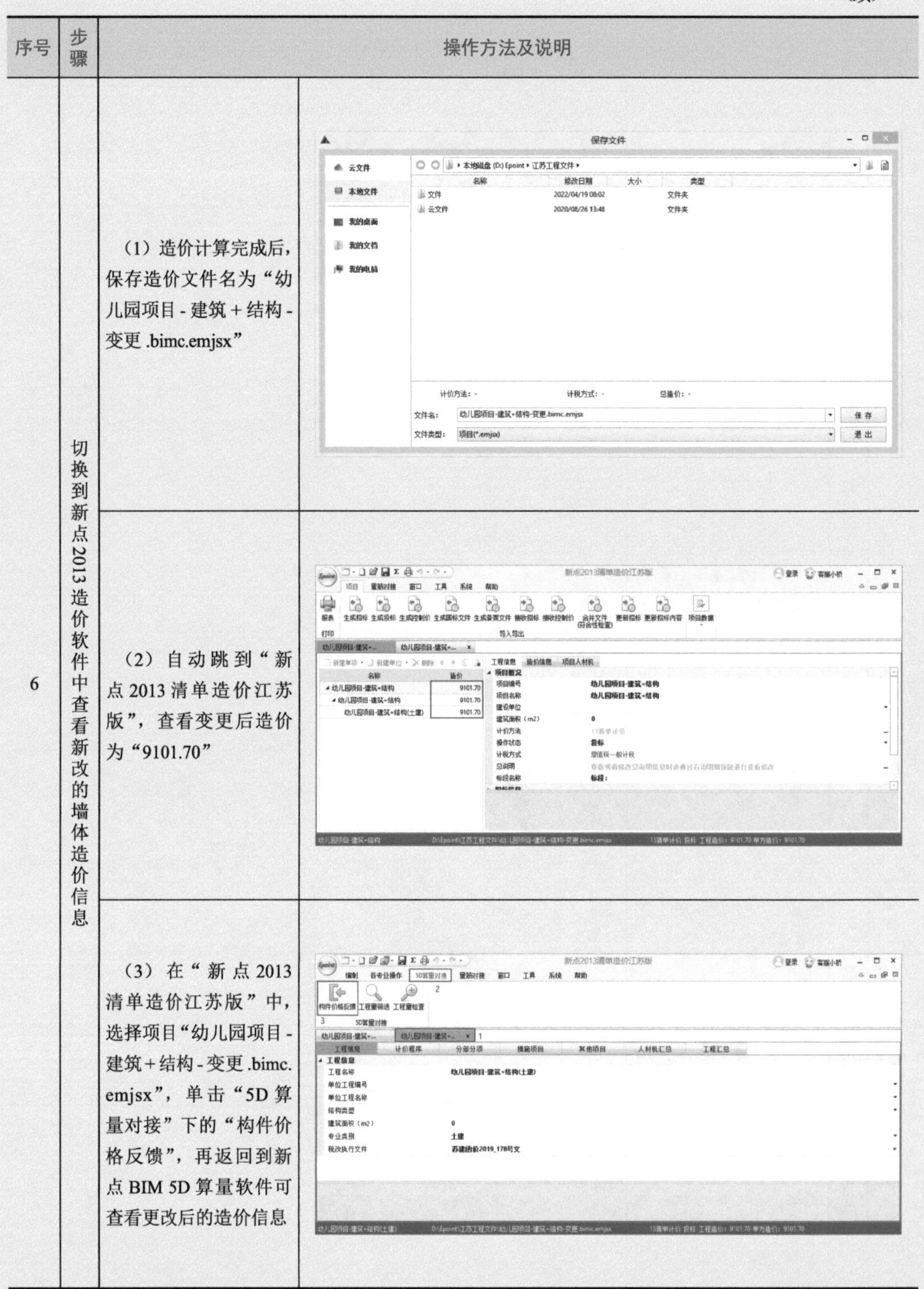

序号	步骤	操作方法及说明	
6	切换到新点2013造价软件中查看新改的墙体造价信息	（1）造价计算完成后，保存造价文件名为“幼儿园项目 - 建筑 + 结构 - 变更 .bimc.emjsx”	
		（2）自动跳到“新点 2013 清单造价江苏版”，查看变更后造价为“9101.70”	
		（3）在“新点 2013 清单造价江苏版”中，选择项目“幼儿园项目 - 建筑 + 结构 - 变更 .bimc.emjsx”，单击“5D 算量对接”下的“构件价格反馈”，再返回到新点 BIM 5D 算量软件可查看更改后的造价信息	

3．使用新点 BIM 5D 算量软件查看模型某分部变更后的工程造价和人材机需求计划并比较材料变更，见表 C-16。

表 C-16　查看模型某分部变更后的工程造价和人材机需求计划并比较材料变更

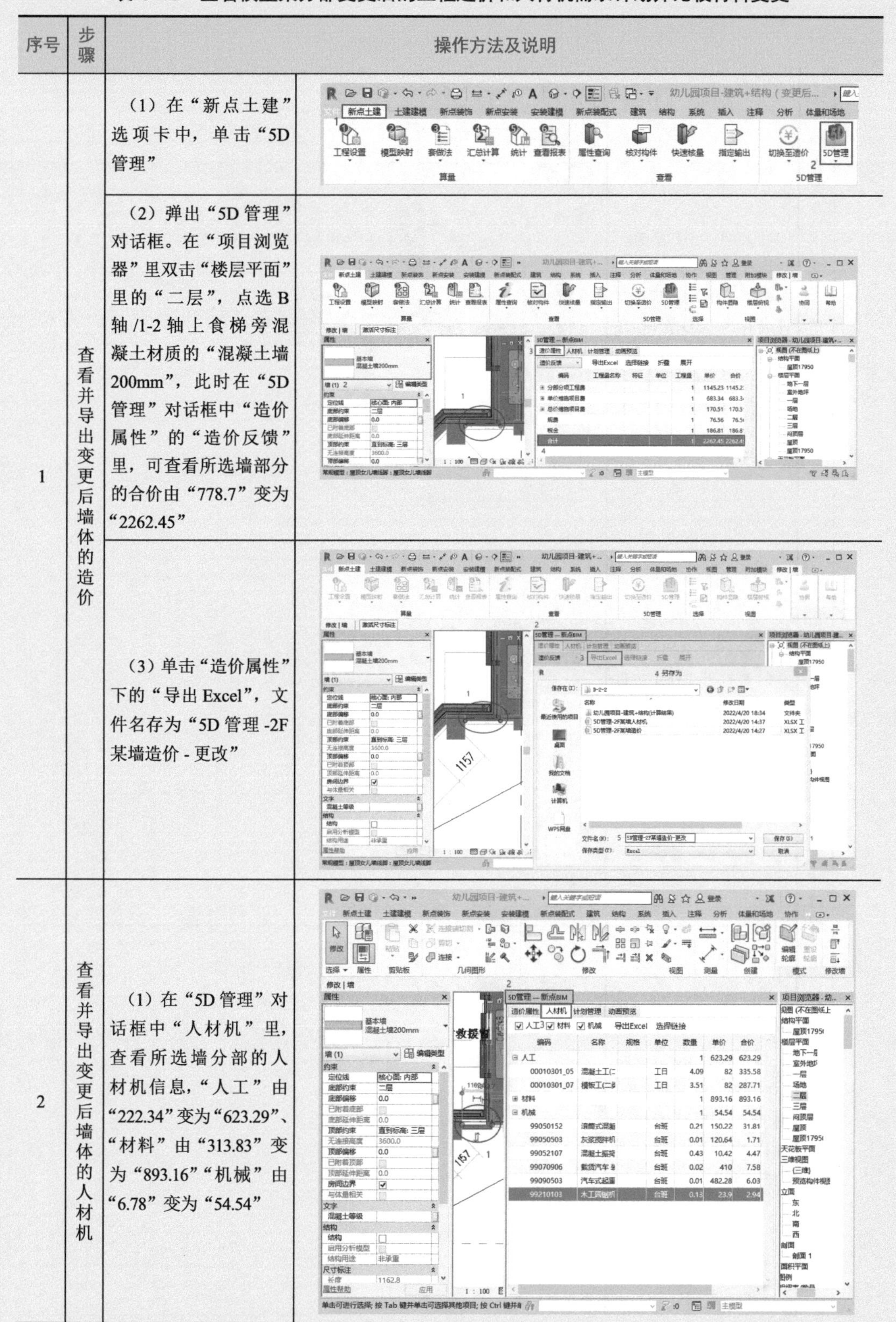

序号	步骤	操作方法及说明	
1	查看并导出变更后墙体的造价	（1）在“新点土建”选项卡中，单击“5D 管理”	
		（2）弹出“5D 管理”对话框。在“项目浏览器”里双击“楼层平面”里的“二层”，点选 B 轴 /1-2 轴上食梯旁混凝土材质的“混凝土墙 200mm”，此时在“5D 管理”对话框中“造价属性”的“造价反馈”里，可查看所选墙部分的合价由“778.7”变为“2262.45”	
		（3）单击“造价属性”下的“导出 Excel”，文件名存为“5D 管理 -2F 某墙造价 - 更改”	
2	查看并导出变更后墙体的人材机	（1）在“5D 管理”对话框中“人材机”里，查看所选墙分部的人材机信息，“人工”由“222.34”变为“623.29”、“材料”由“313.83”变为“893.16”“机械”由“6.78”变为“54.54”	

（续）

序号	步骤	操作方法及说明	
2	查看并导出变更后墙体的人材机	（2）在“5D 管理”对话框中“人材机”里，单击“导出 Excel”，文件名存为“5D 管理 -2F 某墙人材机 - 更改”	
3	查看 Excel 表中墙体更改前后所需材料表造价变化	（1）打开 Excel 文件“5D 管理 -2F 某墙造价”，查看墙体造价为“778.70”	
		（2）打开 Excel 文件“5D 管理 -2F 某墙造价 - 变更”，查看墙体造价由“778.70”变化为“2262.45”	

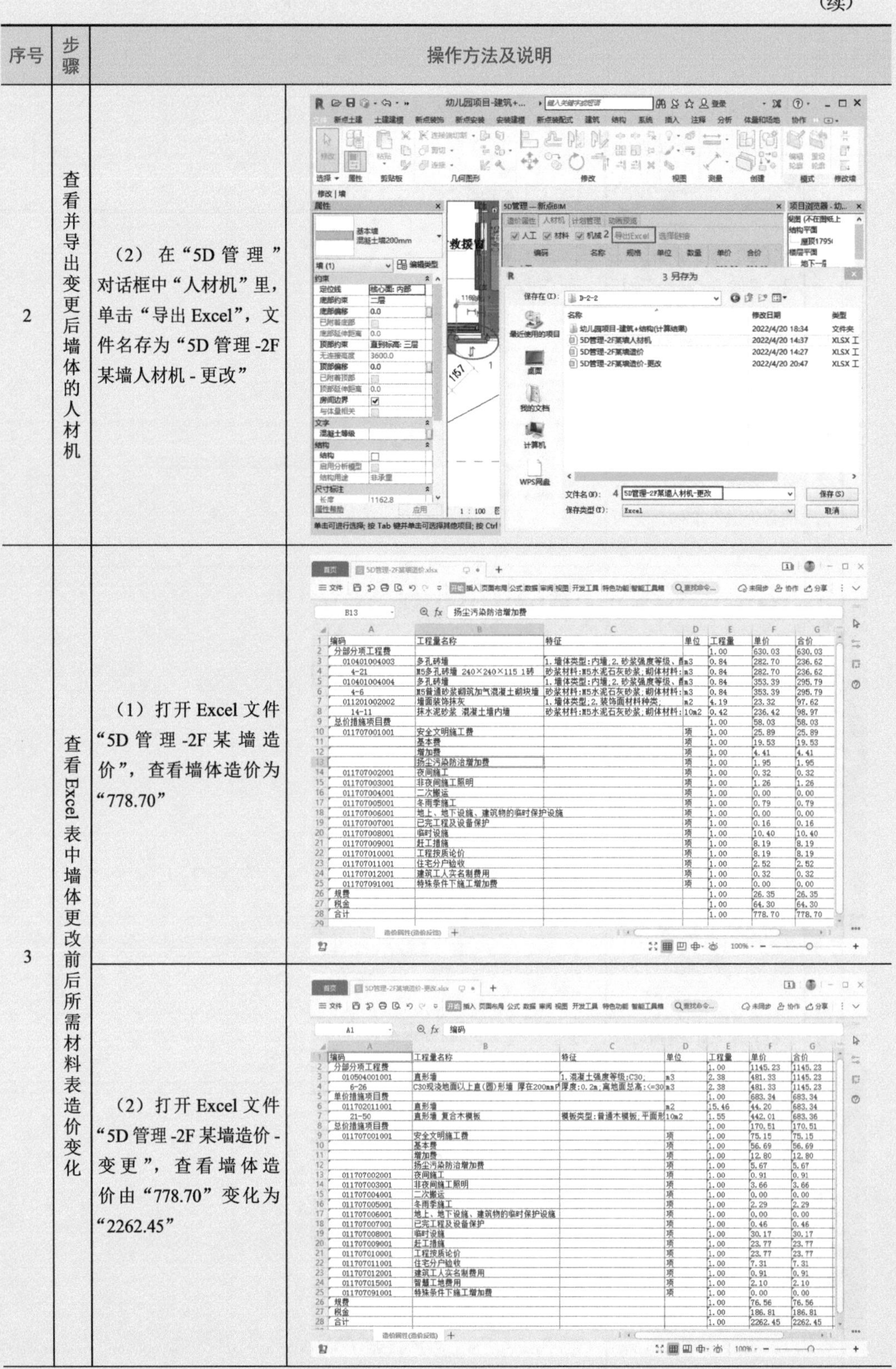

编码	工程量名称	特征	单位	工程量	单价	合价
分部分项工程费				1.00	630.03	630.03
010401004003	多孔砖墙	1. 墙体类型:内墙;2. 砂浆强度等级、配	m3	0.84	282.70	236.62
4-21	M5多孔砖墙 240×240×115 1砖	砂浆材料:M5水泥石灰砂浆;砌体材料:	m3	0.84	282.70	236.62
010401004004	多孔砖墙	1. 墙体类型:内墙;2. 砂浆强度等级、配	m3	0.84	353.39	295.79
4-6	M5普通砂浆砌筑加气混凝土砌块墙	砂浆材料:M5水泥石灰砂浆;砌体材料:	m3	0.84	353.39	295.79
011201002002	墙面装饰抹灰	1. 墙体类型;2. 装饰面材料种类;	m2	4.19	23.32	97.62
14-11	抹水泥砂浆 混凝土墙内墙	砂浆材料:M5水泥石灰砂浆;砌体材料:	10m2	0.42	236.42	98.97
总价措施项目费				1.00	58.03	58.03
011707001001	安全文明施工费		项	1.00	25.89	25.89
	基本费		项	1.00	19.53	19.53
	增加费		项	1.00	4.41	4.41
	扬尘污染防治增加费		项	1.00	1.95	1.95
011707002001	夜间施工		项	1.00	0.32	0.32
011707003001	非夜间施工照明		项	1.00	1.26	1.26
011707004001	二次搬运		项	1.00	0.00	0.00
011707005001	冬雨季施工		项	1.00	0.79	0.79
011707006001	地上、地下设施、建筑物的临时保护设施		项	1.00	0.00	0.00
011707007001	已完工程及设备保护		项	1.00	0.16	0.16
011707008001	临时设施		项	1.00	10.40	10.40
011707009001	赶工措施		项	1.00	8.19	8.19
011707010001	工程按质论价		项	1.00	8.19	8.19
011707011001	住宅分户验收		项	1.00	2.52	2.52
011707012001	建筑工人实名制费用		项	1.00	0.32	0.32
011707091001	特殊条件下施工增加费		项	1.00	0.00	0.00
规费				1.00	26.35	26.35
税金				1.00	64.30	64.30
合计				1.00	778.70	778.70

编码	工程量名称	特征	单位	工程量	单价	合价
分部分项工程费				1.00	1145.23	1145.23
010504001001	直形墙	1. 混凝土强度等级:C30;	m3	2.38	481.33	1145.23
6-26	C30现浇地面以上直(圆)形墙 厚在200mm内	厚度:0.2m;离地面总高:<=30	m3	2.38	481.33	1145.23
单价措施项目费				1.00	683.34	683.34
011702011001	直形墙		m2	15.46	44.20	683.34
21-50	直形墙 复合木模板	模板类型:普通木模板;平面形	10m2	1.55	442.01	683.36
总价措施项目费				1.00	170.51	170.51
011707001001	安全文明施工费		项	1.00	75.15	75.15
	基本费		项	1.00	56.69	56.69
	增加费		项	1.00	12.80	12.80
	扬尘污染防治增加费		项	1.00	5.67	5.67
011707002001	夜间施工		项	1.00	0.91	0.91
011707003001	非夜间施工照明		项	1.00	3.66	3.66
011707004001	二次搬运		项	1.00	0.00	0.00
011707005001	冬雨季施工		项	1.00	2.29	2.29
011707006001	地上、地下设施、建筑物的临时保护设施		项	1.00	0.00	0.00
011707007001	已完工程及设备保护		项	1.00	0.46	0.46
011707008001	临时设施		项	1.00	30.17	30.17
011707009001	赶工措施		项	1.00	23.77	23.77
011707010001	工程按质论价		项	1.00	23.77	23.77
011707011001	住宅分户验收		项	1.00	7.31	7.31
011707012001	建筑工人实名制费用		项	1.00	0.91	0.91
011707015001	智慧工地费用		项	1.00	2.10	2.10
011707091001	特殊条件下施工增加费		项	1.00	0.00	0.00
规费				1.00	76.56	76.56
税金				1.00	186.81	186.81
合计				1.00	2262.45	2262.45

（续）

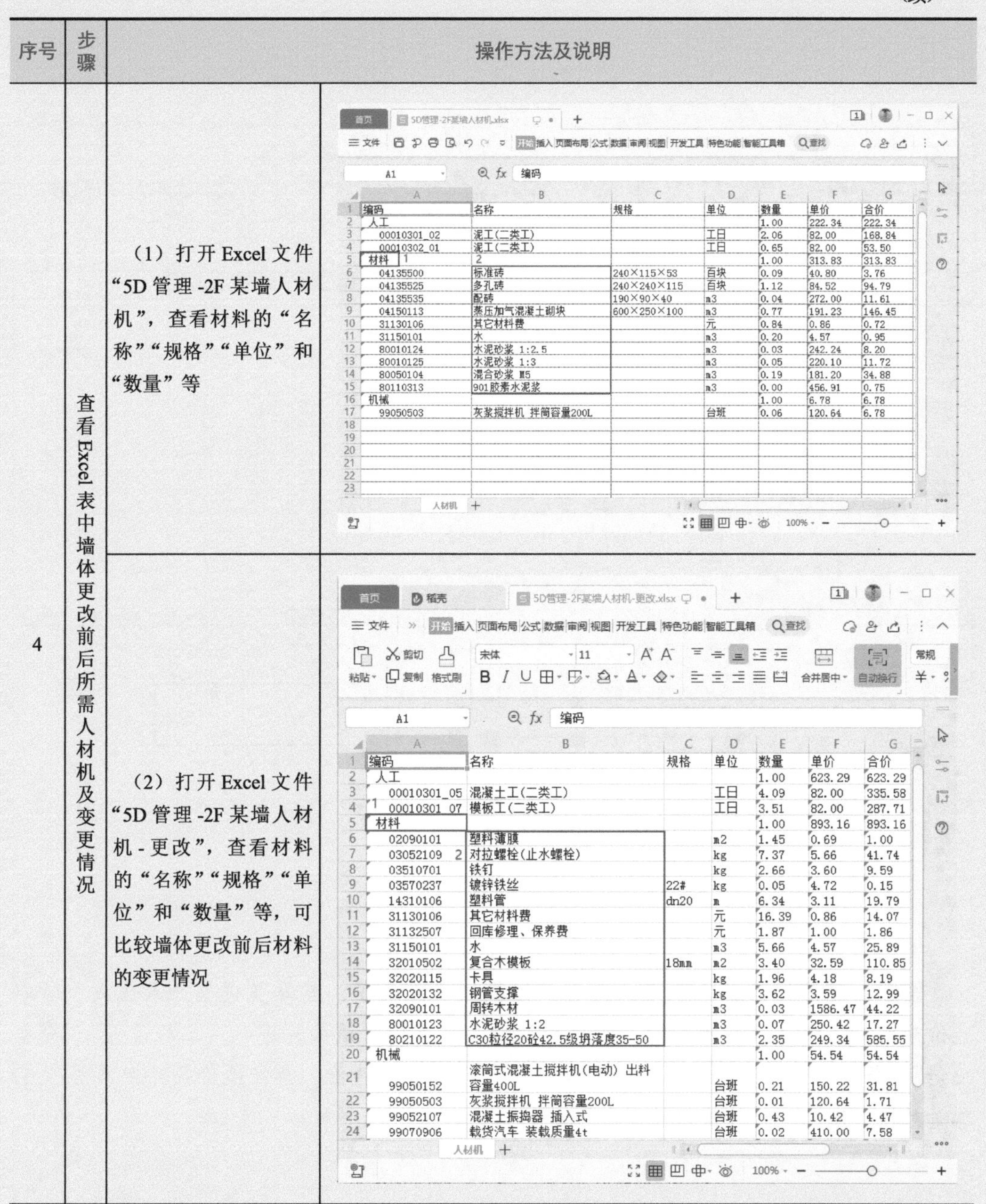

序号	步骤	操作方法及说明	
4	查看 Excel 表中墙体更改前后所需人材机及变更情况	（1）打开 Excel 文件“5D 管理 -2F 某墙人材机”，查看材料的“名称”“规格”“单位”和“数量”等	（截图 5D管理-2F某墙人材机.xlsx）
		（2）打开 Excel 文件“5D 管理 -2F 某墙人材机 - 更改”，查看材料的“名称”“规格”“单位”和“数量”等，可比较墙体更改前后材料的变更情况	（截图 5D管理-2F某墙人材机-更改.xlsx）

5D管理-2F某墙人材机.xlsx

编码	名称	规格	单位	数量	单价	合价
人工				1.00	222.34	222.34
00010301_02	泥工(二类工)		工日	2.06	82.00	168.84
00010302_01	泥工(二类工)		工日	0.65	82.00	53.50
材料				1.00	313.83	313.83
04135500	标准砖	240×115×53	百块	0.09	40.80	3.76
04135525	多孔砖	240×240×115	百块	1.12	84.52	94.79
04135535	配砖	190×90×40	m3	0.04	272.00	11.61
04150113	蒸压加气混凝土砌块	600×250×100	m3	0.77	191.23	146.45
31130106	其它材料费		元	0.84	0.86	0.72
31150101	水		m3	0.20	4.57	0.95
80010124	水泥砂浆 1:2.5		m3	0.03	242.24	8.20
80010125	水泥砂浆 1:3		m3	0.05	220.10	11.72
80050104	混合砂浆 M5		m3	0.19	181.20	34.88
80110313	901胶素水泥浆		m3	0.00	456.91	0.75
机械				1.00	6.78	6.78
99050503	灰浆搅拌机 拌筒容量200L		台班	0.06	120.64	6.78

5D管理-2F某墙人材机-更改.xlsx

编码	名称	规格	单位	数量	单价	合价
人工				1.00	623.29	623.29
00010301_05	混凝土工(二类工)		工日	4.09	82.00	335.58
00010301_07	模板工(二类工)		工日	3.51	82.00	287.71
材料				1.00	893.16	893.16
02090101	塑料薄膜		m2	1.45	0.69	1.00
03052109	对拉螺栓(止水螺栓)		kg	7.37	5.66	41.74
03510701	铁钉		kg	2.66	3.60	9.59
03570237	镀锌铁丝	22#	kg	0.05	4.72	0.15
14310106	塑料管	dn20	m	6.34	3.11	19.79
31130106	其它材料费		元	16.39	0.86	14.07
31132507	回库修理、保养费		元	1.87	1.00	1.86
31150101	水		m3	5.66	4.57	25.89
32010502	复合木模板	18mm	m2	3.40	32.59	110.85
32020115	卡具		kg	1.96	4.18	8.19
32020132	钢管支撑		kg	3.62	3.59	12.99
32090101	周转木材		m3	0.03	1586.47	44.22
80010123	水泥砂浆 1:2		m3	0.07	250.42	17.27
80210122	C30粒径20砼42.5级坍落度35-50		m3	2.35	249.34	585.55
机械				1.00	54.54	54.54
99050152	滚筒式混凝土搅拌机(电动) 出料容量400L		台班	0.21	150.22	31.81
99050503	灰浆搅拌机 拌筒容量200L		台班	0.01	120.64	1.71
99052107	混凝土振捣器 插入式		台班	0.43	10.42	4.47
99070906	载货汽车 装载质量4t		台班	0.02	410.00	7.58

问题情境一

在新点 BIM 5D 算量软件中，将 19/J 轴相交的独立基础“S-DJZJ20-1700*1700*600-C30”更换为“S-DJZJ15-1800*1800*900-C30”，并保存后，在“5D 管理”对话框中选择该基础时，造价为空，如图 C-25、图 C-26 所示，试分析其原因。

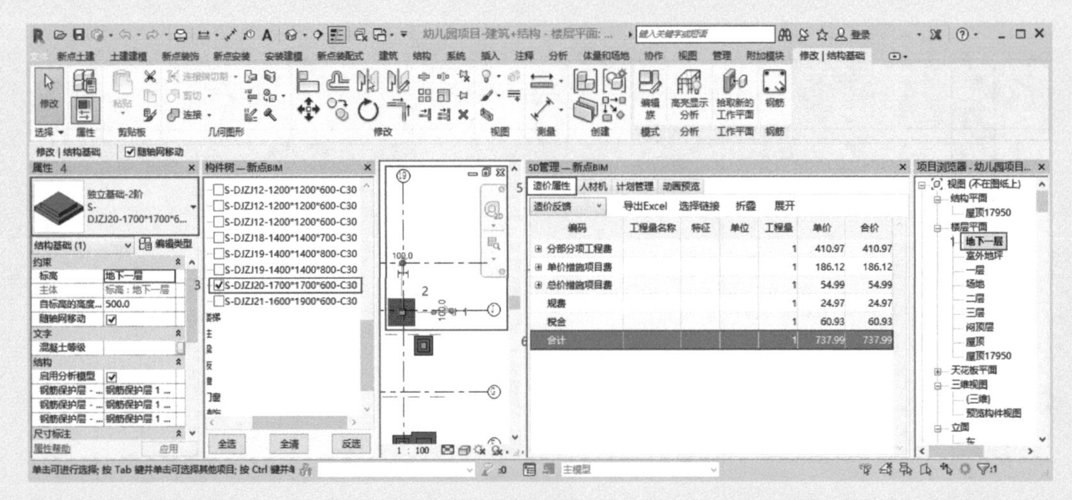

图 C-25

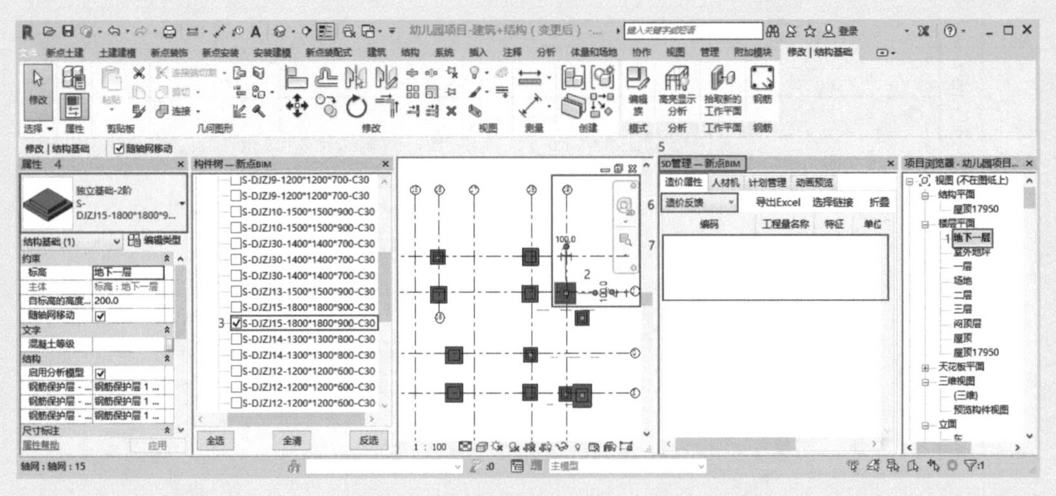

图 C-26

解答：这是因为独立基础只是在三维模型里更改了，其算量模型并未生成，所以造价为空。若要显示新的造价，正确的步骤是：重新对该构件进行“工程设置”“模型映射”“套做法”“汇总计算”“切换至造价”操作输出造价，再在造价软件中单击“5D算量对接”下的“构件价格反馈”即可。

问题情境二

在新点BIM 5D算量软件中，将19/J轴相交的独立基础“S-DJZJ20-1700*1700*600-C30”更换为“S-DJZJ15-1800*1800*900-C30”，重新对该构件进行“工程设置”“模型映射”“套做法”“汇总计算”“切换至造价”操作输出造价，如图C-27所示。但在“5D管理”对话框中选择该基础时，造价为空白，如图C-28所示，该如何显示更换后基础的造价?

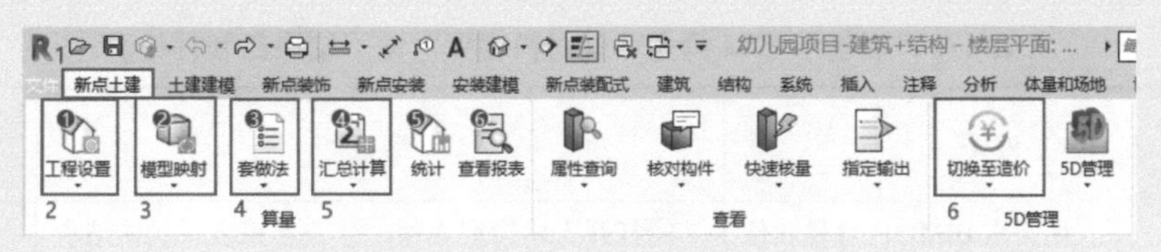

图　C-27

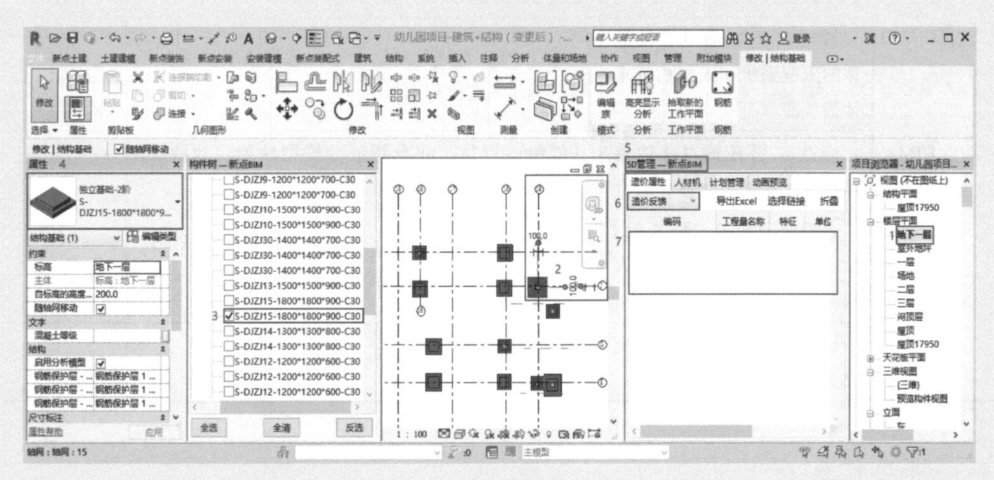

图　C-28

解答：从算量软件输出造价到造价软件后，选择“幼儿园项目 - 建筑 + 结构”单位工程，单击“5D 算量对接”下的“构件价格反馈”，将造价反馈到算量软件中，如图 C-29 所示。再在新点 BIM 5D 算量软件中选择该基础，便可查看其造价信息。

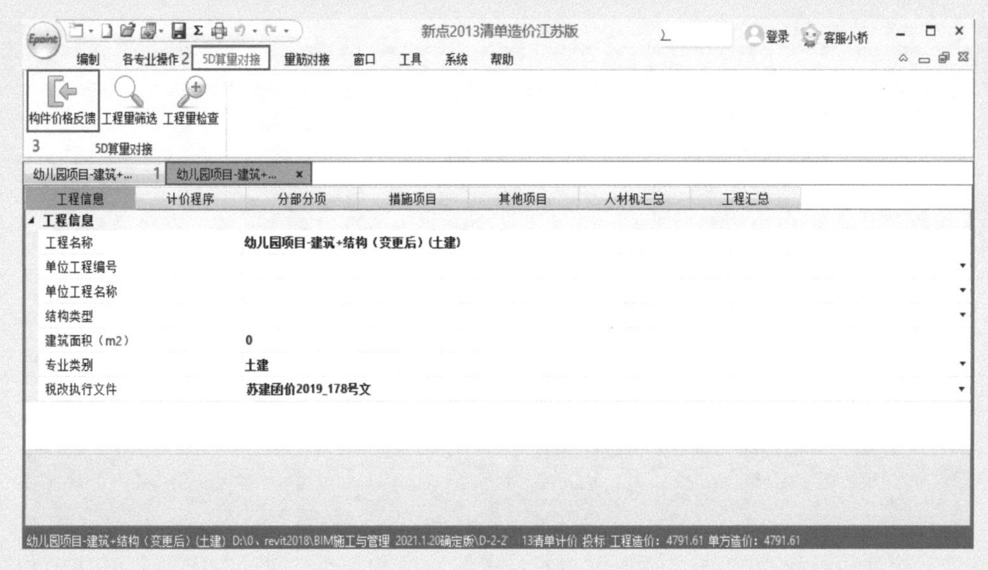

图　C-29

四、学习结果评价

请根据表 C-17，完成学习结果的自我评价。

表 C-17 “能基于 BIM 模型管理材料变更”学习结果自我评价表

评价内容		评价标准	评价结果（是 / 否）
新点 BIM 5D 算量软件	用新点 BIM 5D 算量软件打开土建模型文件	能打开土建模型文件，并查看报表，确认造价不是空白状态	□是 □否
	查看二层 B 轴 /1-2 轴墙体的工程造价和人材机需求计划	能在“5D 管理”对话框中，选择该墙体查看并导出其计划造价和人材机	□是 □否
	修改二层 B 轴 /1-2 轴墙体，并计算其工作量和造价	能修改墙体，并重新进行模型映射、套做法、计算工程量和工程造价需求计划	□是 □否
	查看修改后的二层 B 轴 /1-2 轴墙体的工程造价和人材机需求计划	能在“5D 管理”对话框中，选择修改后的墙体查看并导出其计划造价和人材机需求计划	□是 □否
	比较墙体所需材料的变更情况	能比较修改前后墙体所需材料的变更情况	□是 □否

课后作业

1. 针对“幼儿园项目 - 建筑 + 结构 .rvt”模型文件，将 19/J 轴相交的独立基础“S-DJZJ20-1700*1700*600-C30”更换为“S-DJZJ15-1800*1800*900-C30”，进行计量计价，并导出独立基础变化前后的造价和人材机 Excel 表，如图 C-30 所示。

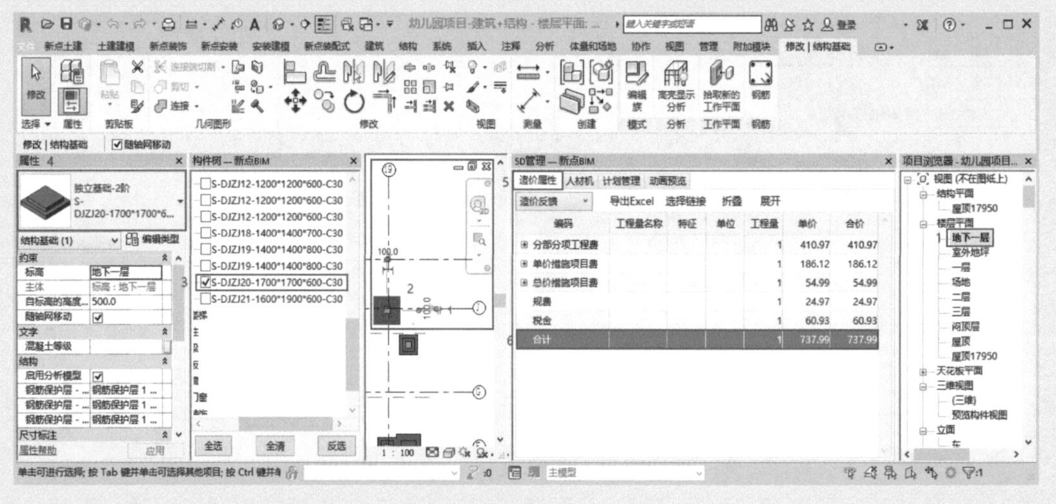

图 C-30

2. 针对初始模型文件“幼儿园项目 - 建筑 + 结构 .rvt”，将“-1F”上 19/J 轴相交处的框架柱“S-F-1-KZ17_400*400-C30”设计变更为“S-F-1-KZ15_500*500-C30”，对比该框架柱更改前后的造价和人材机变化。

工作任务 C-3　基于 BIM 技术管理安全

职业能力 C-3-1　能基于 BIM 模型排查安全隐患

核心概念

安全死角：是指施工现场存在的各类潜在危险源。

排查安全死角：是指工程师通过施工现场布置软件建立三维模型，在项目施工前对施工面潜在危险源的判断。工程师在危险源附近布置防护设施模型，以便各分包管理人员更直观地识别安全死角。

学习目标

1. 能在广联达 BIM 施工现场布置软件中绘制临边防护。
2. 能在广联达 BIM 施工现场布置软件中绘制安全通道防护、各类防护棚防护。

课前阅读

2009 年 6 月在上海闵行区发生了一栋在建的 13 层住宅楼全部倒塌事故，2018 年 10 月在湖北天门市某工地发生了一起施工升降机高处坠落造成的现场施工人员伤亡事故，这些工程事故都是因为缺乏安全意识，它的发生令人追悔莫及。我们在工作中要时刻保持职业敏感度，加强安全生产及管理的意识。

基本知识

一、安全防护

1．临边防护。临边防护是指对尚未安装栏杆的阳台周边、无外架防护的屋面周边、框架工程楼层周边、上下跑道及斜道的两侧边、卸料平台的侧边进行防护。

为了规避危险、增强安全性，我们需要进行基坑防护，楼层边、阳台边、屋面边等的安全防护以及洞口防护。

2. 安全通道、各类防护棚防护

(1)安全通道，是指在建筑物出入口位置用脚手架、平安网及硬质木板搭设的“护头棚”，目的是防止上部掉落物品伤人。

(2)防护棚，是指一种应用于遮挡设备设施、工具、车辆等，具备防水、防尘、防晒等功能的防护和安全措施。进出建筑物主体通道口、地面通道上部应装设安全防护棚。

二、广联达 BIM 施工现场布置软件

广联达 BIM 施工现场布置软件是一款施工现场三维仿真软件。它能进行临场搭建设计，直观地模拟全程施工，合理地制订施工计划，提升建筑工程行业技术人员的工作效率。

该软件在快速呈现施工现场的数字化模型方面具有明显优势：软件内置大量构件库，能识别CAD文件，能导入GCL、OBJ、SKP等文件，能快速输出各阶段的二维图、三维图和各阶段的临建材料量。

三、广联达 BIM 施工现场布置软件的功能

1. 构建模型。通过广联达 BIM 施工现场布置软件中内嵌的构件库，如建筑物、构筑物、施工机械、交通运输及临建设施，能够快速地构建出施工现场的 3D 模型。

2. 模拟动画。利用软件中内嵌施工模拟动画，对施工场地平面布置的施工顺序进行模拟演示，保证施工的有序进行。

3. 管理安全。利用软件的相关功能，识别并标记潜在危险源，集成危险源信息与优化信息，实现施工安全管理。软件能模拟危险场景，对施工人员进行立体直观的安全教育，强化施工人员的安全意识。

能力训练

一、操作条件

1. 计算机、广联达 BIM 施工现场布置软件。

2. 1～2 个实践项目的广联达 BIM 施工现场布置软件模型文件。

二、注意事项

1．检查并确认施工现场布置的模型文件、图纸文件是否齐全，是否能有效打开。

2．检查并确认计算机配置是否符合要求：至少要求 Windows 7 系统、8GB 内存。

三、操作过程

1．能在广联达 BIM 施工现场布置软件中绘制临边防护，见表 C-18。

表 C-18　绘制临边防护

序号	步骤	操作方法及说明	
1	下载安装并打开广联达BIM施工现场布置软件	（1）在“广联达 G+ 工作台”中打开“软件管家”	
		（2）选择“广联达 BIM 施工现场布置软件”最新版进行安装	
		（3）双击桌面“广联达 BIM 施工现场布置软件 V7.9（64 位）”图标	广联达BIM施工现场布置软件V7.9（64位）

（续）

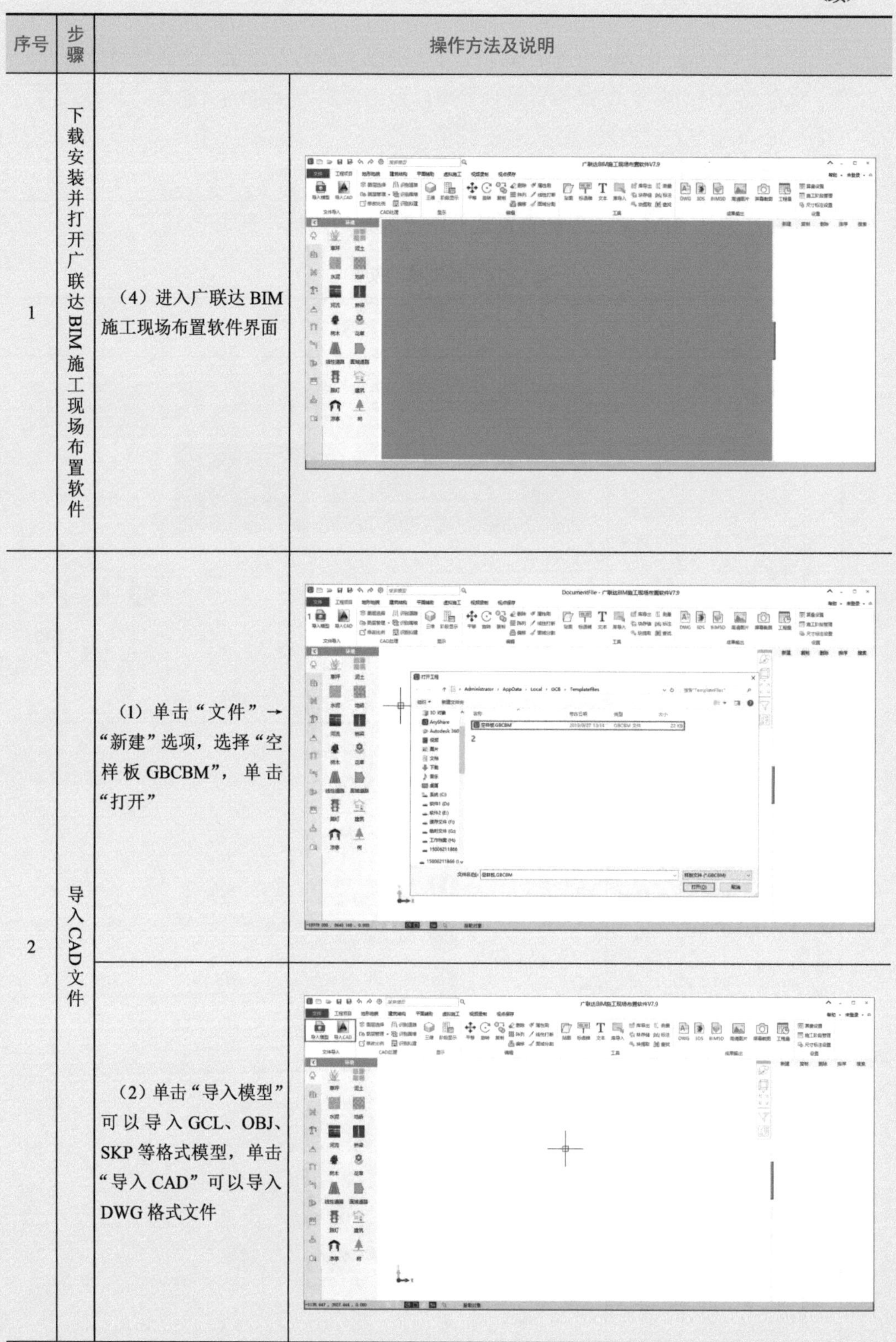

序号	步骤	操作方法及说明	
1	下载安装并打开广联达BIM施工现场布置软件	（4）进入广联达 BIM 施工现场布置软件界面	
2	导入CAD文件	（1）单击“文件”→“新建”选项，选择“空样板 GBCBM”，单击“打开”	
		（2）单击“导入模型”可以导入 GCL、OBJ、SKP 等格式模型，单击“导入 CAD”可以导入 DWG 格式文件	

（续）

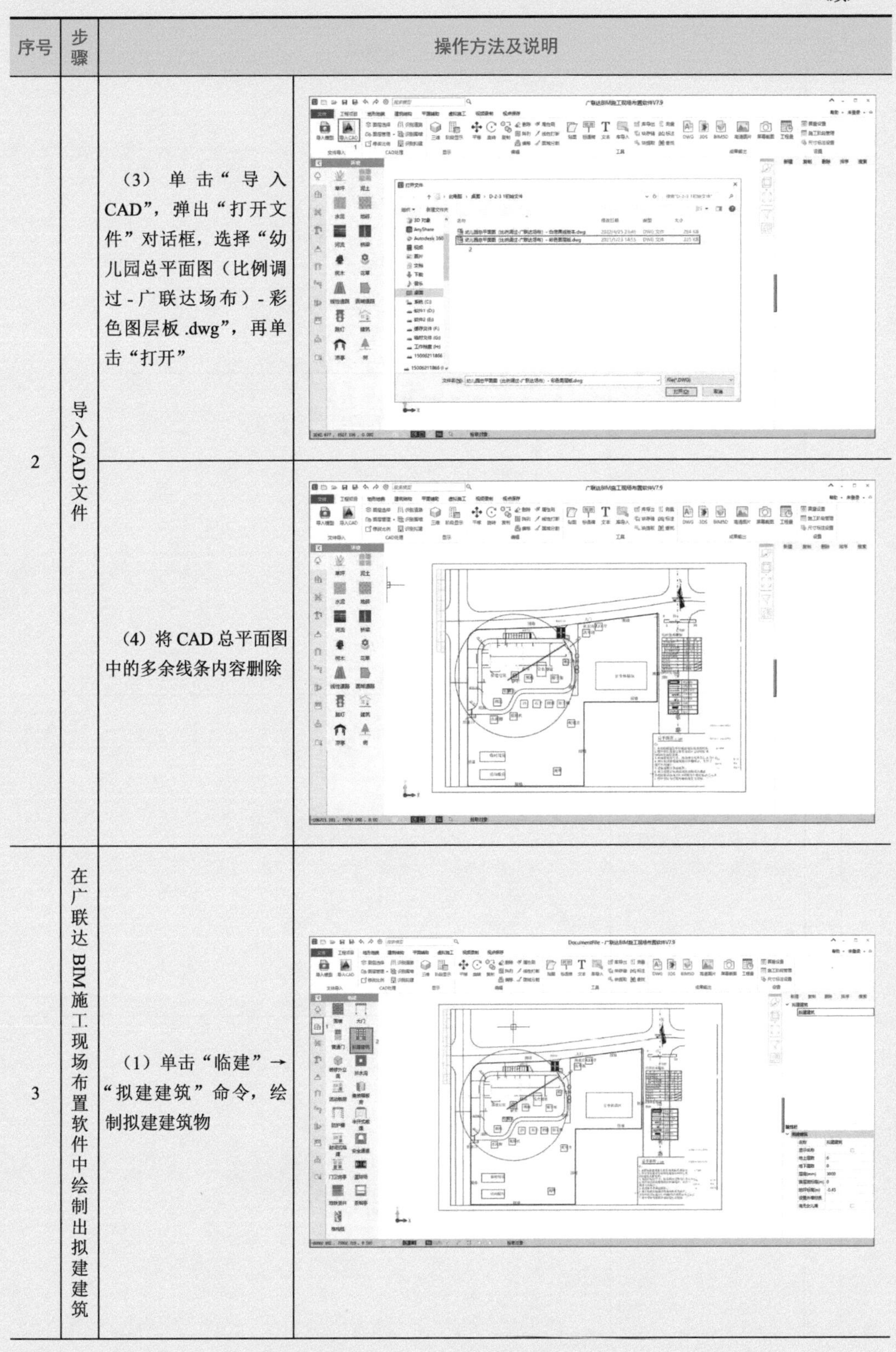

序号	步骤	操作方法及说明	
2	导入CAD文件	（3）单击“导入CAD”，弹出“打开文件”对话框，选择“幼儿园总平面图（比例调过 - 广联达场布）- 彩色图层板 .dwg”，再单击“打开”	
		（4）将 CAD 总平面图中的多余线条内容删除	
3	在广联达 BIM 施工现场布置软件中绘制出拟建建筑	（1）单击“临建”→“拟建建筑”命令，绘制拟建建筑物	

（续）

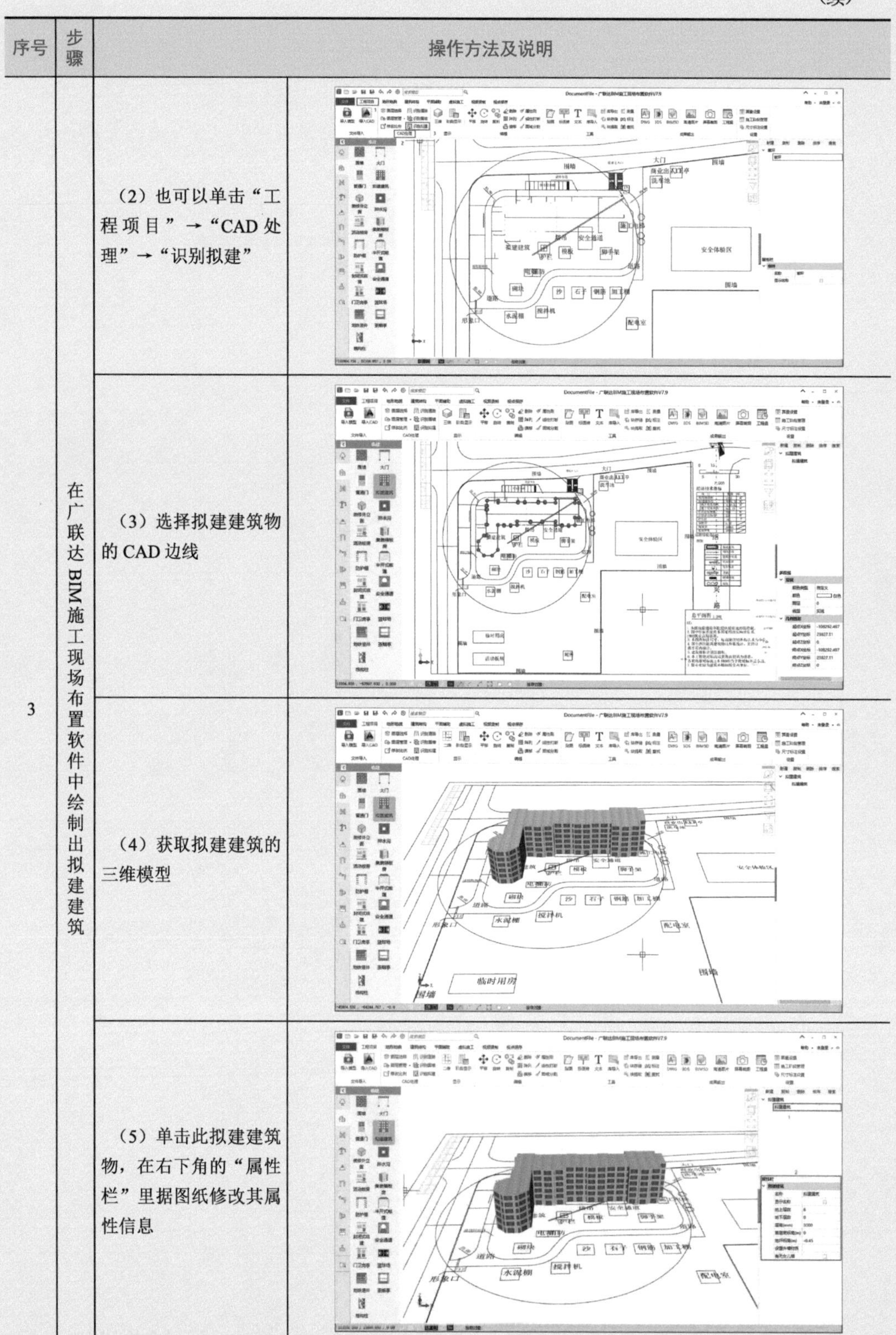

序号	步骤	操作方法及说明	
3	在广联达BIM施工现场布置软件中绘制出拟建建筑	（2）也可以单击“工程项目”→“CAD处理”→“识别拟建”	
		（3）选择拟建建筑物的CAD边线	
		（4）获取拟建建筑的三维模型	
		（5）单击此拟建建筑物，在右下角的“属性栏”里据图纸修改其属性信息	

（续）

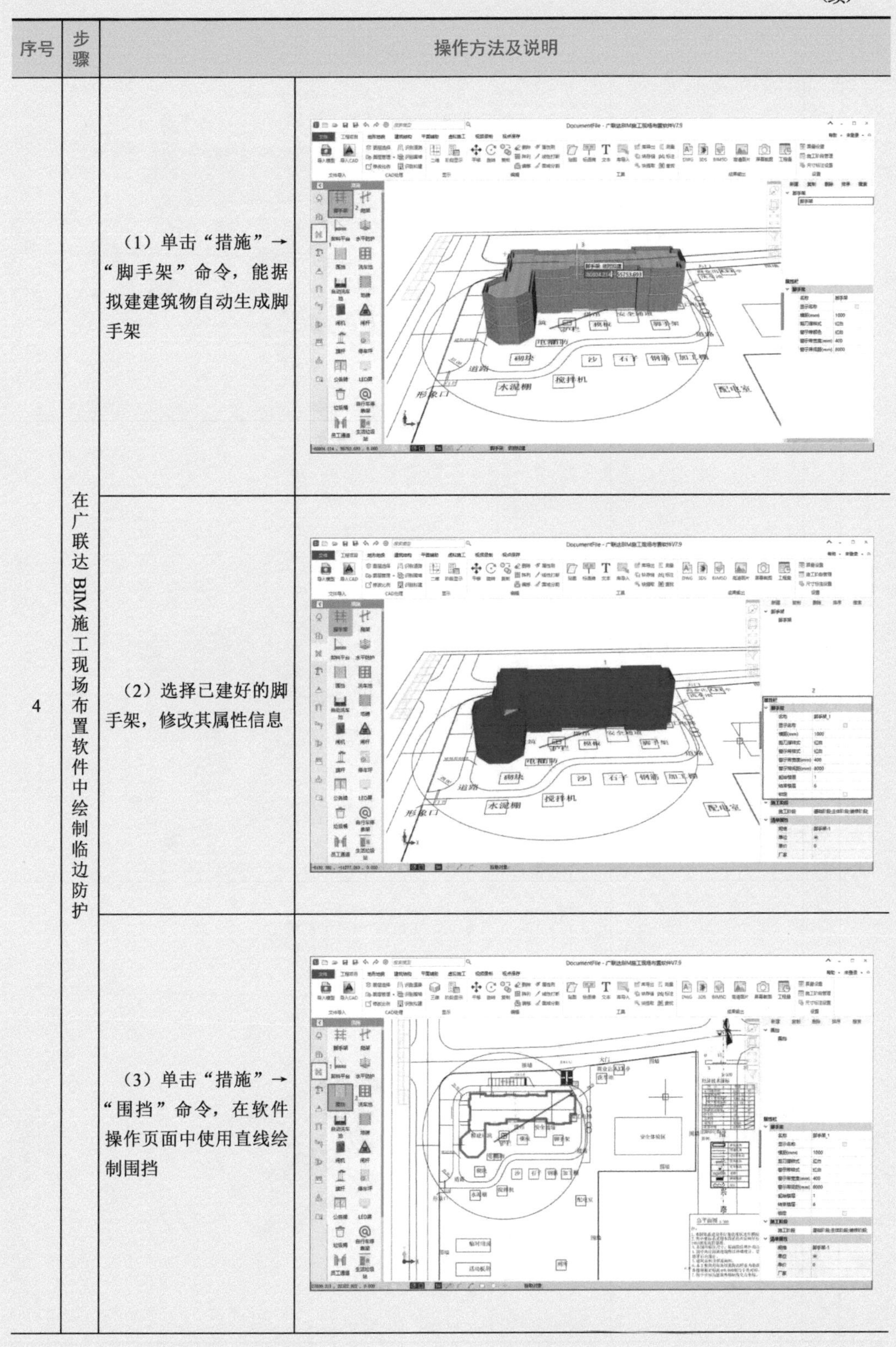

序号	步骤	操作方法及说明	
4	在广联达BIM施工现场布置软件中绘制临边防护	（1）单击“措施”→“脚手架”命令，能据拟建建筑物自动生成脚手架	
		（2）选择已建好的脚手架，修改其属性信息	
		（3）单击“措施”→“围挡”命令，在软件操作页面中使用直线绘制围挡	

（续）

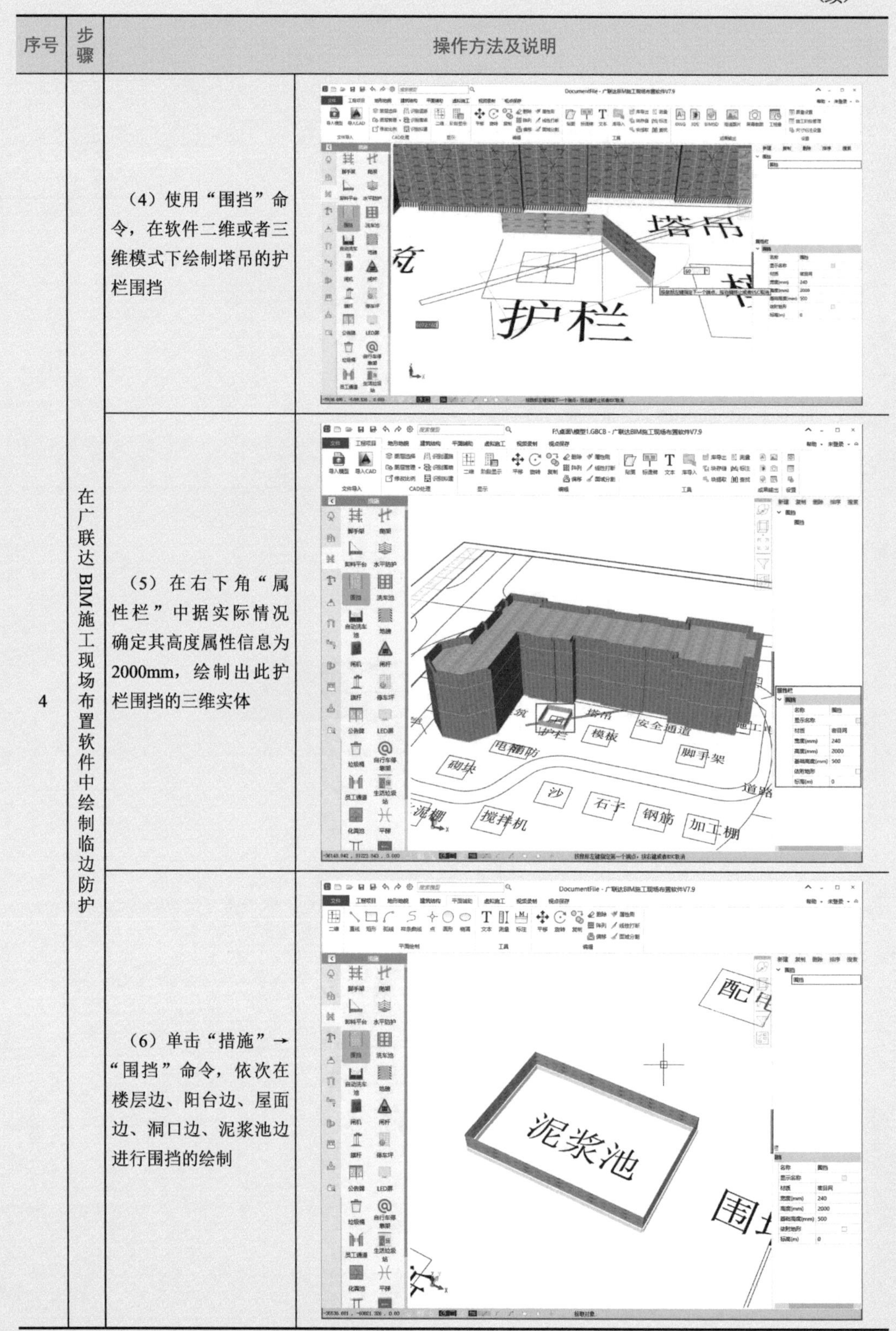

序号	步骤	操作方法及说明	
4	在广联达BIM施工现场布置软件中绘制临边防护	（4）使用“围挡”命令，在软件二维或者三维模式下绘制塔吊的护栏围挡	
		（5）在右下角“属性栏”中据实际情况确定其高度属性信息为2000mm，绘制出此护栏围挡的三维实体	
		（6）单击“措施”→“围挡”命令，依次在楼层边、阳台边、屋面边、洞口边、泥浆池边进行围挡的绘制	

2．能在广联达BIM施工现场布置软件中绘制安全通道防护、防护棚防护，见表C-19。

表C-19　绘制安全通道防护、防护棚防护

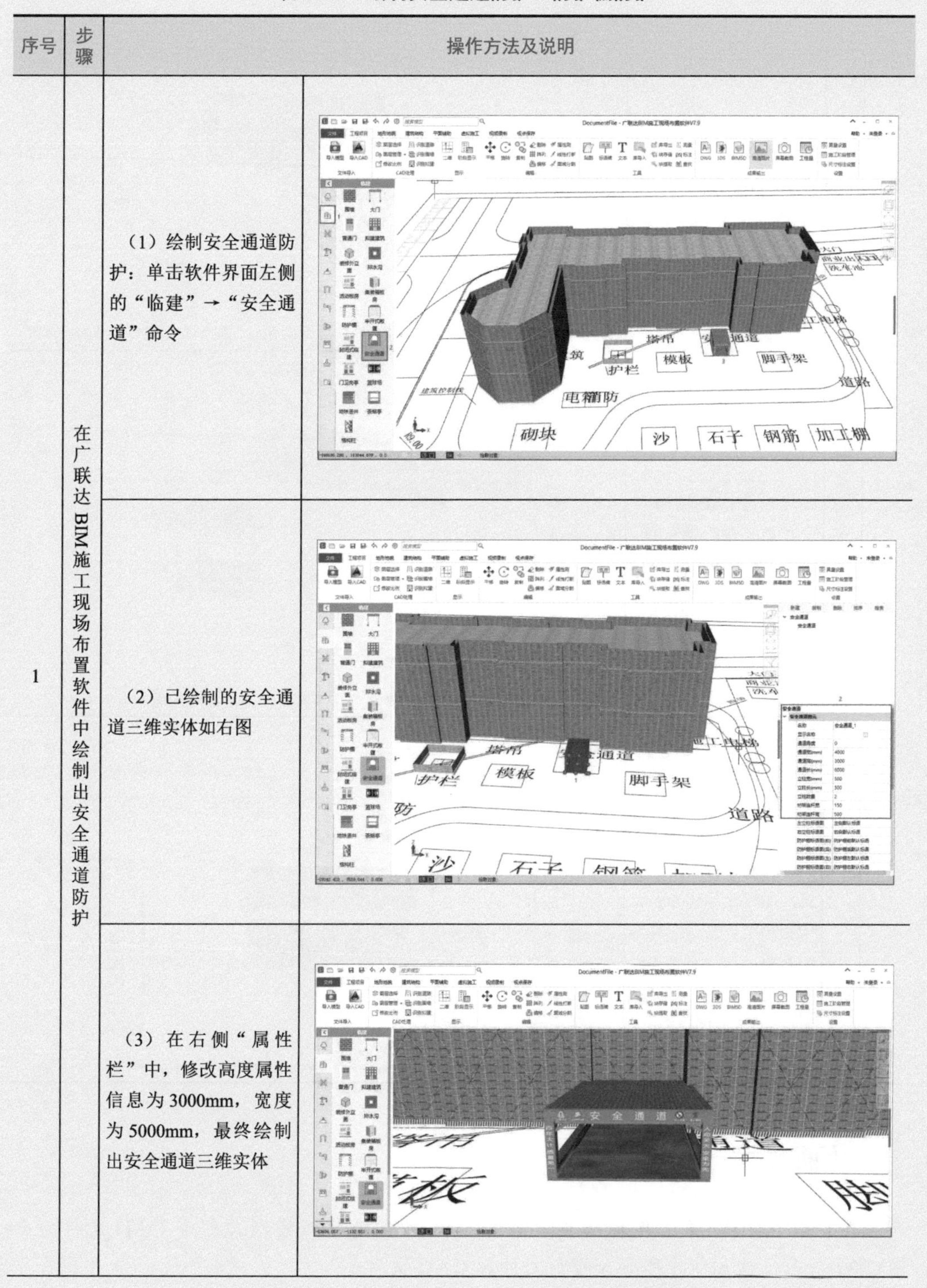

序号	步骤	操作方法及说明	
1	在广联达BIM施工现场布置软件中绘制出安全通道防护	（1）绘制安全通道防护：单击软件界面左侧的“临建”→“安全通道”命令	
		（2）已绘制的安全通道三维实体如右图	
		（3）在右侧“属性栏”中，修改高度属性信息为3000mm，宽度为5000mm，最终绘制出安全通道三维实体	

（续）

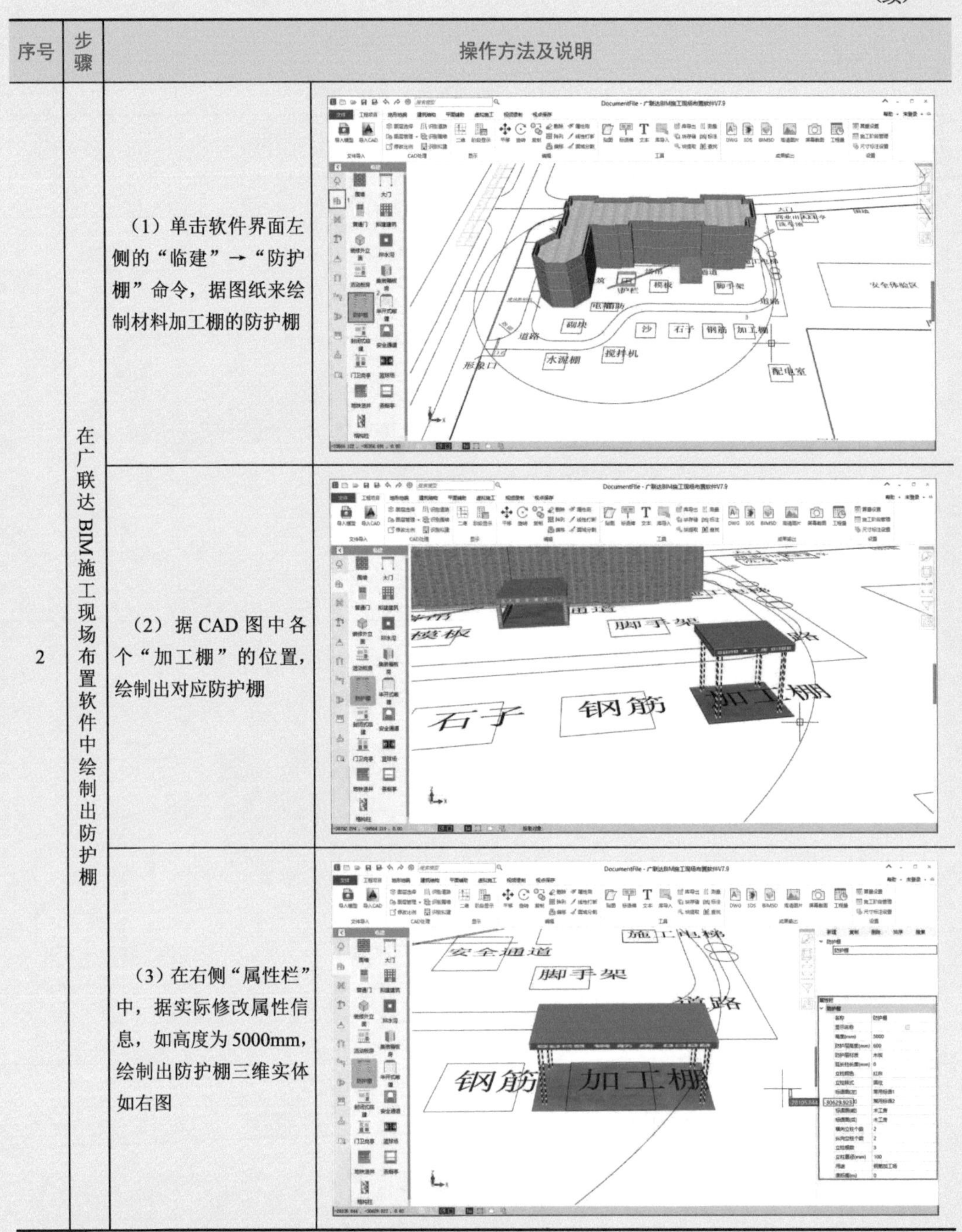

序号	步骤	操作方法及说明
2	在广联达BIM施工现场布置软件中绘制出防护棚	（1）单击软件界面左侧的“临建”→“防护棚”命令，据图纸来绘制材料加工棚的防护棚
		（2）据 CAD 图中各个“加工棚”的位置，绘制出对应防护棚
		（3）在右侧“属性栏”中，据实际修改属性信息，如高度为 5000mm，绘制出防护棚三维实体如右图

问题情境一

在广联达 BIM 施工现场布置软件中，无法直接导入模型文件和 CAD 文件，如图 C-31 所示，该如何才能导入模型文件和 CAD 文件？

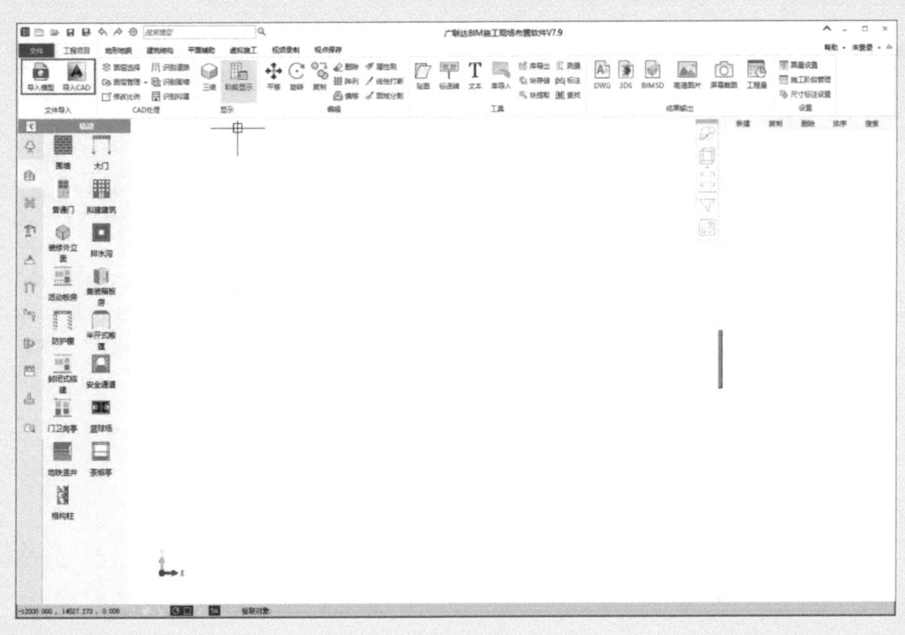

图　C-31

解答：需单击“文件”→“新建”选项，选择“空样板 .GBCBM”。打开空样板后，再单击“导入模型”可导入模型文件，单击“导入 CAD”可导入 CAD 文件，如图 C-32 所示。

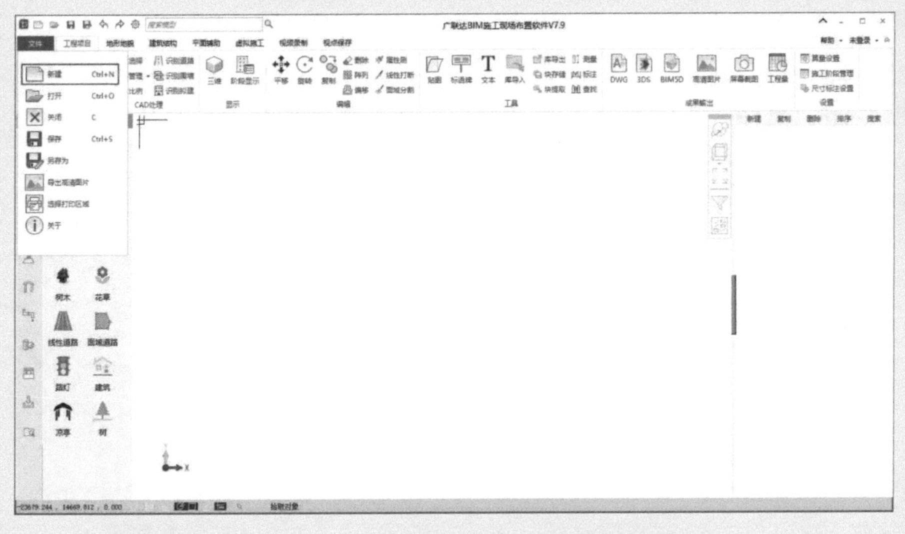

图　C-32

问题情境二

在广联达 BIM 施工现场布置软件中，无法直接导入 Revit 模型，如图 C-33 所示，该如何调整？

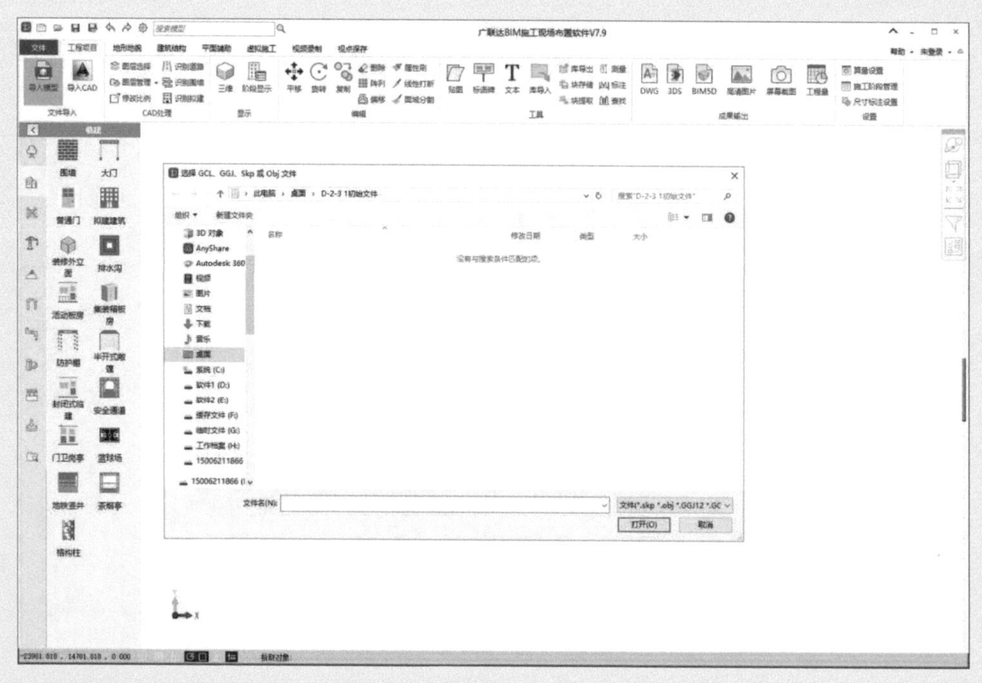

图 C-33

解答：

方法 1：先将幼儿园项目的 Revit 模型输出为“.dwg”文件，再将该“.dwg”文件导入到广联达 BIM 施工现场布置软件中，则可完成后续场布。

方法 2：先将 Revit 模型导出为“.ifc”文件，再在 SketchUp 软件中将“.ifc”文件导出为“.skp”文件，最后将“.skp”文件导入到广联达 BIM 施工现场布置软件中，则可完成后续场布。

导入成功的幼儿园项目实体，如图 C-34 所示。

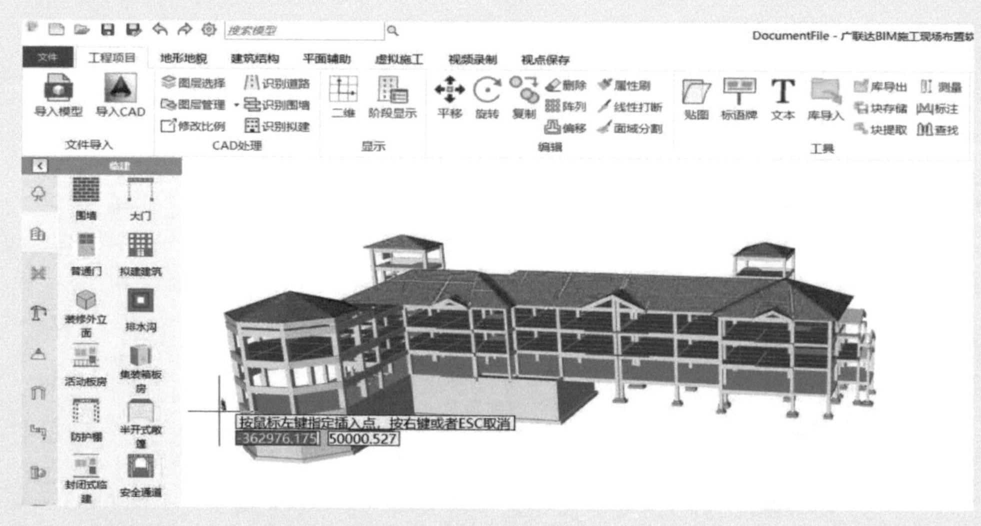

图 C-34

四、学习结果评价

请根据表 C-20，完成学习结果的自我评价。

表 C-20 “能基于 BIM 模型排查安全隐患”学习结果自我评价表

评价内容		评价标准	评价结果（是 / 否）
广联达 BIM 施工现场布置软件	新建空白项目	能正确使用场布软件新建空白项目	□是□否
	画出临边防护	能无遗漏地画出 3 种临边防护	□是□否
	设置安全通道	能合理设置安全通道的位置和尺寸	□是□否
	布置防护棚	能布置正确数量的防护棚	□是□否

课后作业

1. 根据给定的“幼儿园总平面图 .dwg”文件，通过“临建”→“拟建建筑”和“识别拟建”两种操作方式分别绘制地上 6 层、地下 1 层、层高为 3300mm 的拟建建筑。

2. 根据给定的“幼儿园总平面图 .dwg”文件，绘制基坑的安全防护及水泥和钢筋防护棚，如图 C-35 所示。

图 C-35

职业能力 C-3-2　能基于 BIM 模型模拟施工场布

核心概念

施工现场平面布置：是指根据建设单位提供的施工场地，考虑拟建建筑物的位置，对施工道路、加工区域、生活区、材料堆场和机械设备等进行合理的部署。

模拟施工场地布置：是指运用施工现场布置软件，对后期工程施工的平面布置方案进行模拟。合理、便捷的施工场地布置方案可以方便后期施工，体现施工企业的管理水平。

学习目标

1. 能在广联达 BIM 施工现场布置软件中布置垂直运输机械。
2. 能在广联达 BIM 施工现场布置软件中布置堆场。
3. 能在广联达 BIM 施工现场布置软件中布置运输道路。
4. 能在广联达 BIM 施工现场布置软件中布置临时设施。
5. 能在广联达 BIM 施工现场布置软件中布置水电管网。

课前阅读

2016 年 11 月 24 日，江西丰城发电厂三期扩建工程发生冷却塔施工平台坍塌特别重大事故，造成 73 人死亡、2 人受伤，直接经济损失 10197.2 万元。经调查认定，事故的直接原因是施工单位在冷却塔混凝土强度不足的情况下违规拆除了模板。这一违规操作致使筒壁混凝土失去模板支护，下部结构强度不足以承受上部荷载，继而混凝土和模架体系从底部最薄弱处连续倾塌坠落。我们在工作中要警钟长鸣，将“安全第一”的理念扎根心底，确保安全施工。

基本知识

一、建筑工程机械

建筑工程机械是指工程建设和城乡建设所用机械设备的总称，在我国又称为“建设机械”“工程机械”等。它由挖掘机械、铲土运输机械、工程起重机械，桩工机械、混凝土机械、高处作业机械等多种机械组成。施工现场的机械设备主要需要考虑塔吊

（又称塔式起重机）、施工电梯、输送泵等。

二、堆场

堆场是指用于存放原材料的场地。施工场地的原材料堆场主要有砂石堆场、砌块堆场、钢筋堆场、模板堆场、脚手架堆场等。

三、运输道路

运输道路是指工程施工期内运输路线。现场施工道路的布置要考虑车辆方便进出，道路最好能成环布置。

四、临时设施

临时设施是指施工现场临时办公用房和临时生活用房。临时办公用房包括办公室、会议室、资料室、档案室等；临时生活用房包括宿舍、食堂、餐厅、厕所、盥洗室、浴室等。

五、水电管网

水电管网是指水系统、电系统的管路、电路、设备、机械、电器等。对于场地较大的区域，要合理布置好临时配电房的位置，考虑线路的走向，尽可能节约施工电缆的长度。

能力训练

一、操作条件

1．计算机、广联达 BIM 施工现场布置软件。

2．1 ～ 2 个实践项目的广联达 BIM 施工现场布置软件模型文件。

二、注意事项

1．检查并确认场布模型文件、图纸文件是否齐全，是否能有效打开。

2．检查并确认计算机配置是否符合要求：至少要求 Windows 7 系统、8GB 内存。

三、操作过程

1．能在广联达 BIM 施工现场布置软件中布置垂直运输机械，见表 C-21。

表 C-21　布置垂直运输机械

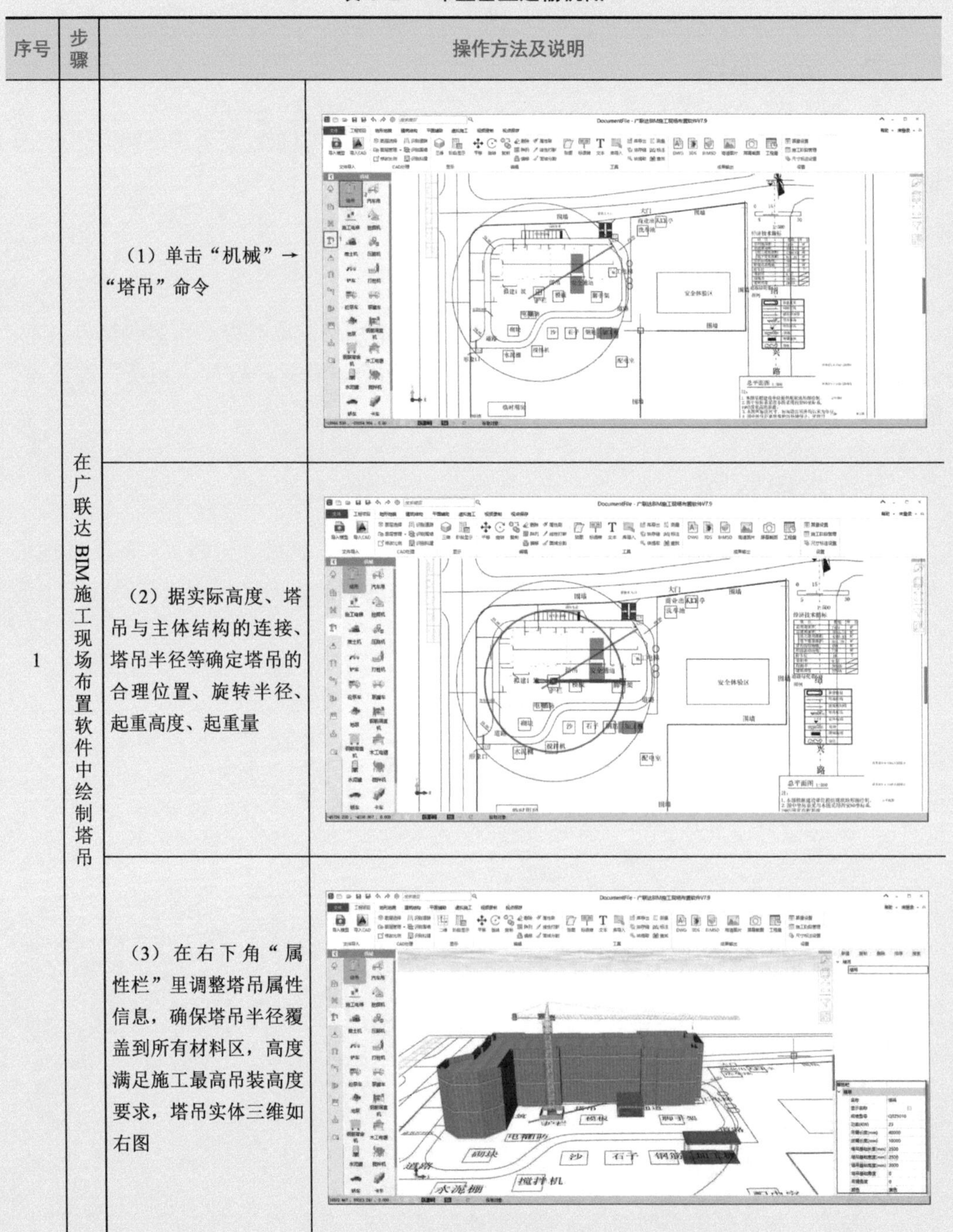

序号	步骤	操作方法及说明	
1	在广联达BIM施工现场布置软件中绘制塔吊	（1）单击“机械”→“塔吊”命令	
		（2）据实际高度、塔吊与主体结构的连接、塔吊半径等确定塔吊的合理位置、旋转半径、起重高度、起重量	
		（3）在右下角“属性栏”里调整塔吊属性信息，确保塔吊半径覆盖到所有材料区，高度满足施工最高吊装高度要求，塔吊实体三维如右图	

（续）

序号	步骤	操作方法及说明	
2	在广联达 BIM 施工现场布置软件中绘制出施工电梯	（1）单击“机械”→“施工电梯”命令，在图中绘制施工电梯	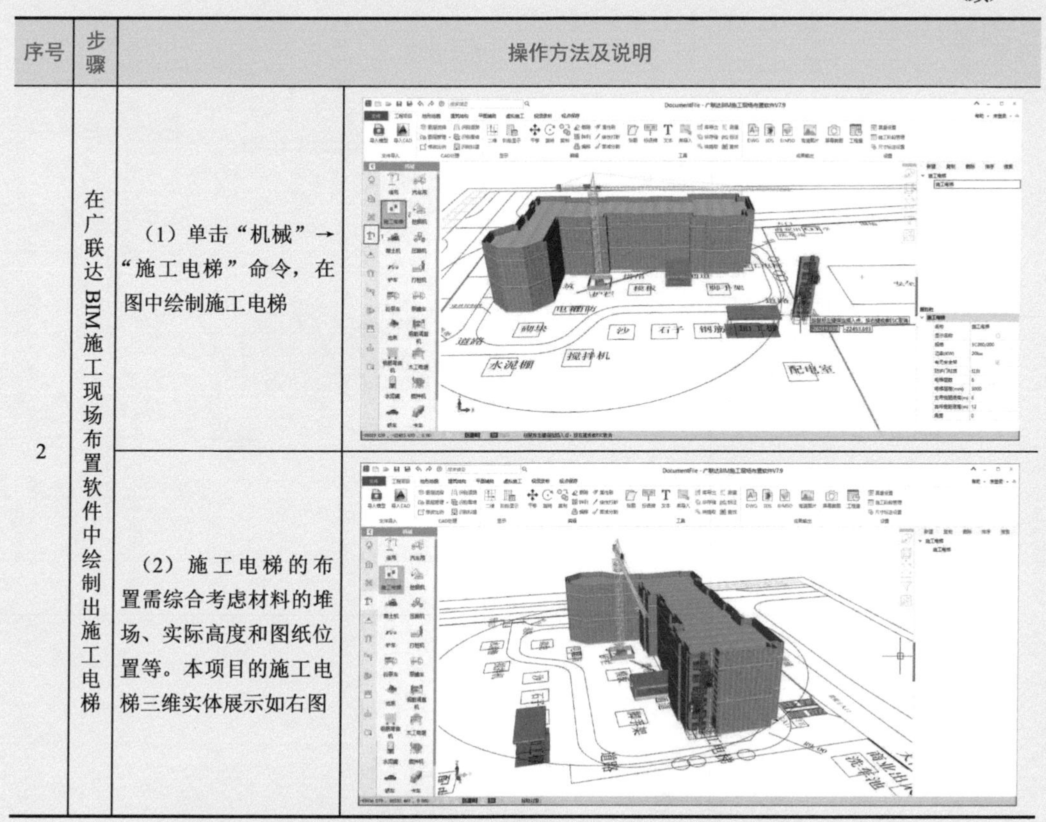
		（2）施工电梯的布置需综合考虑材料的堆场、实际高度和图纸位置等。本项目的施工电梯三维实体展示如右图	

2．能在广联达 BIM 施工现场布置软件中布置材料堆场，见表 C-22。

表 C-22　布置材料堆场

序号	步骤	操作方法及说明	
1	绘制出材料和构件堆场	（1）单击“材料”→“砌块堆”命令，在图中绘制砌块材料堆放区	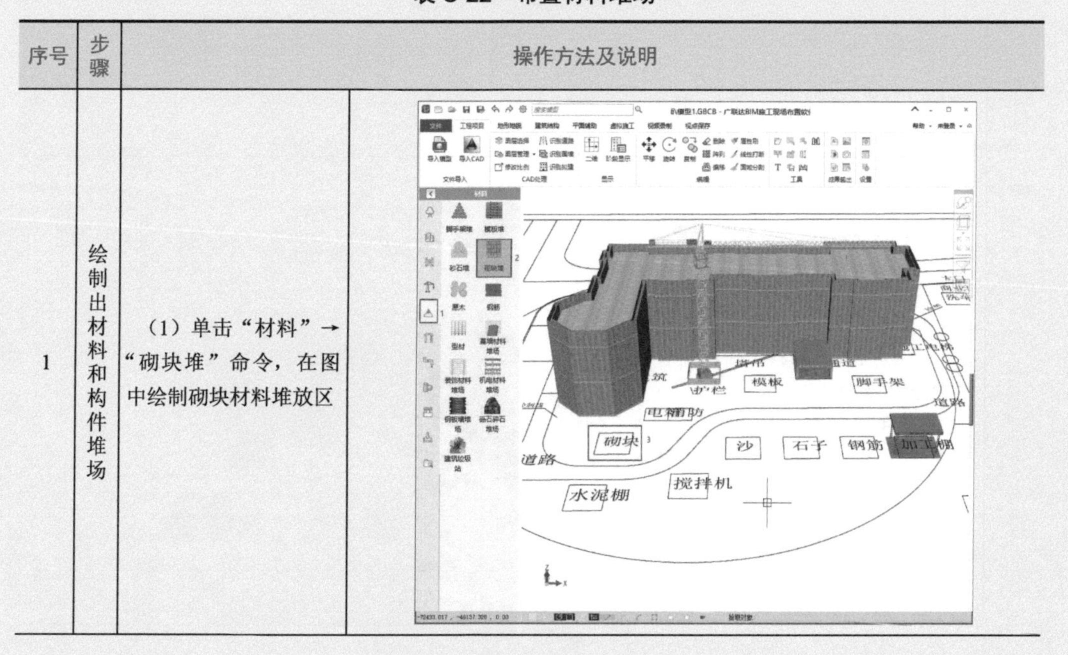

（续）

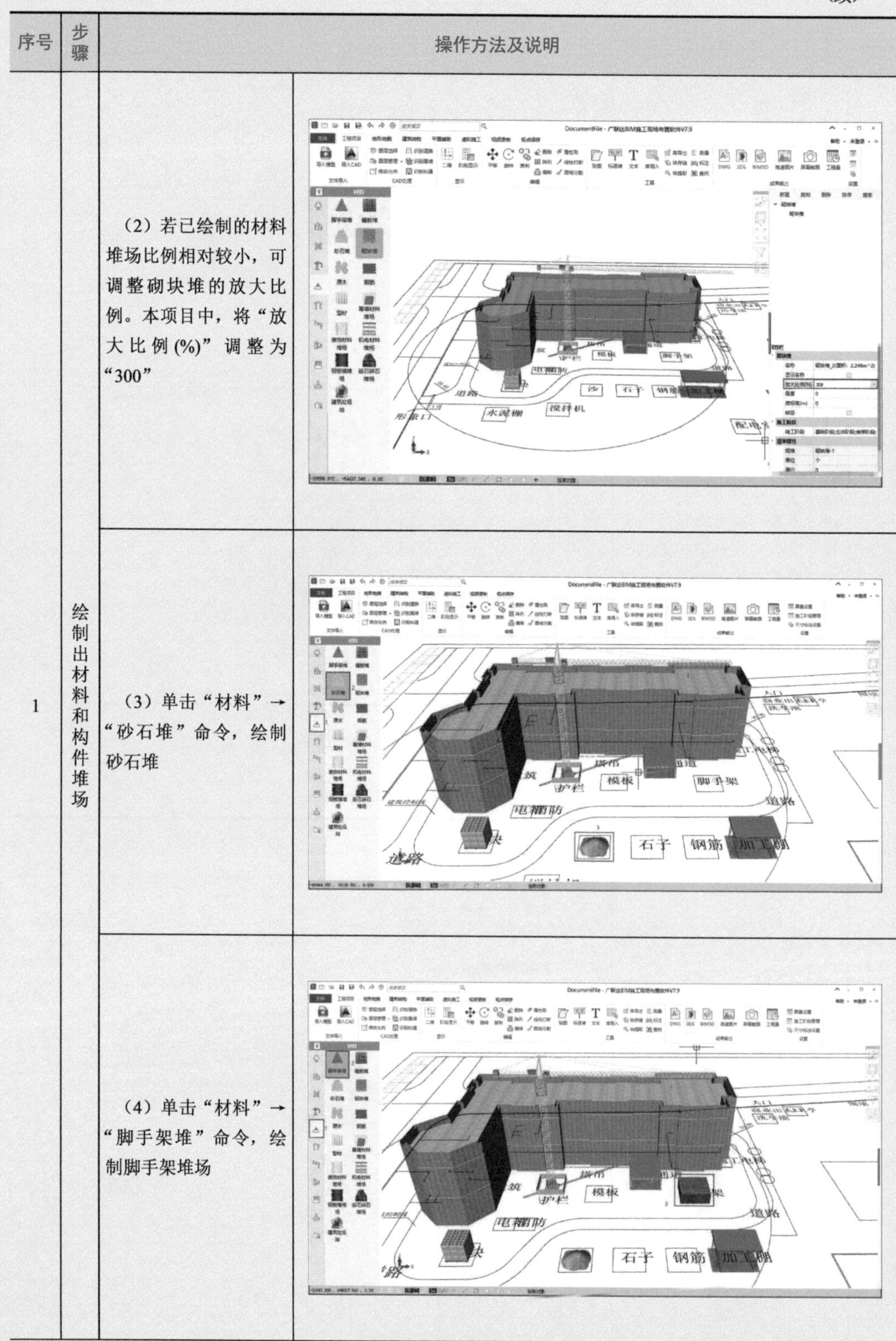

序号	步骤	操作方法及说明	
1	绘制出材料和构件堆场	（2）若已绘制的材料堆场比例相对较小，可调整砌块堆的放大比例。本项目中，将“放大比例 (%)”调整为“300”	
		（3）单击“材料”→“砂石堆”命令，绘制砂石堆	
		（4）单击“材料”→“脚手架堆”命令，绘制脚手架堆场	

（续）

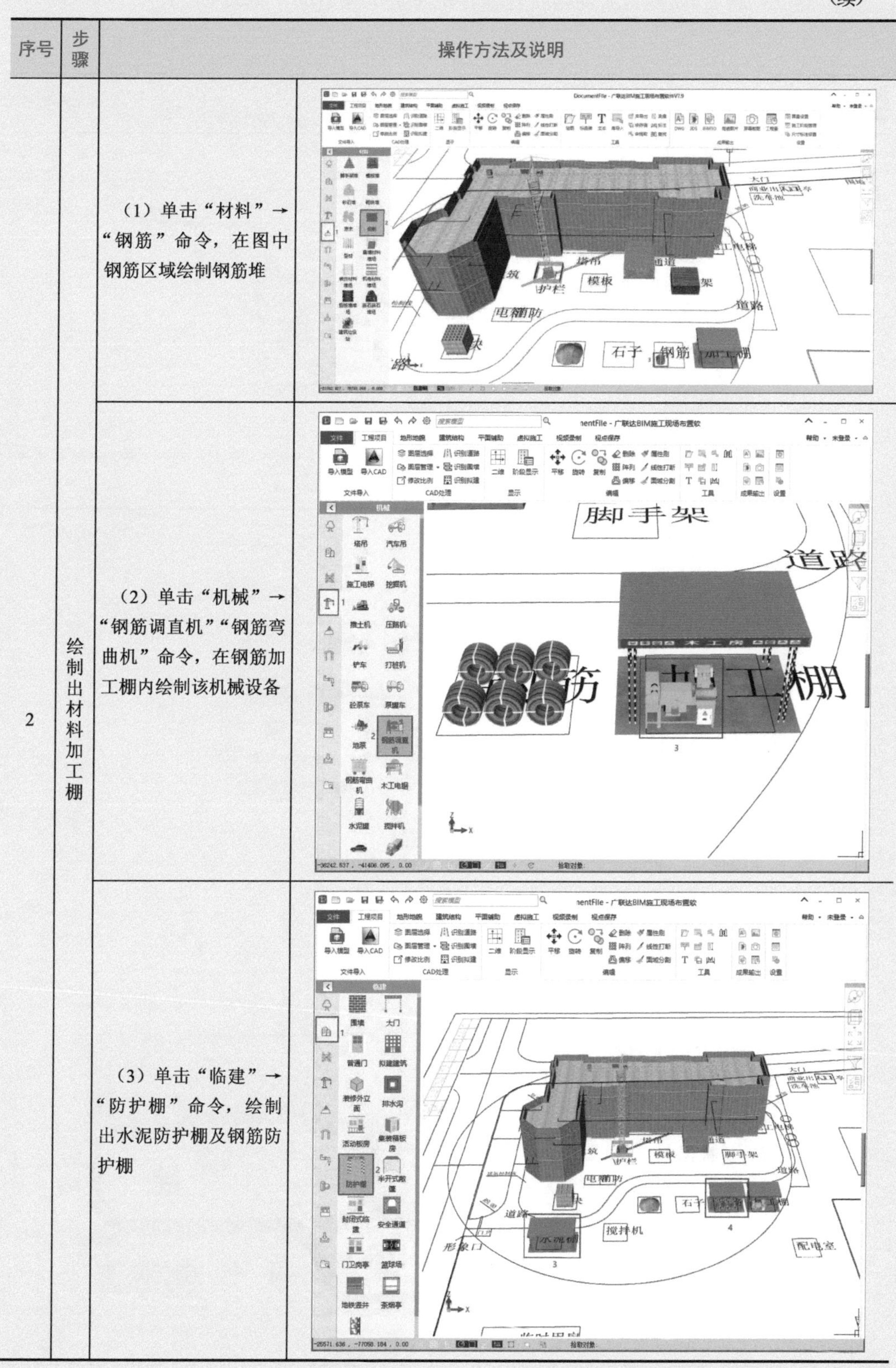

序号	步骤	操作方法及说明	
2	绘制出材料加工棚	（1）单击“材料”→“钢筋”命令，在图中钢筋区域绘制钢筋堆	
		（2）单击“机械”→“钢筋调直机”“钢筋弯曲机”命令，在钢筋加工棚内绘制该机械设备	
		（3）单击“临建”→“防护棚”命令，绘制出水泥防护棚及钢筋防护棚	

3．能在广联达 BIM 施工现场布置软件中布置运输道路，见表 C-23。

表 C-23　布置运输道路

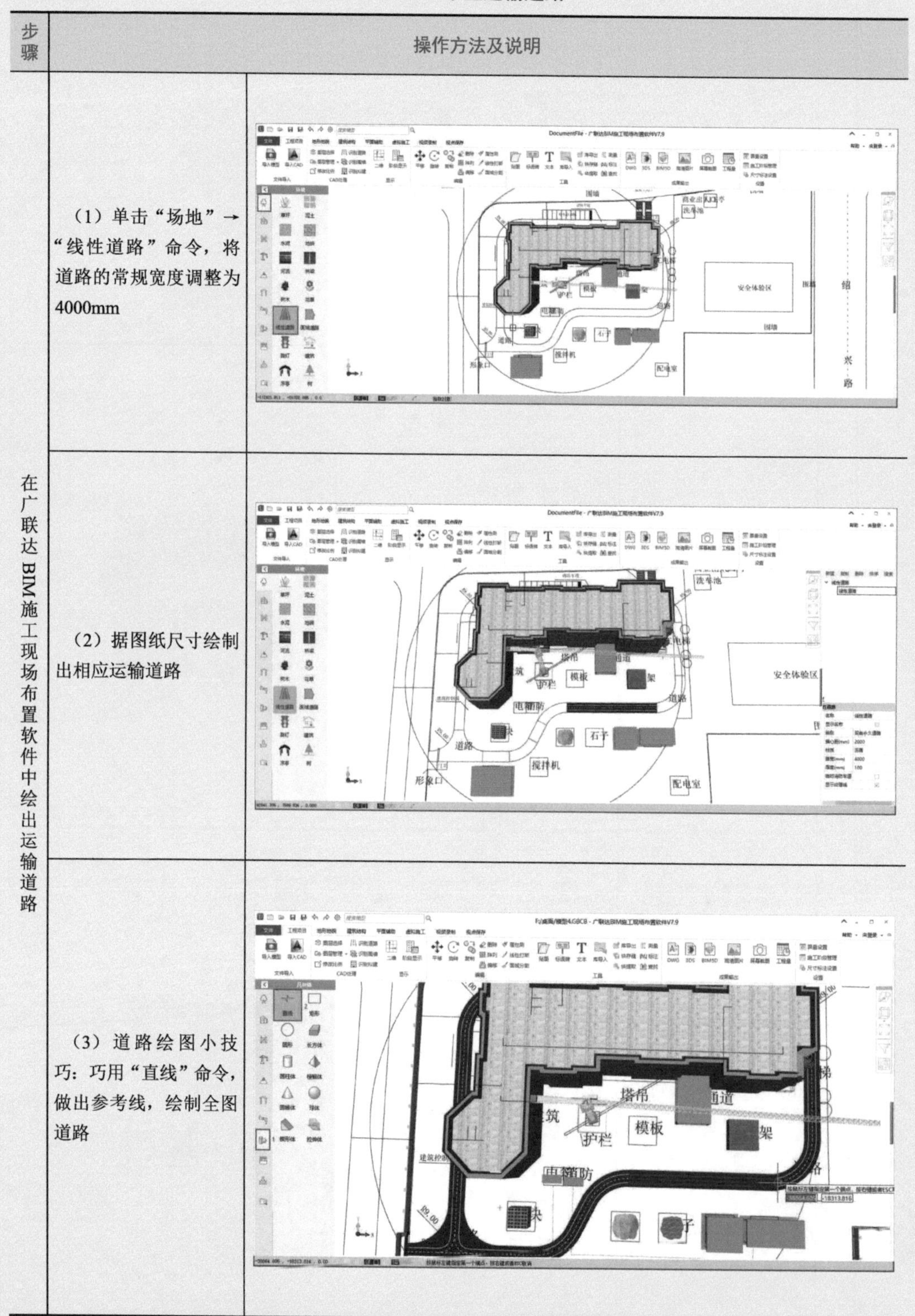

步骤	操作方法及说明	
在广联达BIM施工现场布置软件中绘出运输道路	（1）单击“场地”→“线性道路”命令，将道路的常规宽度调整为4000mm	
	（2）据图纸尺寸绘制出相应运输道路	
	（3）道路绘图小技巧：巧用“直线”命令，做出参考线，绘制全图道路	

4．能够在广联达 BIM 施工现场布置软件中布置临时设施，见表 C-24。

表 C-24　布置临时设施

序号	步骤	操作方法及说明	
1	在广联达 BIM 施工现场布置软件中绘出活动板房	（1）单击“临建”→“活动板房”命令，在图中活动板房标记位置处绘制	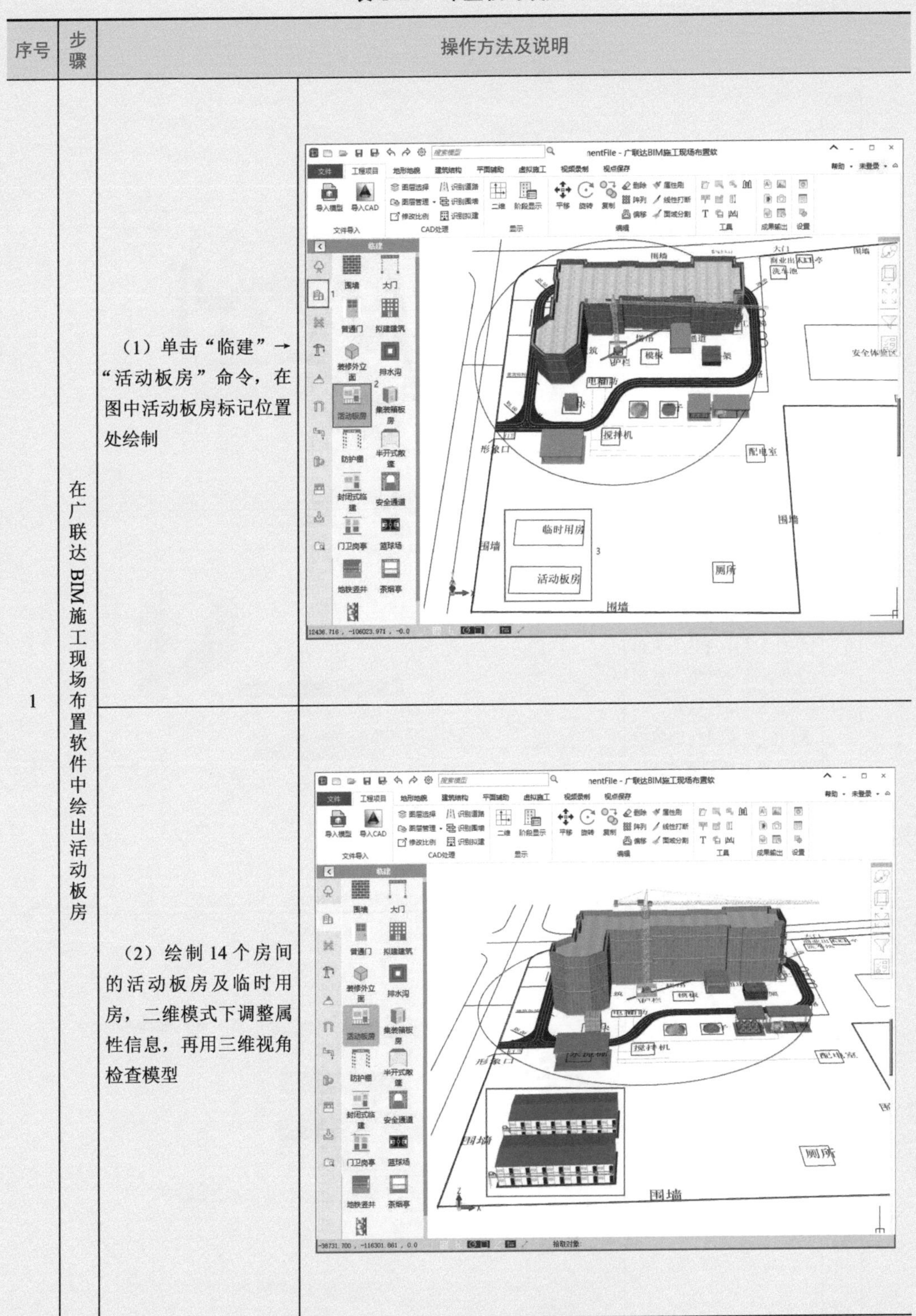
		（2）绘制 14 个房间的活动板房及临时用房，二维模式下调整属性信息，再用三维视角检查模型	

（续）

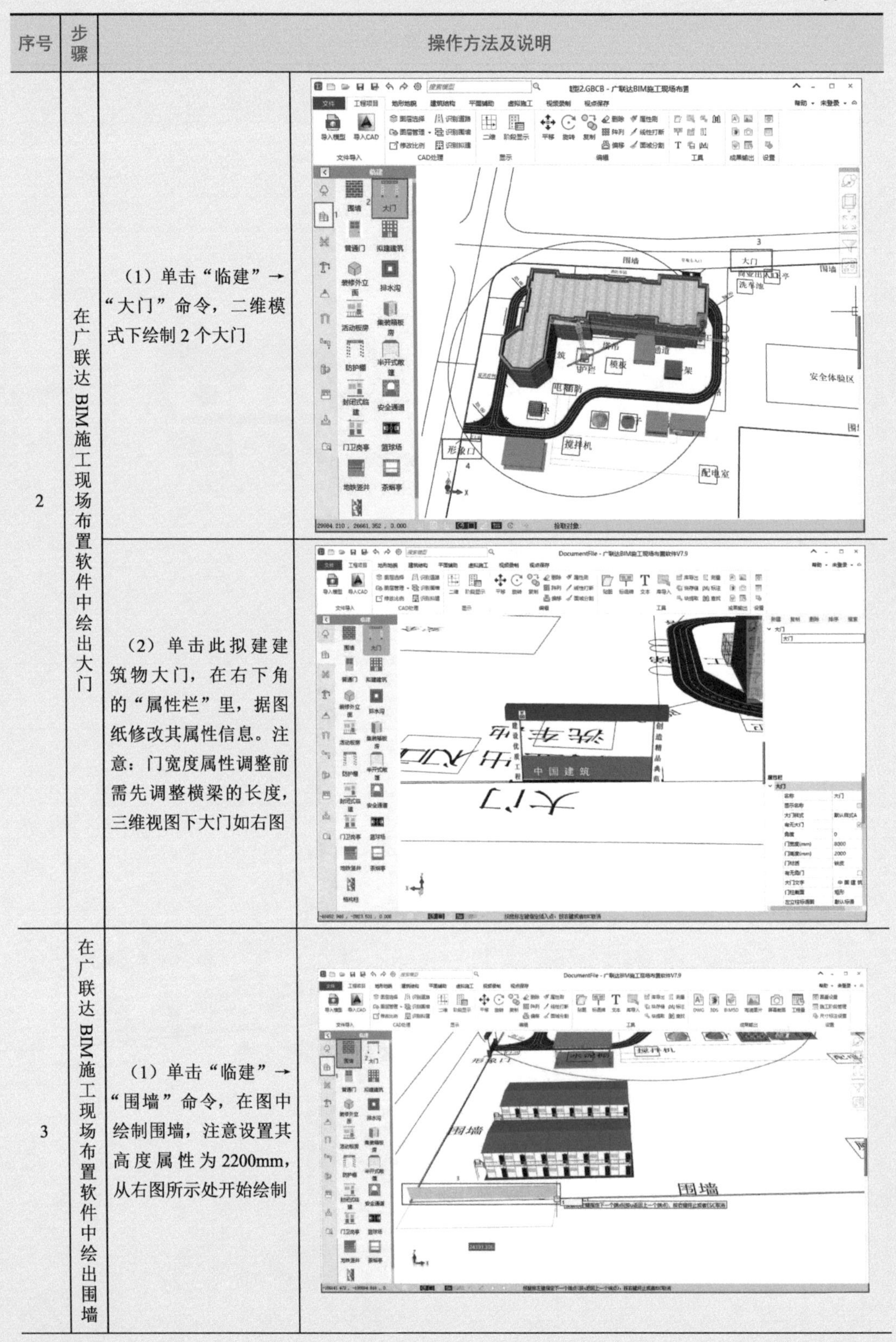

序号	步骤	操作方法及说明
2	在广联达BIM施工现场布置软件中绘出大门	（1）单击“临建”→“大门”命令，二维模式下绘制2个大门
		（2）单击此拟建建筑物大门，在右下角的“属性栏”里，据图纸修改其属性信息。注意：门宽度属性调整前需先调整横梁的长度，三维视图下大门如右图
3	在广联达BIM施工现场布置软件中绘出围墙	（1）单击“临建”→“围墙”命令，在图中绘制围墙，注意设置其高度属性为2200mm，从右图所示处开始绘制

（续）

序号	步骤	操作方法及说明	
3	在广联达 BIM 施工现场布置软件中绘出围墙	（2）参照图纸标注信息绘制围墙	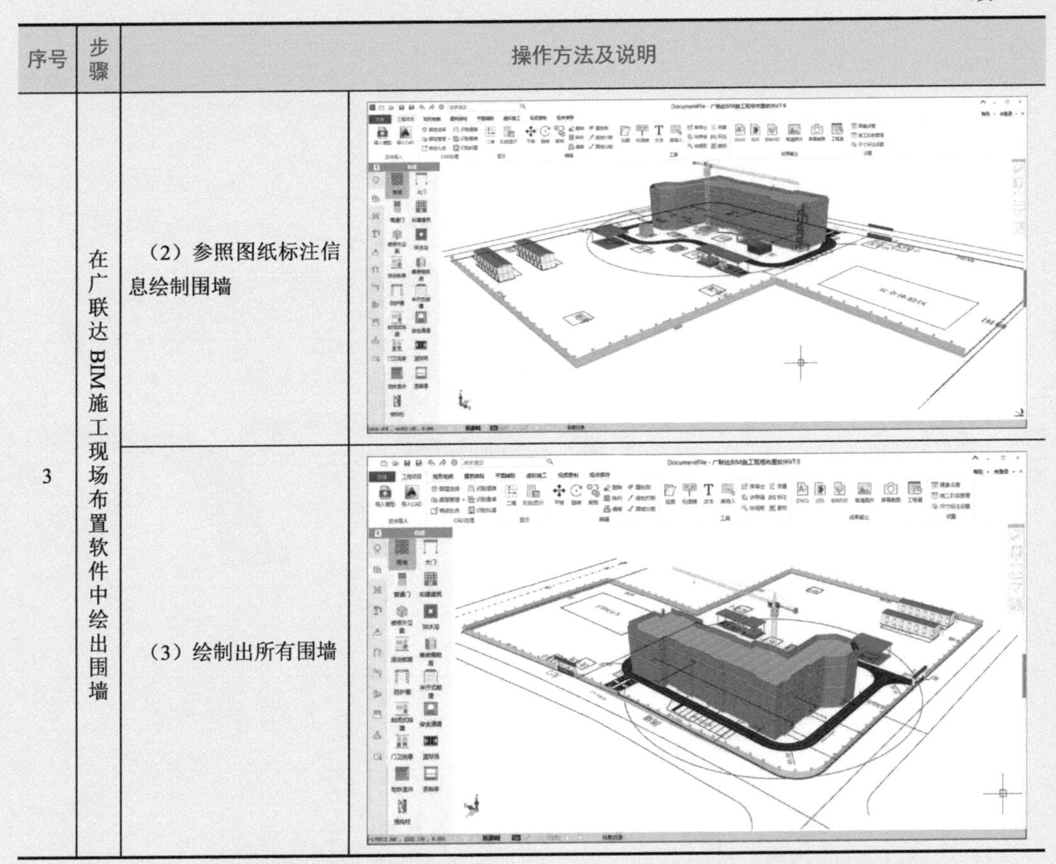
		（3）绘制出所有围墙	

5．能在广联达 BIM 施工现场布置软件中布置水电管网，见表 C-25。

表 C-25　布置水电管网

序号	步骤	操作方法及说明	
1	在广联达 BIM 施工现场布置软件中绘出配电箱	（1）单击“水电”→“配电箱”命令，在图中绘制配电箱	

（续）

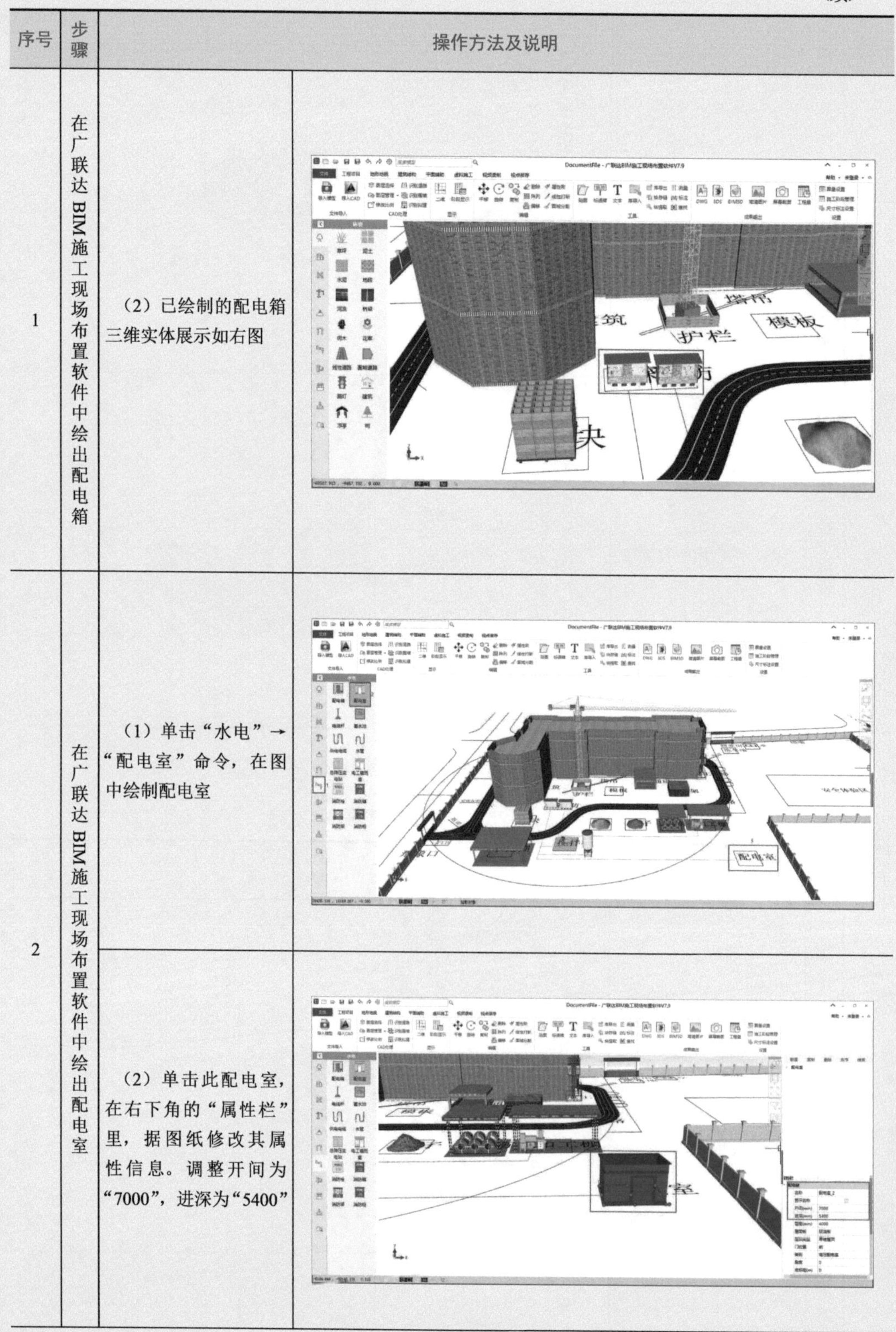

序号	步骤	操作方法及说明	
1	在广联达BIM施工现场布置软件中绘出配电箱	（2）已绘制的配电箱三维实体展示如右图	
2	在广联达BIM施工现场布置软件中绘出配电室	（1）单击“水电”→“配电室”命令，在图中绘制配电室	
		（2）单击此配电室，在右下角的“属性栏”里，据图纸修改其属性信息。调整开间为“7000”，进深为“5400”	

（续）

序号	步骤	操作方法及说明	
3	在广联达BIM施工现场布置软件中绘出供电电缆	（1）单击“水电”→“供电电缆”命令，在图中绘制电缆	
		（2）在合理位置处绘制供电电缆，其线路排布如右图	

问题情境一

在广联达 BIM 施工现场布置软件中，根据导入的 CAD 文件，如何快捷地绘制道路、围墙和拟建建筑？

解答： 单击“工程项目”中“CAD 处理”下的“识别道路”“识别围墙”“识别拟建”命令，能快捷地绘制道路、围墙和拟建建筑，如图 C-36 所示。

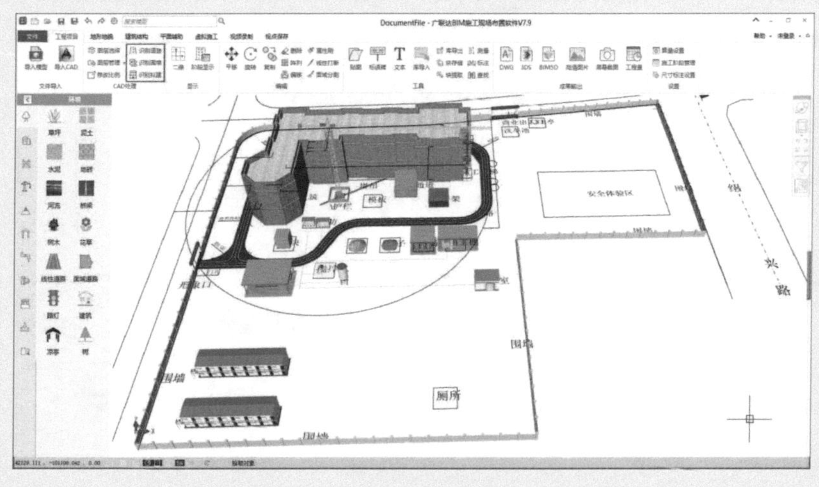

图　C-36

特别注意： 在“识别道路”和“线性道路”命令中，优先使用“识别道路”命令绘制直线道路会更高效，如图 C-37 所示。

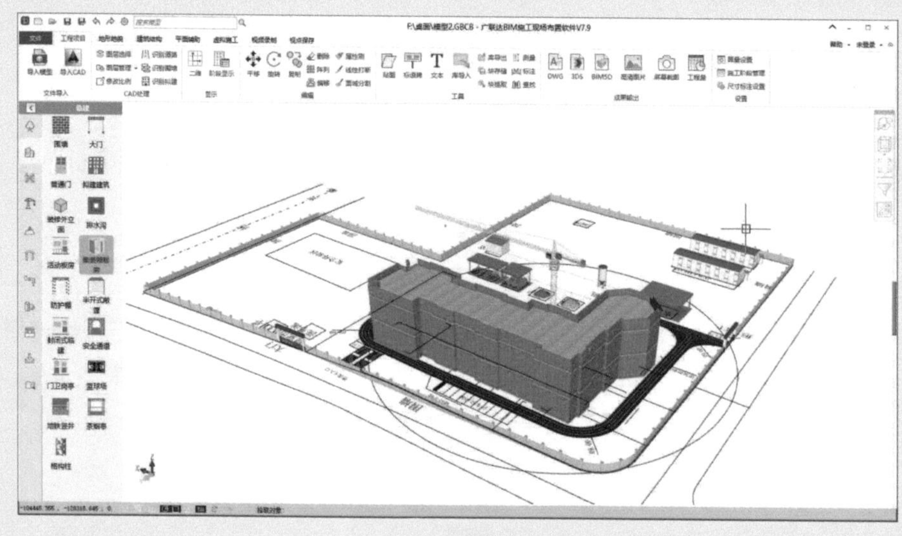

图　C-37

问题情境二

在广联达 BIM 施工现场布置软件中，曲线道路有多种绘制方式，在绘制曲线道路时，选用何种方式更合理？

解答： 单击“环境”→“线性道路”命令，选择“起点－终点－中点”绘图方式进行绘制，如图 C-38 和图 C-39 所示。

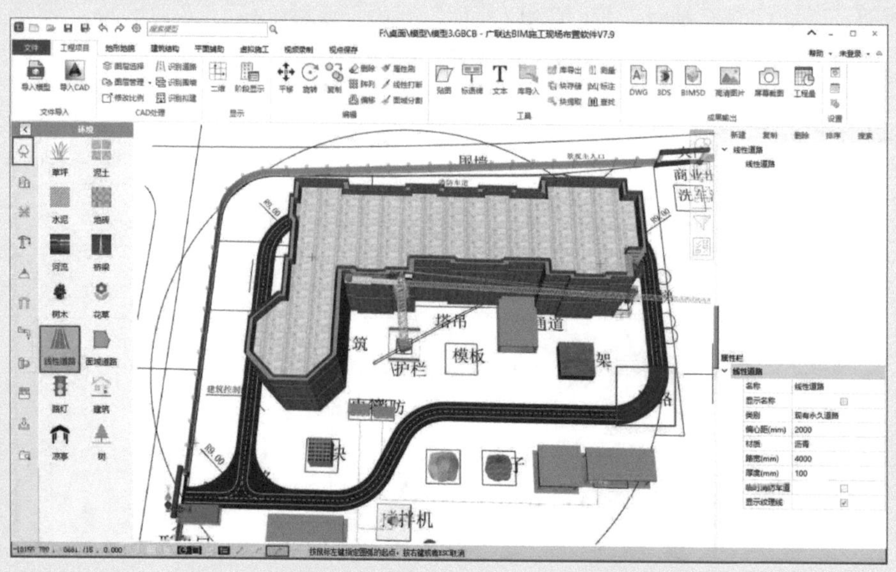

图　C-38

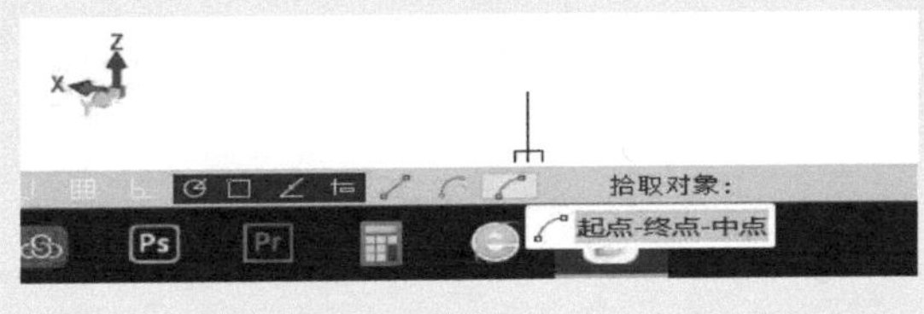

图　C-39

补齐所有弯曲道路，如图 C-40 所示。

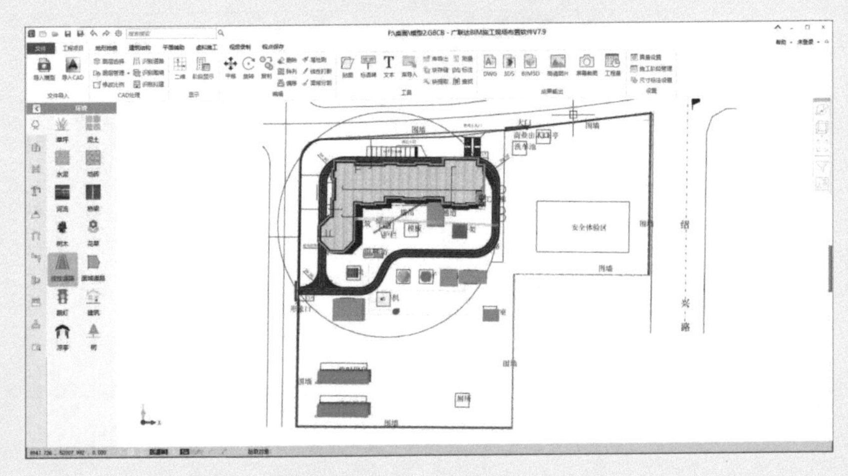

图　C-40

四、学习结果评价

请根据表 C-26，完成学习结果的自我评价。

表 C-26　“能基于 BIM 模型模拟施工场布”学习结果自我评价表

评价内容		评价标准	评价结果（是 / 否）
广联达 BIM 施工现场布置软件	绘制垂直运输机械	能用场布软件正确绘制出垂直运输机械	□是 □否
	绘制搅拌站、仓库、材料和构件堆场以及加工棚	能绘制出搅拌站、仓库、材料和构件堆场以及加工棚	□是 □否
	绘出运输道路	能正确设置道路位置、形状、转弯半径	□是 □否
	绘出临时设施	能全面准确绘出临时设施	□是 □否
	布置水电管网	能准确布置水电管网走线、配电箱、配电房等	□是 □否

课后作业

1. 根据给定的“幼儿园场布总平面图 .dwg”文件，绘制全部场地道路，如图 C-41 所示。

2. 根据给定的“幼儿园场布总平面图.dwg”文件，绘制安全体验区，如图 C-41 所示。

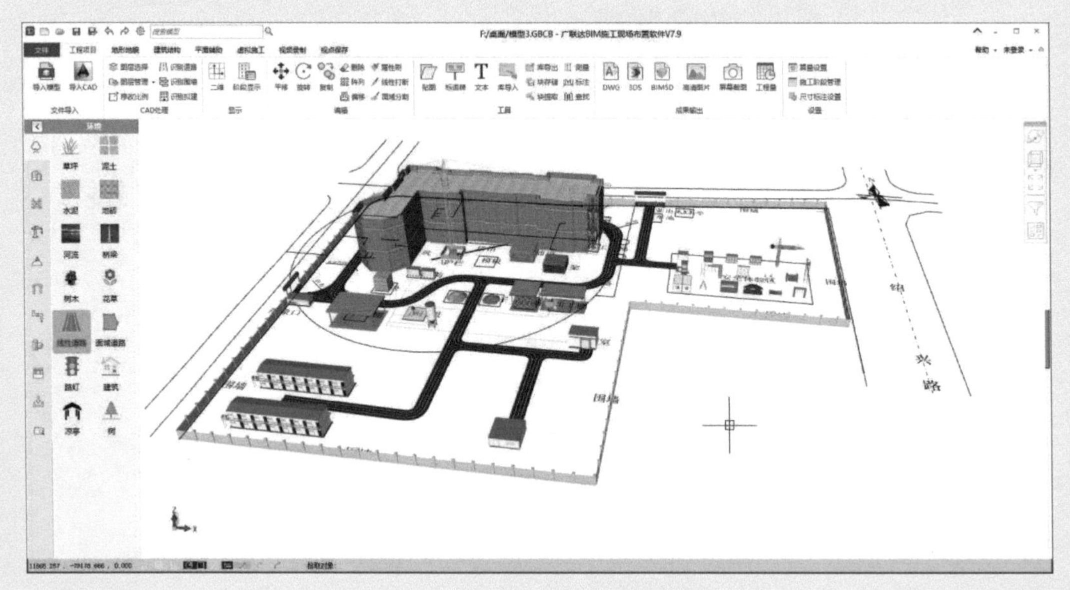

图 C-41

参考文献

[1] 徐国庆．职业教育课程论 [M]．2 版．上海：华东师范大学出版社，2015．

[2] 林标锋，卓海旋，陈凌杰．BIM 应用：Revit 建筑案例教程 [M]．北京：北京大学出版社，2018．

[3] 孙仲健．BIM 技术应用：Revit 建模基础 [M]．北京：清华大学出版社，2018．

[4] 刘占省，梦凡贵．BIM 项目管理 [M]．北京：机械工业出版社，2019．

[5] 张凤春．BIM 工程项目管理 [M]．北京：化学工业出版社，2019．

[6] 高德昊．BIM 技术在建筑设计中的应用研究：评《建筑工程 BIM 概论》[J]．工业建筑，2020，50（9）：186．

[7] 李永奎，刘静华，彭宗政．4D-BIM 工程进度管理教学改革探索 [J]．实验室研究与探索，2018，37（12）：213-216．

[8] 罗德里奇，伍迪．Autodesk Navisworks 2017 基础应用教程 [M]．郭淑婷，魏坤，译．北京：机械工业出版社，2018．

[9] 罗德里奇，伍迪．Autodesk Revit 2017 建筑设计基础应用教程 [M]．郭淑婷，魏坤，译．北京：机械工业出版社，2017．

[10] 丁烈云．BIM 应用 • 施工 [M]．上海：同济大学出版社，2015．